安装工程工程量清单
分部分项计价与预算定额计价对照
实例详解

（第二版）

给排水、采暖、燃气工程

工程造价员网　张国栋　主编

中国建筑工业出版社

图书在版编目（CIP）数据

安装工程工程量清单分部分项计价与预算定额计价对照实例详解　2　给排水、采暖、燃气工程/张国栋主编．—2版．—北京：中国建筑工业出版社，2012.7

ISBN 978-7-112-14454-9

Ⅰ.①安… Ⅱ.①张… Ⅲ.①建筑安装工程-工程造价②建筑安装工程-建筑预算定额　Ⅳ.①TU723.3

中国版本图书馆CIP数据核字（2012）第147104号

本书按照《全国统一安装工程预算定额》的章节，结合《建设工程工程量清单计价规范》GB 50500—2008中"安装工程工程量清单项目及计算规则"，以一例一图一解的方式，对安装工程各分项的工程量计算方法作了较详细的解释说明。本书最大的特点是实际操作性强，便于读者解决实际工作中经常遇到的难点。

责任编辑：刘　江　　周世明
责任设计：李志立
责任校对：赵　颖　　关　健

安装工程工程量清单
分部分项计价与预算定额计价对照实例详解
❷
（第二版）

给排水、采暖、燃气工程

工程造价员网　张国栋　主编

*

中国建筑工业出版社出版、发行（北京西郊百万庄）
各地新华书店、建筑书店经销
北京红光制版公司制版
北京市燕鑫印刷有限公司印刷

*

开本：787×1092毫米　1/16　印张：16　字数：400千字
2012年9月第二版　　2012年9月第四次印刷
定价：36.00元
ISBN 978-7-112-14454-9
(22526)

版权所有　翻印必究
如有印装质量问题，可寄本社退换
（邮政编码　100037）

编 委 会

主　编　工程造价员网　张国栋

参　编　李　锦　赵小云　段伟绍　冯　倩

　　　　　冯雪光　李　存　郭芳芳　董明明

　　　　　马　波　王春花　洪　岩　郭小段

　　　　　王文芳　惠　丽　郑丹红　黄　江

　　　　　荆玲敏　杨进军　邓　磊　毕晓燕

第二版前言

根据《全国统一安装工程预算定额》、《建设工程工程量清单计价规范》GB 50500—2008 编写的《安装工程工程量清单分部分项计价与预算定额计价对照实例详解》一书，被众多从事工程造价人员选作为学习和工作的参考用书。

在第一版销售的过程中，有不少热心的读者来信或电话向作者提供了很多宝贵的意见和看法，在此向广大读者表示衷心的感谢。

为了进一步满足广大读者的需求，同时也为了进一步推广和完善工程量清单计价模式，推动《建设工程工程量清单计价规范》GB 50500—2008 的实施，帮助造价工作者提高实际操作水平，让更多的学习者受益，我们对《安装工程工程量清单分部分项计价与预算定额计价对照实例详解》一书进行了修订。

该书第二版是在第一版的基础上进行了修改，第二版保留了第一版的优点，并对书中有缺陷的地方进行了补充，最重要的是第二版将书中计算实例在计算过程中涉及的每一个数据的来源以及该数据代表的是什么意思以及计算公式均作了详细的注释说明，让读者在学习时能轻而易举地进入到该题的思路中，大大节省时间，提高了效率。

本书与同类书相比，其显著特点是：

(1) 内容全面，针对性强，且项目划分明细，以便读者有目标性的学习。

(2) 实际操作性强，书中主要以实例说明实际操作中的有关问题及解决方法，便于提高读者的实际操作水平。

(3) 每题进行工程量计算之后均有注释解释计算数据的来源及依据，让读者学习起来快捷、方便。

(4) 结构层次清晰，一目了然。

本书在编写过程中得到了许多同行的支持与帮助，借此表示感谢。由于编者水平有限和时间的限制，书中难免有错误和不妥之处，望广大读者批评指正。如有疑问，请登录 www.gczjy.com（工程造价员网）或 www.ysypx.com（预算员网）或 www.debzw.com（定额编制网）或 www.gclqd.com（工程量清单计价网），或发邮件至 zz6219@163.com 或 dlwhgs@tom.com 与编者联系。

目 录

第一章 给水排水工程（C.8） ·· 1
  第一节 分部分项实例 ·· 1
  第二节 综合实例 ·· 22
第二章 采暖与燃气工程（C.8） ·· 172
  第一节 分部分项实例 ·· 172
  第二节 综合实例 ·· 208

第一章 给水排水工程(C.8)

第一节 分部分项实例

项目编码:030801001 项目名称:镀锌钢管

【例 1-1】 如图 1-1 所示,为某室外给水系统中埋地管道的一部分,长度为 6m,试计算其清单和定额工程量。

【解】 (1) 清单工程量:

丝接镀锌钢管 DN50　　6m

(2) 定额工程量:

①丝接镀锌钢管 DN50　　单位:10m

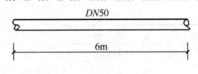

图 1-1 埋地管道示意图

数量:0.6

定额编号 8-6,基价:33.83 元;其中人工费 19.04 元,材料费(不含主材费)13.36元,机械费 1.43 元。

②管道刷第一遍沥青　　$10m^2$　　(π×D×6)/10=0.118

定额编号 11-66,基价:8.04 元;其中人工费 6.50 元,材料费(不含主材费)1.54 元。

③管道刷第二遍沥青　　$10m^2$　　(π×D×6)/10=0.118

定额编号 11-67,基价:7.64 元;其中人工费 6.27 元,材料费(不含主材费)1.37 元。

【例 1-2】 在[例 1-1]中管道明装,其他条件不变。

【解】 (1) 清单工程量

丝接镀锌钢管 DN50　　6m

(2) 定额工程量

①丝接镀锌钢管 DN50　　单位:10m　　数量:0.6

定额编号 8-6,基价:33.83 元;其中人工费 19.04 元,材料费(不含主材费)13.36元,机械费 1.43 元。

②管道刷第一遍银粉　　单位:$10m^2$　　数量:0.118

定额编号 11-56,基价:11.31 元;其中人工费 6.50 元,材料费(不含主材费)4.81 元。

③管道刷第二遍银粉　　单位:$10m^2$　　数量:0.118

定额编号 11-57,基价:10.64 元;其中人工费 6.27 元,材料费(不含主材费)4.37 元。

【例 1-3】 如图 1-2 所示为一段管路,采用镀锌钢管给水,试进行清单工程量和定额工程量计算。

【解】 (1) 清单工程量

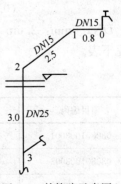

图 1-2 某管路示意图(m)

镀锌钢管 DN15mm

0.8m（从位置0到位置1处）+2.5m（从位置1到位置2处）=3.3m；

镀锌钢管 DN25mm

3.0m（从节点2到节点3处），其工程量见下表。

清单工程量计算表

项目编码	项目名称	项目特征描述	单 位	数 量
030801001001	镀锌钢管	DN15、给水	m	3.3
030801001002	镀锌钢管	DN25、给水	m	3.0

（2）定额工程量

定额工程量计算，见下表。

定额工程量计算表

项目	规 格	单 位	数 量	项目	单 位	数 量
镀锌钢管	DN15	10m	0.33	刷油	100m²	0.0022
	DN25	10m	0.30		100m²	0.0032

定额编号	项目	基价/元	人工费/元	材料费/元	机械费/元
8-87	钢管 DN15	65.45	42.49	22.96	—
8-89	钢管 DN25	83.51	51.08	31.40	1.03
11-56	刷油一遍	11.31	6.5	4.81	—
11-57	刷油二遍	10.64	6.27	4.37	—

项目编码：030801003   项目名称：承插铸铁管

【例1-4】 如图1-3所示为某住宅的排水系统部分管道，管道采用承插铸铁管，水泥接口，试对其中承插铸铁管进行清单工程量和定额工程量计算。

【解】 （1）清单工程量

承插铸铁管 DN50mm 1.1m（从节点3至点2处）=1.1m

DN100mm：0.8m（从节点0到节点1处）+0.7m（从节点1到节点2处）

= （0.8+0.7）m=1.5m

DN150mm：2.6m（从节点2到节点4处）=2.6m，其工程量见下表。

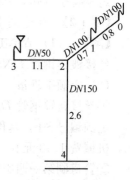

图1-3 某住宅排水系统部分管道

清单工程量计算表

项目编码	项目名称	项目特征描述	单 位	数 量
030801003001	承插铸铁管	DN50、排水	m	1.1
030801003002	承插铸铁管	DN100、排水	m	1.5
030801003003	承插铸铁管	DN150、排水	m	2.6

(2) 定额工程量

定额工程量计算，见下表。

定额工程量计算表

项 目	规 格	单 位	数 量
承插铸铁管	DN50	10m	0.11
	DN100	10m	0.15
	DN150	10m	0.26

说明：在清单工程量计算中与定额工程量计算中最大的区别在于单位的不同，清单以"m"计，定额以"10m"计。

DN50 定额编号 8-144，基价：133.41 元；其中人工费 52.01 元，材料费（不含主材费）81.40 元。

DN100 定额编号 8-146，基价：357.39 元；其中人工费 80.34 元，材料费（不含主材费）277.05 元。

DN150 定额编号 8-147，基价：329.18 元；其中人工费 85.22 元，材料费（不含主材费）243.96 元。

【例 1-5】 如图 1-4 所示为某排水系统中排水铸铁管的局部剖面图，试计算其清单和定额工程量。

【解】 (1) 清单工程量

承插铸铁管 DN100 (3.0+1.2+3.5) m
  =7.7m

【注释】 3.0m 为承插铸铁管上部的长度，1.2m 为承插铸铁管拐角处的长度，3.5m 为承插铸铁管下部的长度。

(2) 定额工程量

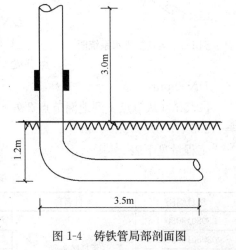

图 1-4 铸铁管局部剖面图

名称　　　　　单位　　　数量
承插铸铁管 DN100　　10m　　　0.77

定额编号 8-146，基价：357.39 元；其中人工费 80.34 元，材料费（不含主材费）277.05 元

刷一遍红丹防锈漆（地上）10m²　　0.3580×3.0/10=0.107

定额编号 11-198，基价：8.85 元；其中人工费 7.66 元，材料费（不含主材费）1.19 元。

刷银粉两道（地上）　　10m²　　0.3580×3.0/10=0.107

定额编号第一遍 3711-200，基价：13.23 元；其中人工费 7.89 元，材料费（不含主材费）5.34 元。

第二遍 11-201，基价：12.37 元；其中人工费 7.66 元，材料费（不含主材费）4.71 元。

刷沥青漆两道（埋地）　　10m²　　0.3580×4.7/10=0.168

定额编号第一遍 11-202，基价：9.90 元；其中人工费 8.36 元，材料费（不含主材费)1.54元。

第二遍11-203,基价:9.50元;其中人工费8.13元,材料费(不含主材费)1.37元。

说明:在进行管道刷油时应区分地上(明装)与地下(暗装)的刷油过程及所刷材料,明装铸铁管刷一遍红丹防锈漆后再刷银粉两遍;而暗装管道只需刷沥青两遍即可。

【例1-6】 如图1-5所示为某别墅的排水系统图,采用承插铸铁管,试计算铸铁管的清单工程量和定额工程量(图中所示卫生器具只为示意,并非真实情况)。

【解】 (1)清单工程量

承插铸铁管 $DN150mm$:

5.0m(从埋地节点4到埋地节点5处)+3m(从埋地节点5到埋地节点10处)=8.0m

$DN100mm$:

6.0m(两层楼内管道)×2+1.2m(超过屋顶至0点处)×2+1.2m(埋地点4到埋地面2处)=(6×2+1.2×2+1.2×2)m=16.8m

$DN75mm$:

[1.5m(从节点8到节点6处)+0.9m(从节点6到节点9处)]×2=(1.5+0.9)×2m=4.8m

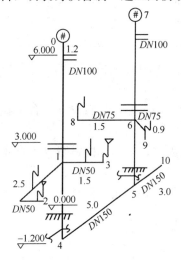

图1-5 某别墅排水系统图

$DN50mm$:

[2.5m(从节点1到地漏节点2处)+1.5m(从节点1处到地漏节点3处)]×2=(2.5+1.5)×2m=8m

工程量见下表。

清单工程量计算表

项目编码	项目名称	项目特征描述	单 位	数 量
030801003001	承插铸铁管	DN150、排水	m	8.0
030801003002		DN100、排水	m	16.8
030801003003		DN75、排水	m	4.8
030801003004		DN50、排水	m	8.0

(2)定额工程量

定额工程量计算,见下表。

定额工程量计算表

项目	规 格	单 位	数 量
承插铸铁管	DN150	10m	0.8
	DN100	10m	1.68
	DN75	10m	0.48
	DN50	10m	0.80

$DN150$定额编号8-147,基价:329.18元;其中人工费85.22元,材料费(不含主

材费）243.96元。

$DN100$ 定额编号 8-146，基价：357.39元；其中人工费 80.34元，材料费（不含主材费）277.05元。

$DN75$ 定额编号 8-145，基价：249.18元；其中人工费 62.23元，材料费（不含主材费）186.95元。

$DN50$ 定额编号 8-144，基价：133.41元；其中人工费 52.01元，材料费（不含主材费）81.40元。

项目编码：030801005　　项目名称：UPVC塑料管

【例1-7】 某住宅楼工程采用UPVC塑料管作为给水管材，给水系统图如图1-6所示，试计算其管道清单工程量和定额工程量。

【解】 （1）清单工程量

UPVC塑料管

$DN20mm$：1.2m（从洗脸盆水嘴到大便器节点处）×3层＝3.6m

$DN25mm$：[0.5m（从大便器节点到淋浴器节点处）＋0.5m（从淋浴器节点到浴盆水龙头处）＋1.8m（从浴盆水嘴到污水盆水嘴处）]×3m
＝(0.5＋0.5＋1.8)×3m
＝8.4m

$DN32mm$：1.7m（从污水盆水嘴处到支管与竖管带节点处）×3＋3.0m（从二层支管处到三层支管处竖管）
＝8.1m

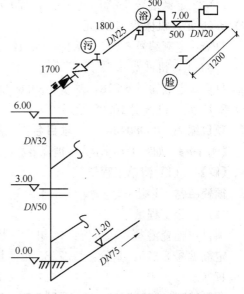

图1-6　给水系统图

$DN50mm$：3.0m（从一层支管到二层支管处竖管）＝3.0m

$DN75mm$：1.0m（地面到第一个支管处的竖管）＋1.2m（埋地竖管部分）＋3.5m（埋地穿过卫生间部分）＋4m（出户部分）＝9.7m

清单工程量计算见下表：

清单工程量计算表

项目编码	项目名称	项目特征描述	单 位	数 量
030801005001		$DN20$、给水	m	3.6
030801005002		$DN25$、给水	m	8.4
030801005003	UPVC塑料管	$DN32$、给水	m	8.1
030801005004		$DN50$、给水	m	3.0
030801005005		$DN75$、给水	m	9.7

（2）定额工程量

定额工程量计算，见下表。

定额工程量计算表

项 目	规 格	单 位	数 量
UPVC 塑料管	DN20	10m	0.36
	DN25	10m	0.84
	DN32	10m	0.81
	DN50	10m	0.30
	DN75	10m	0.97

DN20 定额编号 6-273，基价：14.19 元；其中人工费 11.12 元，材料费（不含主材费）0.42 元，机械费 2.65 元。

DN25 定额编号 6-274，基价：15.62 元；其中人工费 11.91 元，材料费（不含主材费）0.47 元，机械费 3.24 元。

DN32 定额编号 6-275，基价：17.70 元；其中人工费 13.03 元，材料费（不含主材费）0.55 元，机械费 4.12 元。

DN50 定额编号 6-277，基价：28.12 元；其中人工费 19.76 元，材料费（不含主材费）1.83 元，机械费 6.53 元。

DN75 定额编号 6-278，基价：39.60 元；其中人工费 26.73 元，材料费（不含主材费）2.79 元，机械费 10.08 元。

项目编码：030804001   项目名称：浴盆

【例 1-8】 如图 1-7 所示为一搪瓷浴盆，采用冷热水供水，试比较其清单和定额工程量。

【解】 （1）清单工程量

搪瓷浴盆 1 组

（2）定额工程量

项目：搪瓷浴盆   单位：10 组   数量：0.1

定额编号 8-375，基价：1127.85 元；其中人工费 222.68 元，材料费（不含主材费）905.17 元。

项目编码：030804003   项目名称：洗脸盆

【例 1-9】 如图 1-8 所示为一洗脸盆，试进行其清单工程量和定额工程量计算。

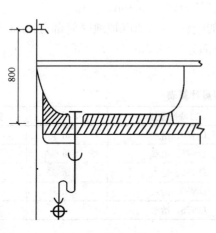

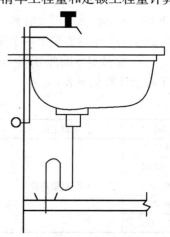

图 1-7 搪瓷浴盆   图 1-8 洗脸盆

【解】 (1) 清单工程量

洗脸盆　1组

(2) 定额工程量

项目：洗脸盆　　单位：10组　　数量：0.1

定额编号 8-384，基价：1449.93元；其中人工费 151.16元，材料费（不含主材费）1298.77元。

项目编码：030804007　项目名称：淋浴器

【例 1-10】 如图 1-9 所示为一淋浴器安装图，计算淋浴器的清单和定额工程量。

【解】 (1) 清单工程量

淋浴器　1套

(2) 定额工程量

项目：淋浴器　　单位：10组　　数量：0.1

定额编号 8-404，基价：600.19元；其中人工费 130.03元，材料费（不含主材费）470.16元。

项目编码：030804013　　项目名称：小便器

【例 1-11】 如图 1-10 所示为一立式小便器安装示意图，试计算其清单和定额工程量。

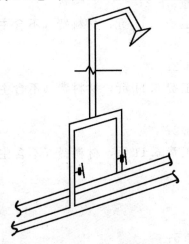
图 1-9　淋浴器安装图

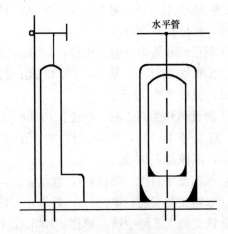
图 1-10　立式小便器安装示意图

【解】 (1) 清单工程量

立式小便器　1套

(2) 定额工程量

项目：立式小便器　　单位：10套　　数量：0.1

定额编号 8-423，基价：2408.31元；其中人工费 124.46元，材料费（不含主材费）2283.85元。

项目编码：030804014　　项目名称：水箱制作安装

【例 1-12】 如图 1-11 所示为一水箱的安装示意图，试计算其清单和定额工程量。

【解】 (1) 清单工程量

矩形水箱　1套

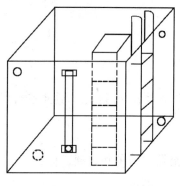

图 1-11 水箱安装示意图

(2) 定额工程量

①项目：钢板矩形水箱制作　单位：100kg 数量：8.2；

定额编号 8-539，基价：461.79元；其中人工费 46.21元，材料费 393.88元，机械费 21.70元。

②钢板水箱安装，单位：个，数量：1；

定额编号 8-553，基价：118.34元；其中人工费 80.11元，材料费（不含主材费）2.44元，机械费 35.79元。

③钢板人工除锈，单位：100kg，数量：8.2；

定额编号 11-7，基价：17.35元；其中人工费 7.89元，材料费 2.5元，机械费 6.96元。

④钢板红丹防锈漆第一遍，单位：100kg，数量：8.2；

定额编号 11-117，基价：13.17元；其中人工费 5.34元，材料费（不含主材费）0.87元，机械费 6.96元。

⑤钢板红丹防锈漆第二遍，单位：100kg，数量：8.2；

定额编号 11-118，基价：12.82元；其中人工费 5.11元，材料费（不含主材费）0.75元，机械费 6.96元。

⑥钢板调和漆第一遍，单位：100kg，数量：8.2；

定额编号 11-126，基价：12.33元；其中人工费 5.11元，材料费（不含主材费）0.26元，机械费 6.96元。

⑦钢板调和漆第二遍，单位：100kg，数量：8.2；

定额编号 11-127，基价：12.30元；其中人工费 5.11元，材料费（不含主材费）0.23元，机械费 6.96元。

⑧水箱支架制作，单位：t，数量：0.75；

⑨水箱支架安装，单位：t，数量：0.75；

⑩铁支架人工除中锈，单位：100kg，数量：7.5；

⑪支架红丹防锈漆第一遍，单位：100kg，数量：7.5；

⑫支架红丹防锈漆第二遍，单位：100kg，数量：7.5；

⑬支架调合漆第一遍，单位：100kg，数量：7.5；

⑭支架调合漆第二遍，单位：100kg，数量：7.5。

（按"一般管道支架"套定额）

项目编码：010101006001　项目名称：管沟土方

【例 1-13】 如图 1-12 所示为管沟断面图，设管沟长度为 6m，试计算管沟土方的清单和

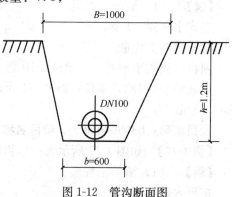

图 1-12　管沟断面图

定额工程量。

【解】 （1）清单工程量

管沟土方 6m

（2）定额工程量

管沟土方：$V=[(B+b)\times h/2]\times L$
$=[(1.0+0.6)\times 1.2/2]\times 6m^3=5.76m^3$

回填土方：$V=5.76m^3$

【注释】 $[(1.0+0.6)\times 1.2/2]\times 6$ 为管沟的截面面积乘管沟的长度；其中 1.2 为管沟的深度，0.6 为管沟底的宽度，1.0 为管沟顶的宽度；工程量按设计图示尺寸以体积计算。

项目：管沟土方 单位：100m³ 数量：0.0576

套建筑工程基础定额（土建）1-8，综合工日 53.73 工日，电动打夯机 0.18 台班。

回填土方：单位：100m³，数量：0.0576

套建筑工程基础定额 1-46，综合工日 29.40 工日，电动打夯机 7.98 台班。

项目编码：030804017 项目名称：地漏
项目编码：030804018 项目名称：地面扫除口

【例 1-14】 如图 1-13 所示为排水管道截取的部分图，其中有地漏和清扫口各一个，试计算清单和定额工程量。

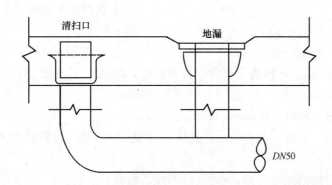

图 1-13 排水管道部分图

【解】 （1）清单工程量

清单工程量计算，见下表。

清单工程量计算表

项目编码	项目名称	项目特征描述	单 位	数 量
030804017001	地漏	DN50	个	1
030804018001	清扫口	DN50	个	1

（2）定额工程量

定额工程量计算，见下表。

定额工程量计算表

项目	单位	数量	规格
地漏	10个	0.1	DN50
清扫口	10个	0.1	DN50

说明：清扫口安装于地面以下，应区别于清通口，清通口为安装在楼层排水横管尾端。

地漏定额编号 8-447，基价：55.88 元；其中人工费 37.15 元，材料费（不含主材费）18.73 元。

清扫口定额编号 8-451，基价：18.77 元；其中人工费 17.41 元，材料费（不含主材费）1.36 元。

项目编码：030802001　　项目名称：管道支架制作安装

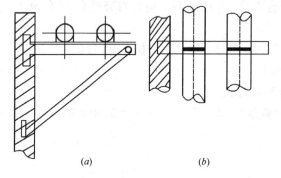

图 1-14 双管托架示意图
(a) 立面图；(b) 平面图

【例 1-15】 如图 1-14 所示为沿墙安装双管托架示意图，试对其进行工程量清单计算和定额工程量计算。

【解】 (1) 清单工程量：

管道支架制作安装，单位：kg，数量：16。

(2) 定额工程量：

①管道支架制作安装，单位：100kg，数量：0.16；

定额编号 8-178，基价：654.69 元；其中人工费 235.45 元，材料费（不含主材费）194.98 元，机械费 224.26 元。

②型钢，单位：100kg，数量：16.96（非定额）；

③支架除轻锈，单位：100kg，数量：0.16；

定额编号 11-7，基价：17.35 元；其中人工费 7.89 元，材料费（不含主材费）2.5 元，机械费 6.96 元。

④支架刷红丹防锈漆第一遍，单位：100kg，数量：0.16；

定额编号 11-117，基价：13.17 元；其中人工费 5.34 元，材料费（不含主材费）0.87 元，机械费 6.96 元。

⑤刷银粉漆第一遍，单位：100kg，数量：0.16；

定额编号 11-122，基价：16.00 元；其中人工费 5.11 元，材料费（不含主材费）3.93 元，机械费 6.96 元。

⑥刷银粉漆第二遍，单位：100kg，数量：0.16；

定额编号 11-123，基价：15.25 元；其中人工费 5.11 元，材料费（不含主材费）3.18 元，机械费 6.96 元。

注：安装工程中材料费中不含主要材料费，以后不再注明。

项目编码：030804027　　项目名称：饮水器

【例 1-16】 如图 1-15 所示为一饮水器示意图，对其进行清单与定额工程量计算。

第一章 给水排水工程(C.8)

【解】 (1) 清单工程量

饮水器 单位：套 数量：1

(2) 定额工程量

饮水器 单位：套 数量：1

定额编号8-487，基价13.68元，其中人工费13.00元，材料费0.68元。

项目编码：030804015 项目名称：排水栓

【例1-17】 如图1-16所示为一排水栓示意图，试对其进行清单和定额工程量计算。

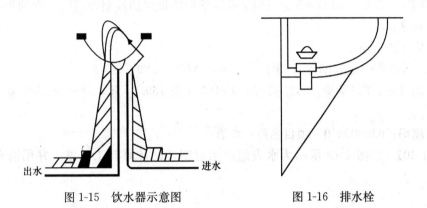

图1-15 饮水器示意图　　　图1-16 排水栓

【解】 (1) 清单工程量

不带存水弯塑料排水栓 $DN50$　1组

(2) 定额工程量

不带存水弯塑料排水栓 $DN50$，单位：10组，数量：0.1。

定额编号8-446，基价：143.26元；其中人工费30.88元，材料费112.38元。

项目编码：030801002 项目名称：钢管

【例1-18】 如图1-17所示为一室外长度为29m的钢管，试计算其清单和定额工程量。

【解】 (1) 清单工程量

室外焊接钢管 $DN32$　29m

(2) 定额工程量

①焊接钢管 $DN32$，单位：10m，数量：2.90；

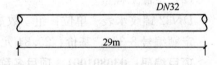

图1-17 钢管示意图

定额编号8-23，基价：21.80元；其中人工费16.49元，材料费3.32元，机械费1.99元。

②焊接钢管除轻锈，单位：$10m^2$，数量：$(29×0.13)/10=0.377$

定额编号11-1，基价：11.27元；其中人工费7.89元，材料费3.38元。

③刷一遍红丹防锈漆，单位：$10m^2$，数量：0.377；

定额编号11-51，基价：7.34元；其中人工费6.27元，材料费1.07元。

④刷银粉漆第一遍，单位：$10m^2$，数量：0.377；

定额编号11-56，基价：11.31元；其中人工费6.50元，材料费4.81元。

⑤刷银粉漆第二遍,单位:10m², 数量:0.377;

定额编号11-57,基价:10.64元;其中人工费6.27元,材料费4.37元。

项目编码:030804019　项目名称:小便槽冲洗管制作安装

【例1-19】 如图1-18所示为三根多孔冲洗管,管长为2.8m,控制阀门的短管一般为0.15m,计算小便槽冲洗管的工程量。

【解】 (1)清单工程量

$DN25$ 冲洗管工程量 $=(2.8+0.15)\times 3m=8.85m$

【注释】 $(2.8+0.15)\times 3$ 为三根多孔冲洗管的长度加控制阀门的短管的长度是其冲洗管的总长度;

(2)定额工程量

$DN25$ 冲洗管(镀锌钢管),单位:10m,数量:0.89。

定额编号8-458,基价:342.52元;其中人工费169.04元,材料费158.50元,机械费14.98元。

项目编码:030803010　项目名称:水表

【例1-20】 如图1-19所示为水表组成示意图,试计算其工程量,并用清单和定额表示。

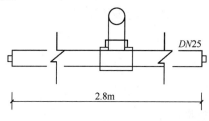

图1-18　多孔冲洗管

图1-19　水表组成示意图

【解】 (1)清单工程量

$DN32$ 螺纹水表　单位:组　数量:1

(2)定额工程量

$DN32$ 螺纹水表　单位:组　数量:1

定额编号8-360,基价:29.84元;其中人工费13.00元,材料费16.84元。

项目编码:030801001　项目名称:镀锌钢管

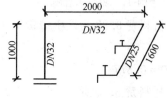

图1-20　镀锌钢管支管

【例1-21】 如图1-20所示为室内给水镀锌钢管,规格型号有 $DN32$、$DN25$,连接方式为锌镀钢管丝接。

【解】 (1)清单工程量

① $DN32$:1.0m(给水立管楼层以上部分)+2.0m(横支管长度)=3.0m

② $DN25$:1.6m(接水龙头的支管长度)

③ 刷防锈漆一道,银粉两道。

其工程量计算:$3.14\times(3.0\times 0.042+1.6\times 0.034)m^2=0.57m^2$

水龙头　2个

【注释】 3.14×(3.0×0.042+1.6×0.034)为两种管的侧面积,其中3.0为 DN32管的长度,0.042 DN32外壁的外径长度,1.6为DN25管的长度,0.034为 DN25管的外壁的外径长度。

清单工程量计算见下表:

清单工程量计算表

项目编码	项目名称	项目特征描述	单位	数量
030801001001	镀锌钢管	室内给水 DN32	m	3.0
030801001002	镀锌钢管	室内给水 DN25	m	1.6
030804016001	水龙头	DN25	个	2

(2) 定额工程量

项目:镀锌钢管 DN32　单位:10m　数目:0.3

定额编号8-90,基价:86.16元;其中人工费51.08元,材料费34.05元,机械费1.03元。

项目:镀锌钢管 DN25　单位:10m　数目:0.16

定额编号8-89,基价:83.51元;其中人工费51.08元,材料费31.40元,机械费1.03元。

项目:水龙头　单位:10个　数目:0.2

定额编号8-440,基价:9.57元;其中人工费8.59元,材料费0.98元。

项目:刷漆　单位:10m²　数目:0.057

刷防锈漆一道,定额编号11-53,基价:7.4元;其中人工费6.27元,材料费1.13元。

刷银粉一道,定额编号11-56,基价:11.31元;其中人工费6.50元,材料费4.81元。

刷银粉二道,定额编号11-57,基价:10.64元;其中人工费6.27元,材料费4.37元。

项目编码:030801003　项目名称:承插铸铁管

【例1-22】 如图1-21所示为某住宅排水系统图,排水立管采用承插铸铁管,规格为DN100,分三层,横管、出户管为铸铁管法兰连接,规格DN100、DN150。

【解】 (1) 清单工程量:

① DN100承插铸铁管:

[1.2m(伸顶通气长度)+3.0m×2+0.1m(立管埋深)]×2=14.6m

② DN100法兰接口铸铁管:4.2m(埋地横管)

DN150法兰接口铸铁管:6.0m(排水出户管)

③ 伸顶通气帽　2个

④ 套管:DN100　6个

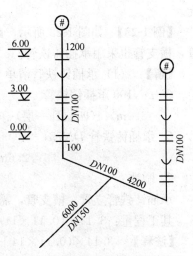

图1-21 排水用承插铸铁管系统图

DN150 1个

⑤ 承接铸铁管需刷沥青油两道

其面积 $3.14×14.6×0.11m^2=5.04m^2$

清单工程量计算见下表：

清单工程量计算表

项目编码	项目名称	项目特征描述	单 位	数 量
030801001001	承插铸铁管	DN100	m	14.6
030801001002	铸铁管	DN100 法兰接口	m	4.2
030801001003	铸铁管	DN150 法兰接口	m	6.0

（2）定额工程量：

分项项目：DN100 承插铸铁管，计量单位：10m，数目：1.46；

定额编号 8-146，基价：357.39 元；其中人工费 80.34 元，材料费 277.05 元。

分项项目：DN100 法兰接口铸铁管，计量单位：10m，数目：0.42；

定额编号 8-146，基价：357.39 元；其中人工费 80.34 元，材料费 277.05 元。

分项项目：DN150 法兰接口铸铁管，计量单位：10m，数目：0.60；

定额编号 8-147，基价：329.18 元；其中人工费 85.22 元，材料费 243.96 元。

分项项目：通气帽，计量单位：个，数目：2

分项项目：DN100 套管，计量单位：个，数目：6；

定额编号 8-175，基价：4.34 元；其中人工费 2.09 元，材料费 2.25 元。

分项项目：DN150 套管，计量单位：个，数目：1；

定额编号 8-177，基价：5.30 元；其中人工费 2.55 元，材料费 2.75 元。

分项项目：刷沥青油，计量单位：$10m^2$，数目：0.504；

刷沥青油一遍，定额编号 11-202，基价：9.90 元；其中人工费 8.36 元，材料费 1.54 元。

刷沥青油二遍，定额编号 11-203，基价：9.50 元；其中人工费 8.13 元，材料费 1.37 元。

【例 1-23】 如图 1-22 所示，此图为某住宅排水系统图，排水立管 1 根，为承插铸铁管，横支管也采用承插铸铁管。

【解】 （1）承插铸铁管清单工程量

① DN100 承插铸铁管

3.0m×4(四层到一层)+0.9m(伸顶高度)+1.1m(立管埋地深度)=14m

② 承插铸铁管 DN75

2.6m(排水横支管)×4=14.4m

③ 刷油

承插铸铁管立管、横支管，需刷沥青油

其工程量：$3.14×(0.11×14+0.085×14.4)m^2=8.68m^2$

【注释】 3.14×(0.11×14+0.085×14.4)为承插铸铁管立管、横支管的侧面积，其中 14 为 DN100 承插铸铁管的总长度，0.11 为 DN100 承插铸铁管的外壁的外径长度，

第一章 给水排水工程(C.8)

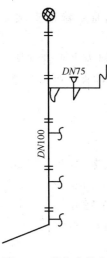

图 1-22 某住宅排水系统图

14.4 为承插铸铁管 DN75 的总长度, 0.085 为承插铸管 DN75 的外壁的外径长度。

(2) 定额工程量

项目:承插铸铁管 DN100,计量单位:10m,数目:1.4;

定额编号 8-146,基价:357.34 元;其中人工费 80.34 元,材料费 277.05 元。

项目:承插铸铁管 DN75,计量单位:10m,数目:1.44;

定额编号 8-145,基价:249.18 元;其中人工费 62.23 元,材料费 186.95 元。

项目:刷油,计量单位:10m²,数目:0.868;

刷沥青油一遍,定额编号 11-202,基价:9.90 元;其中人工费 8.36 元,材料费 1.54 元。

刷沥青油二遍,定额编号 11-203,基价:9.50 元;其中人工费 8.13 元,材料费 1.37 元。

项目编码:030801005 项目名称:塑料管

【例 1-24】 如图 1-23 所示为某两层住宅给水系统图,立管、支管均采用塑料管 PVC 管,给水设备有 3 个水龙头,一个自闭式冲洗阀。

【解】 (1) 塑料管清单工程量

DN32:5.8m(节点 1 至节点 2 的长度)

DN25:2.6m(节点 2 至节点 4 的长度)×2=5.2m

DN20:1.5m(节点 2 至节点 3 的长度)×2=3m

清单工程量计算见下表:

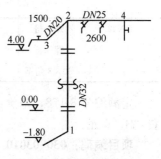

图 1-23 塑料管给水管道

清单工程量计算表

项目编码	项目名称	项目特征描述	单位	数量
030801005001	塑料管	给水管 DN32 室内	m	5.8
030801005002		给水管 DN25 室内	m	5.2
030801005003		给水管 DN20 室内	m	3.0

(2) 定额工程量

定额工程量计算,见下表:

定额工程量计算表

分项项目	计量单位	数目	定额编号	基价/元	人工费/元	材料费/元	机械费/元
DN32	10m	0.58	6-275	17.70	13.03	0.55	4.12
DN25	10m	0.52	6-274	15.62	11.91	0.47	3.24
DN20	10m	0.3	6-273	14.19	11.21	0.42	2.65

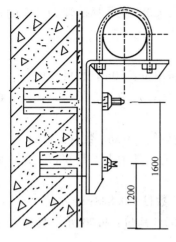

图 1-24 螺栓固定的非固定支架安装

项目编码：030802001　项目名称：管道支架制作安装

【例 1-25】 如图 1-24 所示此支架为水平管支架，用螺栓固定的非固定支架安装，管道公称直径为 $DN32$，支架为无热伸胀支架，墙内孔洞为预留。

【解】 （1）清单工程量

管道公称直径 $DN32$

角钢规格：30×3　0.74kg　螺栓规格：M10　0.28kg

上方螺栓栽入结构墙体内深度：0.16m

下方螺栓栽入结构墙体内深度：0.12m

U 卡　0.14kg　六角螺母　0.12kg

（2）定额工程量

定额工程量计算，见下表：

定额工程量计算表

		单位	数量		单位	数量
DN32	螺 母	100kg	0.0012	U卡	100kg	0.0014
	螺 栓	100kg	0.0028	上方栽入墙体深度	10m	0.016
	30×3角钢	100kg	0.0074	下方栽入墙体深度	10m	0.012

定额编号 8-178，基价：654.69 元；其中人工费 235.45 元，材料费 194.98 元，机械费 224.26 元

项目编码：030803010　项目名称：水表

【例 1-26】 如图 1-25 所示水表示意图，此水表为 $DN80$ 法兰连接水表组。

【解】 （1）清单工程量

$DN80$ 法兰连接水表　1组

（2）定额工程量

$DN80$ 法兰连接水表　单位：组　数量：1组

图 1-25 水表示意图

定额编号 8-368，基价：1809.02 元；其中人工费 99.38 元，材料费 1627.12 元，机械费 82.52 元

定额工程量计算表

分项项目	单位	数目
水表	组	1
DN80 截止阀	个	1
DN80 逆止阀	个	1
DN50 截止阀	个	1
DN80 钢管	10m	0.08
DN50 钢管（旁通管）	10m	0.12

项目编码：030804015　项目名称：排水栓

【例1-27】 如图1-26所示为洗手盆排水栓示意图，规格DN40，计算其工程量。

【解】 （1）清单工程量

排水栓带存水弯　1组

（2）定额工程量

定额工程量计算见下表：

定额工程量计算表

分项项目	单位	数目	定额编号	基价/元	人工费/元	材料费/元	机械费/元
堵塞	个	1	已包括在定额内				
DN40S型塑料存水弯	个	1	已包括在定额内				
DN40排水栓	组	1	8—442	106.28	44.12	62.16	—
洗手盆	组	1	8—390	348.58	60.37	288.21	
黑玛钢管箍DN40	个	1	已包括在定额内				

项目编码：030804012　项目名称：大便器

【例1-28】 如图1-27所示为延时自闭蹲式大便器示意图，计算其有关项工程量。

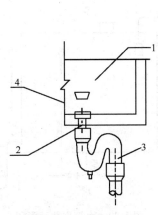

图1-26　排水栓
1—水；2—排水栓；3—S型
存水弯；4—水盆

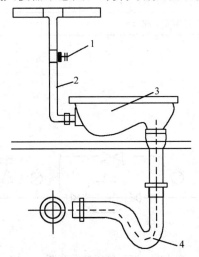

图1-27　大便器示意图
1—延时自闭冲洗阀；2—DN25塑料管；
3—大便斗；4—P形存水弯DN100

【解】 （1）清单工程量

延时自闭蹲式大便器　1套

（2）定额工程量

定额工程量计算见下表：

定额工程量计算表

分项项目	单 位	数 目
大便斗	套	1
延时自闭式冲洗阀DN25	个	1
DN100P形存水弯	个	1
给水DN25塑料管	10m	0.11

定额编号 8-413，基价：1812.01 元；其中人工费 167.42 元，材料费 1644.59 元。

项目编码：030803007　项目名称：减压器

【例 1-29】　如图 1-28 所示为减压阀安装示意图，计算其有关项工程量。

【解】　（1）清单工程量

DN40 螺纹减压阀　1 组

（2）定额工程量

DN40 螺纹减压阀　单位：组　数量：1

定额编号 8-331，基价：685.17 元；其中人工费 104.03 元，材料费 581.14 元。

定额工程量计算表

分项项目	单 位	数 目
DN40 螺纹减压阀	组	1
DN40 焊接钢管	10m	0.14
螺纹截止阀 DN40	个	4
弹簧压力表	个	2
弹簧安全阀	个	1

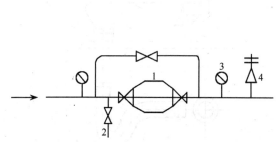

图 1-28　减压阀安装示意图
1—减压阀；2—截止阀；
3—水压表；4—安全阀

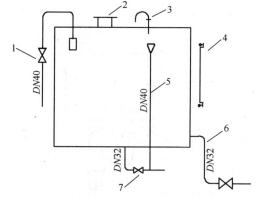

图 1-29　水箱安装示意图
1—水位控制阀；2—人孔；3—通气管；4—液位计；5—溢水管；6—出水管；7—泄水管

项目编码：030804014　项目名称：水箱制作安装

【例 1-30】　如图 1-29 所示为水箱安装示意图，计算其工程量。水箱制作用去钢板 600kg，面积 20m^2。

【解】　（1）清单工程量

水箱　1 套　制作钢板　600kg

DN40 镀锌钢管　4.6m　DN40 阀门　1 个

DN32 镀锌钢管　2.9m　DN32 阀门　2 个

液位计　1 个　刷油刷漆量　20m^2

清单工程量计算见下表：

第一章 给水排水工程(C.8)

清单工程量计算表

项目编码	项目名称	项目特征描述	单位	数量
030804014001	水箱制作安装	钢板制作	套	1
030801001001	镀锌钢管	DN40	m	4.6
030801001002		DN32	m	2.9
030803001001	螺纹阀门	DN40	个	1
030803001002		DN32	个	2

(2) 定额工程量

定额工程量计算见下表:

定额工程量计算表

分项项目	单位	数目	定额编号	基价/元	人工费/元	材料费/元	机械费/元
钢板	100kg	6	8-537	477.85	51.32	402.92	23.61
DN40 镀锌钢管	10m	0.46	8-91	93.85	60.84	31.98	1.03
DN32 镀锌钢管	10m	0.29	8-90	86.16	51.08	34.05	1.03
刷油工程量	10m²	2	8-89	10.64	6.27	4.37	—
DN40 阀门	个	1	8-254	54.92	11.38	43.54	—
DN32 阀门	个	2	8-253	47.20	6.73	40.47	—
液位计	个	1	8-322	13.76	6.97	4.40	2.39

项目编码:030804013　项目名称:小便器

【例 1-31】 如图 1-30 所示,计算小便器工程量。

【解】 (1) 清单工程量

挂式小便器　1 套

(2) 定额工程量

0.1 套。定额编号 8-419,基价:1885.04 元;其中人工费 114.24 元,材料费 1770.80 元。

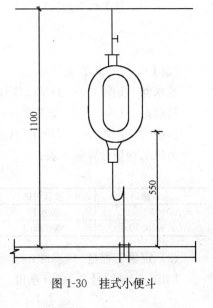

图 1-30　挂式小便斗

定额工程量表

分项项目	单 位	数 目
DN15 塑料管	10m	0.03
DN50 塑料管	10m	0.04
存水弯 DN50	个	1
小便斗	套	1
自动冲洗阀 DN15	个	1

项目编码:030804007　项目名称:淋浴器

【例 1-32】 如图 1-31 所示淋浴器由冷热水钢管组成及莲蓬头,两个铜截止阀。

【解】 (1) 清单工程量

冷热水钢管淋浴器　1 套

(2) 定额工程量:

0.1 组。定额编号 8-404,基价:600.19 元,其中人工费 130.03 元,材料费

470.16 元。

定额工程量计算表

分项项目	单位	数目
莲蓬喷头	个	1
DN15 镀锌钢管	10m	0.20
DN15 截止阀	个	2
镀锌弯头 DN15	个	2

项目编码：030803008　项目名称：疏水器

【例 1-33】 如图 1-32 所示为疏水器安装示意图，计算其工程量。

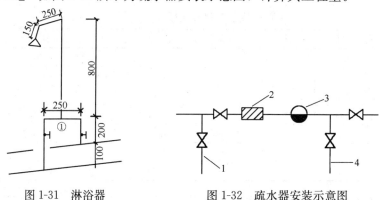

图 1-31　淋浴器

图 1-32　疏水器安装示意图
1—冲洗管；2—过滤器；
3—疏水器；4—检查管及阀门

【解】 （1）清单工程量

疏水器　1 组　　DN32 螺纹连接　　2.4m
过滤器　1 台　　冲洗管　　　　　1 个
检查管　1 个　　DN32 截止阀　　 4 个

清单工程量计算见下表：

清单工程量计算表

项目编码	项目名称	项目特征描述	单位	数量
030803008001	疏水器	DN32 螺纹连接	组	1
030803001001	螺纹阀门	管径 DN32	个	4

（2）定额工程量

1 组。定额编号 8-346，基价：245.07 元，其中人工费 29.72 元，材料费 215.35 元。

定额工程量计算表

分项项目	单位	数目
DN32 螺纹连接疏水器	组	1
过滤器	台	1
DN32 镀锌钢管	10m	0.24
DN32 截止阀	个	4

项目编码：030804022　项目名称：容积式热交换器

【例 1-34】 如图 1-33 所示容积式热交换器示意图，其中 DN32 的工程量为 5.6m，计算其工程量。

【解】 (1) 清单工程量

容积式热交换器	1台	膨胀罐	1台
循环水泵	1台	DN32镀锌钢管	5.6m
止回阀DN32	2个	DN32截止阀	2个

清单工程量计算见下表：

清单工程量计算表

项目编码	项目名称	项目特征描述	单位	数量
030804022001	容积式热交换器	容积式	台	1
030801001001	镀锌钢管	DN32	m	5.6
030803001001	螺纹阀门	DN32 止回阀	个	2
030803001002	螺纹阀门	DN32 截止阀	个	2

(2) 定额工程量

1台。定额编号8-470，基价：286.45元；其中人工费96.13元，材料费182.03元，机械费8.29元。

定额工程量计算表

分项项目	单位	数目
膨胀罐	台	1
DN32镀锌钢管	10m	0.56
循环水泵	台	1
容积式水加热器	台	1
止回阀	个	2
温度计	套	1
截止阀	个	2
弹簧压力表Y-100	块	1

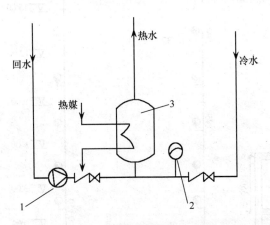

图1-33 容积式热交换器示意图
1—循环泵；2—膨胀罐；3—容积式热交换器

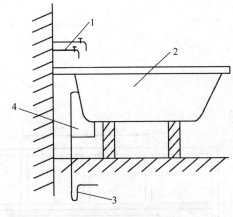

图1-34 浴盆示意图
1—冷热水水嘴；2—浴盆；
3—存水弯；4—排出管

项目编码：030804001　项目名称：浴盆

【例1-35】 如图1-34所示为浴盆示意图，计算其工程量。

【解】 （1）清单工程量

搪瓷浴盆 单位：组 数量：1

（2）定额工程量

0.1组。定额编号 8-375，基价：1127.85 元；其中人工费 222.68 元，材料费 905.17 元

定额工程量计算表

分项项目	材质	规格	单位	数目
浴盆	搪瓷		组	1
浴盆水嘴	钢	DN15	10个	0.2
浴盆存水弯	塑料	DN50	个	1
浴盆排水管	塑料	DN50	10m	0.05
镀锌弯头		DN15	个	2

第二节 综 合 实 例

消防给水管管道工程量计算

【例1-36】 计算简图，如图1-35、图1-36所示。

【解】 防腐表面刷漆，明装部分需刷防锈漆、银粉，明装部分面积：

$$S_1 = (15+1.1) \times 2 \times 0.059 \times 3.14 \text{m}^2 = 5.97 \text{m}^2$$

单位 10m^2，刷一遍防锈漆，定额编号 11-53，基价：7.40 元；其中人工费 6.27 元，材料费 1.13 元。

刷一遍银粉，定额编号 11-56，基价：11.31 元；其中人工费 6.50 元，材料费 4.81 元。

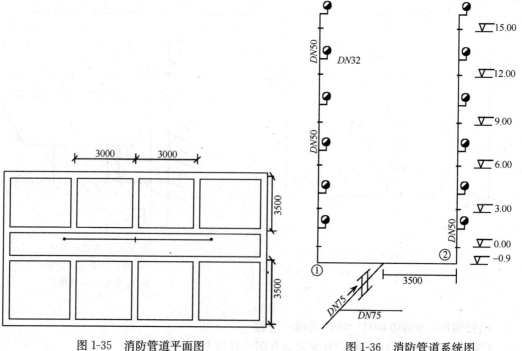

图 1-35 消防管道平面图   图 1-36 消防管道系统图

埋地部分需刷沥青油：
$$S_2 = \{[(0.9\times2+3.5\times2)\times0.059]+18.5\times0.085\}\times3.14\text{m}^2$$
$$= [8.8\times0.059+18.5\times0.085]\times3.14\text{m}^2$$
$$= 6.57\text{m}^2$$

单位 10m^2，定额编号 11-66，基价：8.04 元；其中人工费 6.50 元，材料费 1.54 元。

【注释】 $(15+1.1)\times2\times0.059\times3.14$ 为管的截面积乘以管的总长度，其中 15 为地面以上一侧管的长度，1.1 为消火栓离地面高度，0.059 为管的外壁的外径的长度；18.5 为镀锌钢管丝接的总长度。

1. 镀锌钢管丝接 DN50 41m

定额工程量 4.1m，定额编号 8-92，基价：111.93 元；其中人工费 62.23 元，材料费 46.84 元，机械费 2.86 元。

消防立管①②长度：

明装部分：$(3\times5+1.1)\times2\text{m}=32.2\text{m}$(3 为楼层高度，1.1m 为消火栓离地面高度)

埋地部分：$0.9\times2\text{m}=1.8\text{m}$

消防横管（埋地）长度：$3.5\times2\text{m}=7\text{m}$（消防立管至入户管水平距离为 3.5m）

2. 镀锌钢管丝接 DN75 18.5 m

定额工程量 1.85，定额编号 8-93，基价：124.29 元；其中人工费 63.62 元，材料费 56.56 元，机械费 4.11 元。

消防给水入户管长度：$(10+3.5)\text{m}=13.5\text{m}$(10m 为入户管户外长度，3.5m 为户内长度)

$$13.5\text{m}+5\text{m}(\text{水泵接合器至消防入户管长度})=18.5\text{m}$$

3. DN32 镀锌钢管、消防支管长度：$(0.3+0.4)\times6\times2\text{m}=8.4\text{m}$（0.3 为消防立管伸出的横支管长度，0.4 为消火栓垂直支管长度）

定额工程量 0.84m，定额编号 8-90，基价：86.16 元；其中人工费 51.08 元，材料费 34.05 元，机械费 1.03 元。

4. 消火栓：6×2 套=12 套

定额工程量 12 套，定额编号 7-105，基价：31.47 元；其中人工费 21.83 元，材料费 8.97 元，机械费 0.67 元。

①消火栓 6×2 套=12 套　　②DN75 水表　1 组
③DN75 阀门　2 个　　　　　　④水泵接合器　1 套

清单工程量计算见下表：

清单工程量计算表

项目编码	项目名称	项目特征描述	单 位	数 量
030701003001		DN75 丝接	m	18.5
030701003002	镀锌钢管	DN50 丝接	m	41
030701003003		DN32 丝接	m	8.4
030701018001	消火栓	单栓，室内安装	套	12
030701009001	水表	DN75	组	1
030701005001	螺纹阀门	DN75	个	2
030701019001	消防水泵接合器		套	1

【例1-37】 某卫生间排水管道工程量计算，其给水管道主要支管均用塑料管，入户管用铸铁。此卫生间两个蹲式大便器，两个洗脸盆，一个污水盆。计算其排水、给水系统工程量。其计算简图如图1-37～图1-39所示。

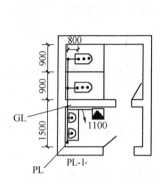

图1-37 卫生间平面图

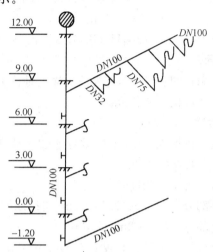

图1-38 卫生间排水系统图

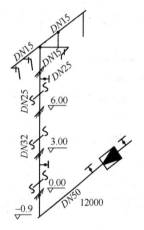

图1-39 卫生间给水系统图

【解】 1. 排水管均为PVC塑料管

(1) $DN100$：{3×4+1.0(通气帽伸顶高度)+1.2(排水立管埋深)+8(出户管长度)+[2.85(横支管长度)+0.6×2(洗手盆支管长度)]×4(大便器排出管至横支管长度)}m=38.4m

定额工程量3.84，定额编号6-280，基价：58.27元；其中人工费37.85元，材料费3.57元，机械费16.85元。

(2) $DN75$：(1.1+0.4)m=1.5m（拖布盆至排水横支管长度）

(1.1排水支管；0.4拖布盆排出管长度)

1.5×4m=6m

定额工程量0.6，定额编号6-278，基价：39.60元；其中人工费26.73元，材料费2.79元，机械费10.08元。

(3) $DN32$：0.8（洗脸盆排出管长度）×2m=1.6m

1.6×4m=6.4m

定额工程量0.64，定额编号6-275，基价：17.70元；其中人工费13.03元，材料费0.55元，机械费4.12元。

(4) 蹲式大便器 2×4套=8套

定额工程量0.8，定额编号8-413，基价：1812.01元；其中人工费167.42元，材料费1644.59元。

洗脸盆 2×4组=8组

定额工程量0.8，定额编号8-384，基价1449.93元，其中人工费151.16元，材料费1298.77元。

拖布盆 1×4组=4组

定额工程量0.4,定额编号8-391,基价596.56元,其中人工费100.54元,材料费496.02元。

透气帽 1个
检查口 1×4个=4个
清通口 1×4个=4个
拖布盆 1×4个=4组

2. 给水管

(1) 管道工程量:

铸铁管$DN50$ 9m(入户管与给水立管节点处至小区给水管网长度)

定额工程量0.9,定额编号8-144,基价:133.41元;其中人工费52.01元,材料费81.40元。

塑料管$DN15$ [2.5m(给水横管长度)+1.1m(污水盆排出管)+2×0.8m(蹲便器冲洗管长度)]×4+(洗脸盆排出管)0.8×2×4m=20.8m+6.4m=27.2m

定额工程量2.72,定额编号6-273,基价:14.19元;其中人工费11.12元,材料费0.42元,机械费2.65元。

$DN25$ 3×2(四层至二层)m=6m

定额工程量0.6,定额编号6-274,基价:15.62元;其中人工费11.91元,材料费0.47元,机械费3.24元。

$DN32$ 3m+0.8m(支管离地高度)+0.9m(立管埋深)=4.7m

定额工程量0.47,定额编号6-275,基价:17.70元;其中人工费13.03元,材料费0.55元,机械费4.12元。

(2) 管件工程量

①自闭式冲洗阀 2×4个=8个 $DN32$阀门 1个

定额工程量1个,定额编号8-244,基价:8.57元;其中人工费3.48元,材料费5.09元。

②$DN50$水表 1组 $DN25$阀门 1个

定额工程量1组,定额编号8-362,基价:52.20元;其中人工费18.58元,材料费33.62元。

定额工程量1个,定额编号8-243,基价:6.24元;其中人工费2.79元,材料费3.45元。

③$DN50$阀门 2个 水龙头 3×4个=12个

定额工程量2个,定额编号8-246,基价:15.06元;其中人工费5.80元,材料费9.26元。

定额工程量1.2,定额编号8-438,基价:7.48元;其中人工费6.50元,材料费0.98元。

(3) 防腐

给水入户管为铸铁管,需刷沥青油两道,冷底子油一道。

$DN50$ 9m 其表面积计算：$S=9\times0.059\times3.14m^2=1.67m^2$

定额工程量0.167，定额编号11-202，基价：9.90元；其中人工费8.36元，材料费1.54元。

定额编号11-203，基价：9.50元；其中人工费8.13元，材料费1.37元。

定额编号11-219，基价：28.93元；其中人工费13.70元，材料费15.23元。

清单工程量计算见下表：

清单工程量计算表

项目编码	项目名称	项目特征描述	计量单位	工程量
030801005001	塑料管	DN100PVC塑料管，室内排水	m	38.4
030801005002		DN75PVC塑料管，室内排水	m	6
030801005003		DN32PVC塑料管，室内排水	m	6.4
030801005004		DN15、室内给水	m	27.2
030801005005		DN25、室内给水	m	6
030801005006		DN32、室内给水	m	4.7
030801003001	承插铸铁管	DN50、室内给水	m	9
030804012001	大便器	蹲式	套	8
030804003001	洗脸盆		组	8
030804016001	水龙头	DN15	个	12
030803001001	螺纹阀门	DN25	个	1
030803001002		DN32	个	1
030803001003		DN50	个	2
030803010001	水表	DN50	组	1

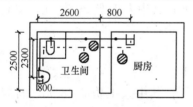

图1-40 厨房卫生间平面图

【例1-38】 某厨房卫生间给水工程量计算，其计算如简图1-40、图1-41所示。其排水系统布置如图1-42所示，排水管均用PVC管，试计算给水排水工程量。

【解】 1. 给水管工程量

给水管道均采用镀锌钢管，丝接

（1）管道长度工程量

①镀锌钢管丝接$DN15$

[0.8m(给水立管至厨房水嘴之间的长度)＋2.3m(蹲式大便器节点至洗脸盆水嘴的长度)＋0.8m(蹲式大便器冲洗水管长度)]×4(4层楼支管管径设置相同)＝15.6m

定额工程量1.56，定额编号8-87，基价：65.45元；其中人工费42.49元，材料费22.96元。

②$DN25$：2.6m(给水立管至大便器节点之间的长度)×4＝10.4m

定额工程量1.04，定额编号8-89，基价：83.51元；其中人工费51.08元，材料费31.40元，机械费1.03元。

③$DN32$：2×3m(楼层高度)＝6m

定额工程量0.6，定额编号8-90，基价：86.16元；其中人工费51.08元，材料费34.05元，机械费1.03元。

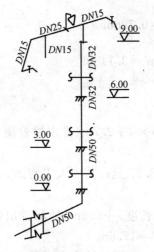
图1-41 给水系统图

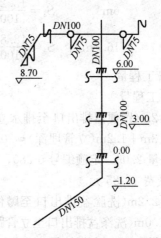
图1-42 排水系统图

④DN50：3m（楼层高度）+0.8m（支管距地面距离）+0.9m（给水管埋地深度）+12m（入户管长度）=16.7m

定额工程量1.67，定额编号8-92，基价111.93元，其中人工费62.23元，材料费46.84元，机械费2.86元。

(2) 给水安装设备配置

蹲式大便器　　4×1套=4套

定额工程量0.4，定额编号8-413，基价：1812.01元；其中人工费167.42元，材料费1644.59元。

水嘴　　　　　2×4个=8个

定额工程量0.8，定额编号8-438，基价：7.48元；其中人工费6.50元，材料费0.98元。

淋浴器　　　　4×1组=4组

定额工程量0.4，定额编号8-404，基价：600.19元；其中人工费130.03元，材料费470.16元。

镀锌铁皮套管　4×1个=4个

检查口　　　　4×1个=4个

洗脸盆　　　　4×1组=4组

定额工程量0.4，定额编号8-384，基价：1449.93元；其中人工费151.16元，材料费1298.77元。

(3) 管道刷油　$S=6.08m^2$

定额工程量0.608，定额编号11-53，基价：7.40元；其中人工费6.27元，材料费1.13元；定额编号11-56，基价：11.31元；其中人工费6.50元，材料费4.81元；定额编号11-57，基价：10.64元；其中人工费6.27元，材料费4.37元。

①给水DN15　　15.6m　　$S_1=\frac{6.68}{100}\times15.6m^2=1.042m^2$

②DN25　　　　10.4m　　$S_2=\frac{10.52}{100}\times10.4m^2=1.094m^2$

③ $DN32$ 6m $S_3 = \dfrac{13.27}{100} \times 6 m^2 = 0.796 m^2$

④ $DN50$ 16.7m $S_4 = \dfrac{18.85}{100} \times 16.7 m^2 = 3.148 m^2$

2. 排水管工程量

(1) 管道工程量

$DN100$：2m(蹲便器排出口至排水立管距离)×4+2.7m(排水横管离地长度)+3×3m+1.2m(立管埋深)=20.9m

定额工程量2.09，定额编号6-280，基价：58.27元；其中人工费37.85元，材料费3.57元，机械费16.85元。

$DN75$：[2.2m(洗脸盆排出口至蹲便器节点长度)+0.6m(地漏排出管长度)×2+1.0m(洗涤盆排出口至立管距离)]×4=17.6m

定额工程量1.76，定额编号6-278，基价：39.60元；其中人工费26.73元，材料费2.79元，机械费10.08元。

$DN150$ 11m(排水出户管长度)

定额工程量1.1，定额编号6-282，基价：84.10元；其中人工费52.59元，材料费5.65元，机械费25.86元。

(2) 管件

① 地漏   2×4个=8个   ② 蹲便器 1×4套=4套

定额工程量0.8，定额编号8-447、8-448，基价：97.84元；其中人工费72.18元，材料费25.66元。

定额工程量0.4，定额编号8-413，基价：1812.01元；其中人工费167.42元，材料费1644.59元。

③ 洗脸盆 1×4组=4组   ④ 洗涤盆 4组

定额工程量0.4，定额编号8-384，基价：1449.93元；其中人工费151.16元，材料费1298.77元。

定额工程量0.4，定额编号8-391，基价：596.56元；其中人工费100.54元，材料费496.02元。

⑤ 清通口 4个

清单工程量计算见下表：

清单工程量计算表

项目编码	项目名称	项目特征描述	单 位	数 量
030801001001	镀锌钢管	$DN15$ 给水管、丝接	m	15.6
030801001002		$DN25$ 给水管、丝接	m	10.4
030801001003		$DN32$ 给水管、丝接	m	6
030801001004		$DN50$ 给水管、丝接	m	16.7
030801005001	塑料管	$DN75$ PVC 排水管	m	17.6
030801005002		$DN100$ PVC 排水管	m	20.9
030801005003		$DN150$ PVC 排水管	m	11

续表

项目编码	项目名称	项目特征描述	单位	数量
030804012001	大便器	蹲式	套	4
030804003001	洗脸盆		组	4
030804007001	沐浴器		套	4
030804016001	水龙头	DN15	个	8
030804005001	洗涤盆		组	4
030804017001	地漏	DN75	个	8

【例1-39】 某住宅给排水平面图如图1-43所示,给水系统图如图1-44所示,排水系统图如图1-45所示,求其工程量。

工程量计算:

说明:1. 给水埋地部分用铸铁管,明装部分用塑料管。

2. 给水埋地铸铁管刷沥青油二道,冷底子油一道。

【解】 (1) 给水管工程量

1) 管道工程量

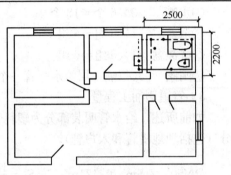

图1-43 某住宅给水排水平面图

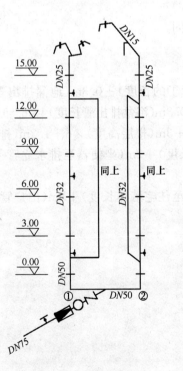

图1-44 给水系统图

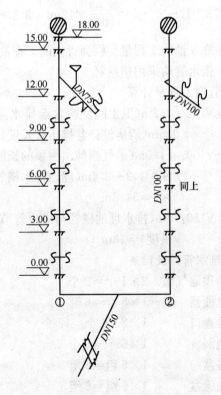

图1-45 排水系统图

①$DN15$：[0.6m(厨房洗涤盆至给水立管①的距离)+0.5m(给水立管①穿墙过程长度)+0.5m(卫生间洗脸盆至穿墙管的长度)+1.8m(浴盆至给水立管②的长度)+0.4m(坐便器至支管长度)]×6=22.8m

②$DN25$：3m(六层至五层)×2=6m 立管①②同层管径设置相同

③$DN32$：3m×4×2=24m

④$DN50$：[0.8m(给水支管距地面高度)+0.9m(给水立管埋地深度)]×2+2.5m(给水管埋地部分)=5.9m

⑤$DN75$：4m(给水横管节点至截止阀长度)+8m(截止阀至户外管网长度)=12m

2) 用水设备工程量计算

①水嘴　　3×6个=18个　　②坐便器　　1×6套=6套

③浴盆　　1×6组=6组　　　④洗脸盆　　1×6组=6组

⑤洗涤盆　1×6组=6组　　　⑥止回阀　　1个

⑦闸阀　[3(每隔一层给水立管一个阀门)×2+1(入户管一个阀门)]个=7个

3) 管道刷油工程量

如前所述，给水管明装部分为塑料管（立管埋地部分也为塑料管）不用刷油，埋地部分（包括埋地横管和入户管）。

$DN50$　2.5m　0.471m²　$S_1 = \dfrac{18.85}{100} \times 2.5\text{m}^2 = 0.471\text{m}^2$

$DN75$　12m　$S_2 = \dfrac{28.63}{100} \times 12\text{m}^2 = 3.436\text{m}^2$

刷冷底子油的工程量与刷沥青油的工程量相同。

(2) 排水管均采用塑料管

1) 管道工程量计算

①$DN75$：[2.2m(卫生间洗脸盆至排水立管①的长度)+0.3m(地漏排出管长度)+0.5m(厨房洗涤盆排出管长度)+0.3m(浴盆排出管长度)]×6=19.8m

②$DN100$：[1.0m(通气帽伸出屋顶的长度)+3m(楼层高度)×6+1.2m(排水立管埋深)]×2+2.4m(埋地排水横管长度)+2m(坐便器至排水立管②的长度)×6=54.8m

③$DN150$：5m(排水埋地横管与出户管节点至住宅墙体长度)+8m(出户管户外部分长度)=13m

2) 排水管件及设备

①伸顶通气帽　2×1个=2个

②坐便器　　　1×6套=6套

③检查口　　　1×2×6个=12个

④地漏　　　　1×6个=6个

⑤浴盆　　　　1×6组=6组

⑥洗脸盆　　　1×6组=6组

⑦洗涤盆　　　1×6组=6组

第一章 给水排水工程(C.8)

清单工程量与定额工程量分项列表

项目编码	项目名称	项目特征描述	计算单位	数量	定额编号	定额计量单位	数量	基价/元	人工费/元	材料费/元	机械费/元
030801005001	塑料管	DN15	m	22.8	6-273	10m	2.28	14.19	11.12	0.42	2.65
030801005002	塑料管	DN25	m	6	6-274	10m	0.6	15.62	11.91	0.47	3.24
030801005003	塑料管	DN32	m	24	6-275	10m	2.4	17.70	13.03	0.55	4.12
030801005004	塑料管	DN50	m	5.9	6-277	10m	0.59	28.12	19.76	1.83	6.53
030801003001	铸铁管	DN75	m	12	8-132	10m	1.2	57.22	33.44	23.78	
030801005005	塑料管	DN75	m	19.8	6-277	10m	1.98	39.60	26.73	2.79	10.08
030801005006	塑料管	DN100	m	54.8	6-277	10m	5.48	58.27	37.85	3.57	16.85
030801005007	塑料管	DN150	m	13	6-277	10m	1.3	84.10	52.59	5.65	25.86
030804016001	水龙头	DN5	m	18	6-277	10m	1.8	7.48	6.50	0.98	
030804012001	坐便器	坐式	套	6	8-414	10套	0.6	484.02	186.46	297.56	
030804001001	浴盆		组	6	8-376	10组	0.6	1177.98	258.90	919.08	
030804003001	洗脸盆		组	6	8-384	10组	0.6	1449.93	151.16	1298.77	
030804005001	洗涤盆		组	6	8-391	10组	0.6	596.56	100.54	496.02	
030804017001	地漏	DN75	个	6	8-447 8-448	10个	0.6	97.84	72.18	25.66	
	检查口		个	12							
	通气帽		个	2							
	管道刷油		m²	3.907	11-202 11-203 11-218	10m²	0.391	48.33	30.19	18.14	
030803001001	螺纹阀门	DN75	个	1	8-247 8-248	个	1	34.07	10.60	23.47	
030803001002	螺纹阀门	DN50	个	2	8-246	个	2	15.06	5.80	9.26	
030803001003	螺纹阀门	DN32	个	2	8-244	个	2	8.57	3.48	5.09	
030803001004	螺纹阀门	DN25	个	2	8-243	个	2	6.24	2.79	3.45	

【例1-40】 消防系统工程量计算,其给水平面图及系统图如图1-46、图1-47所示。

【解】 (1)消防给水管为镀锌钢管,二层以上管道为DN50,二层以下消防管道为DN75。

①DN75 [3m(二层至一层高度)+1.1m(灭火器距地面高度)+0.9m(消防给水立管埋深)]×4+7m(消防埋地横管①)+6.2m(消防埋地横管②)+6.2m(横管连接管长度)+3m(消防给水管旁通管部分)+3.2m(与旁通管并到的水泵给水管部分长度)+6m(水表井至户外部分长度)=51.6m

定额工程量5.16,定额编号7-71、7-72,基价:90.33元;其中人工费62.81元,材料费17.66元,机械费9.86元。

②DN50 3m(楼层高度)×5(七层至二层)×4+1.8m×4(七层灭火器至七层顶部长度)+13.2m(消防上部横管长度)+4.5m(上部两横管连接管)+2.5m(消防水箱入水口至上部横管连接管长度)=87.4m

定额工程量8.74,定额编号7-70,基价:74.04元;其中人工费52.01元,材料费

12.86元,机械费9.17元。

(2) 消防给水系统管件及附属设备

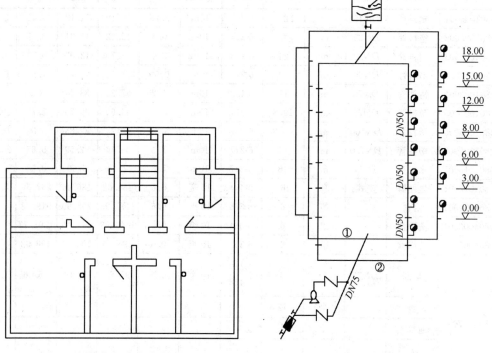

图1-46 某住宅消防给水平面图　　图1-47 消防给水系统图

①消防水箱　1个

定额工程量1个,定额编号8-552,基价:112.30元;其中人工费74.07元,材料费2.44元,机械费35.79元。

②给水泵　1台

定额工程量1台,定额编号1-740,基价:149.60元;其中人工费73.14元,材料费59.53元,机械费16.93元。

③止回阀　　1×2个=2个

④灭火器　　7×4个=28个

1个泄水口,1组水表,3个阀门(水表前后各一个,消防水箱下部一个)。

水表定额工程量1组,定额编号8-363,基价:106.39元;其中人工费24.38元,材料费82.01元。

阀门定额工程量3个,定额编号8-246,基价:15.06元;其中人工费5.80元,材料费9.26元。

(3) 防腐

消防给水管全部为镀锌钢管,明装部分刷防锈漆一道,银粉两道,埋地部分刷沥青油二道,冷底子油一道。

其工程量计算如下:

①明装部分:DN50　87.4m

　　　　　　DN75　16.4m　(3+1.1)×4m=16.4m

换算为面积：$3.14×(0.060×87.4+0.076×16.4)m^2=20.38m^2$

定额工程量 0.642，定额编号 11-53、11-56、11-57，基价：29.35 元；其中人工费 19.04 元，材料费 10.31 元。

②埋地部分：$DN75$ $(51.6-16.4)m=35.2m$

换算为面积：$3.14×0.076×35.2m^2=8.40m^2$

定额工程量 0.271，定额编号 11-66、11-67、11-80，基价：35.15 元；其中人工费 19.27 元，材料费 15.88 元。

【注释】 $3.14×(0.060×87.4+0.076×16.4)$ 为明装管的侧面积，其中 87.4 为明装 $DN50$ 管的总长度，0.060 为 $DN50$ 管的外壁的外径长度，0.076 为 $DN75$ 管的外壁的外径长度，16.4 为明装是 $DN75$ 管的总长度，$(51.6-16.4)$ 为 $DN75$ 管的总长度减去明装管的长度。

清单工程量计算见下表：

清单工程量计算表

序号	项目编码	项目名称	项目特征描述	计量单位	工程量
1	030701003001	消火栓镀锌钢管	室内，$DN75$，给水	m	51.6
2	030701003002		室内，$DN50$，给水	m	87.4
3	030701010001	消防水箱制作安装		台	1
4	030701011001	水喷头	$DN50$	个	28
5	030701009001	水表	$DN75$	组	1
6	030701005001	螺纹阀门	$DN75$	个	2
7	030701005002		$DN50$	个	1

【例 1-41】 某洗澡间平面图如图 1-48 所示，给排水系统图如图 1-49、图 1-50 所示。

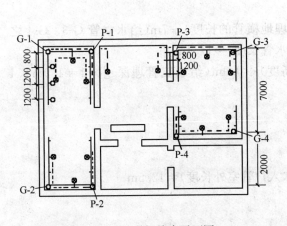

图 1-48 洗澡间给水平面图

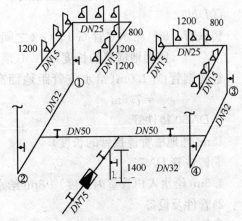

图 1-49 洗澡间给水系统图

【解】 (1) 给水工程量

说明：洗澡间给水管立管和支管用丝接镀锌钢管，埋地管和出户管用铸铁管、镀锌钢

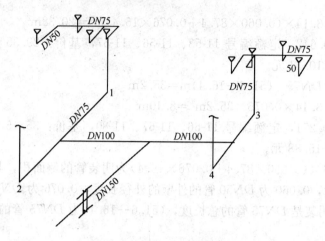

图1-50 洗澡间排水系统图

管刷防锈漆一道，银粉漆两道，铸铁管刷沥青油两道，冷底子油一道，G-1、G-2上的淋浴器设置相同，G-3、G-4上的淋浴器设置相同。

1）管道工程量

①镀锌钢管 $DN15$

G-1、G-2：[1.2m（淋浴器间距）×2+0.8m（给水立管至最近一个淋浴器的长度）]× 2×2（两边对称）=12.8m

1.1m（淋浴器管子长度）×（18+16）（淋浴器数目）=37.4m

G-3、G-4：(1.2+0.8+1.2×2+0.8)×2m=5.2m

(37.4+12.8+5.2)m=(18+37.4)m=55.4m

②镀锌钢管 $DN25$

1.2m（淋浴器间距）×2+0.8m（边上淋浴器至立管距离或至边墙距离）×2=4m

4m×4（4个 $DN25$ 的长度设置相同）=16m

③$DN32$

铸铁管：9m（给水立管G-1、G-2之间埋地横管的长度）+7m（给水立管G-3、G-4之间埋地横管的长度）+1.4（泄水管长度）=17.4m

镀锌钢管：[1.0m（给水支管距地面高度）+0.9m（给水支管埋深）]×4=1.9m×4 =7.6m

④$DN50$ 铸铁管

15m（埋地横管连接管的长度）

⑤铸铁管 $DN75$

4.5m（给水入户管室内长度）+8m（给水入户管室外长度）=12.5m

2）管件及设备

①给水表　　1组

②淋浴器　　34套[(9×2+8×2)套=34套]

③阀门　　　9个

④给水三通　4个+4个=8个

⑤弯头　　　8个

3) 防腐

包括给水镀锌钢管防腐和排水铸铁管防腐。

①镀锌钢管　刷防锈漆一道，银粉两道。

DN15　55.4m　　　DN25　16m　　　DN32　7.6m

面积计算：$[0.016×55.4m+0.027×16m+0.034×7.6m]×3.14m=4.86m^2$

②铸铁管：刷沥青油两道，冷底子油一道。

DN32　17.4m　　　DN50　15m　　　DN75　12.5m

面积计算：$[0.0034×17.4m+0.059×15m+0.077×12.5m]×3.14m=7.66m^2$

(2) 排水工程量

排水系统图如图 1-50 所示：洗澡间排水管用塑料管

1) 管道工程量

DN75：3.8m（排水立管①的横支管长度）×4+1.2m（排水立管埋深）×4+9m+7m
　　　（排水埋地横管长度）=36m

DN50：[2.5m（距排水立管 PL-1 最远端那个地漏的排出管长度）+0.6m+2.2m+
　　　2.6m（均为 PL-1 立管上地漏排出管长度）]×4=31.6m

DN100：7.2m（排水埋地横管连接管的长度）

DN150：12m（排水出户管长度）
　　　　4.5m（排出管室内部分长度）+7.5m（排水出户管室外部分长度）=12m

2) 管件

①地漏　　　4×4个=16个

②检查口　　4×1个=4个

③排水三通　3+2×4个=11个

④弯头　　　4+6×4个=28个

其清单、定额工程量见下表：

清单工程量和定额工程量分项列表

序号	项目编码	项目名称	项目特征	计算单位	数量	定额编号	定额计量单位	数量	基价/元	人工费/元	材料费/元	机械费/元
1	030801001001	镀锌钢管	丝接 DN15	m	55.4	8-87	10m	5.54	65.45	42.49	22.96	
2	030801001002	镀锌钢管	丝接 DN25	m	16	8-89	10m	1.6	83.51	51.08	31.40	1.03
3	030801001003	镀锌钢管	丝接 DN32	m	7.6	8-90	10m	0.76	86.16	51.08	34.05	1.03
4	030801003001	承插铸铁管	DN50	m	15		10m	1.5				
5	030801003002	承插铸铁管	DN75	m	12.5	8-132	10m	1.25	57.22	33.44	23.78	
6	030801003003	承插铸铁管	DN32	m	17.4		10m	1.74				
7	030801005001	塑料管	DN75	m	36	6-278	10m	3.6	39.60	26.73	2.79	10.08
8	030801005002	塑料管	DN50	m	31.6	6-277	10m	3.16	28.12	19.76	1.83	6.53
9	030801005003	塑料管	DN100	m	7.2	6-280	10m	0.72	58.27	37.85	3.57	16.85
10	030801005004	塑料管	DN150	m	12	6-282	10m	1.2	84.10	52.59	5.65	25.86

续表

序号	项目编码	项目名称	项目特征	计算单位	数量	定额编号	定额计量单位	数量	基价/元	人工费/元	材料费/元	机械费/元
11	030804017001	地漏	DN50	个	16	8-447	10个	1.6	55.88	37.15	18.73	
12	030803010001	水表		组	1	8-363	组	1	106.39	24.38	82.01	
13	030804007001	淋浴		套	34		个	34	600.19	130.03	470.16	
14	030803001001	阀门	DN32	个	5	8-244	个	5	8.57	3.48	5.09	
15	030803001002	阀门	DN75	个	2	8-247、248	个	2	34.07	10.60	23.47	
16		给水三通		个	8		个	8				
17		管道防腐（镀锌钢管）		m²	4.86	11-53、56、57	10m²	0.486	29.35	19.04	10.31	
18		铸铁管防腐		m²	7.66	11-66、67、80	10m²	0.766	35.15	19.27	15.88	

【例1-42】 某集体宿舍洗手间平面图如图1-51所示，给排水系统图如图1-52、图1-53所示。

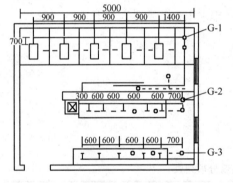

图1-51 集体宿舍洗手间平面图

1. 给水管道工程量

给水管道入户管部分及埋地横管为铸铁管，立管及支管为塑料管，铸铁管防腐刷沥青油二道，冷底子油一道。

(1) 管道工程量

1) 塑料管

①DN15：[5.2m(小便槽出水口到给水立管G-1的长度)+0.7m(蹲式大便器冲洗管长度)×5]×5=43.5m

定额工程量4.35(10m)，编号6-273，基价：14.19元；其中人工费11.12元，材料费0.42元，机械费2.65元。

②DN25：0.7m(污水盆水嘴至盥洗槽最近一个水嘴的长度)+0.6m(两水嘴间距)×4+0.3m(GL-2给水立管至第一个水嘴长度)=3.4m

0.9m(大便器间距)×4+1.4m(GL-1至第一个大便器长度)=4.0m

0.6m(盥洗槽水嘴间距)×4+0.7m(GL-3至第一个水嘴的距离)=3.1m

(3.4+4.0+3.1)m×5=52.5m

定额工程量5.25(10m)，编号6-274，基价：15.62元；其中人工费11.91元，材料费0.47元，机械费3.24元。

③DN32：3(五层至二层)×3m(楼层高)×3(3根立管)=27m

定额工程量2.7(10m)，编号6-275，基价：17.70元；其中人工费13.03元，材料费0.55元，机械费4.12元。

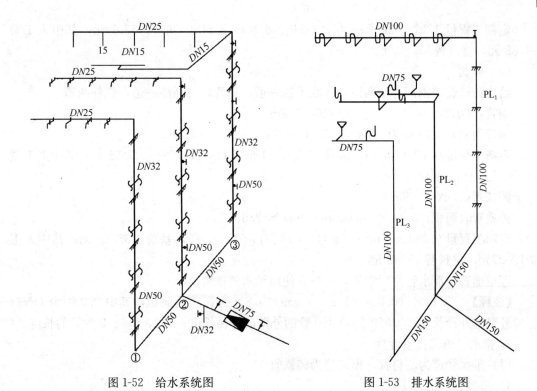

图1-52 给水系统图   图1-53 排水系统图

④DN50：[3m+0.9m(立管埋深)+1.1m(给水支管距地面高度)]×3=15m

定额工程量1.5(10m)，编号6-277，基价28.12元，其中人工费19.76元，材料费1.83元，机械费6.53元。

2) 钢管：DN32 1.2m

定额工程量0.12(10m)，编号8-109，基价：49.08元；其中人工费38.55元，材料费5.11元，机械费5.42元

DN50 3.2m(GL-1、GL-2间距)+2.6m(GL-2、GL-3间距)=5.8m

定额工程量0.58(10m)，编号8-111，基价：63.68元；其中人工费46.21元，材料费11.10元，机械费6.37元。

铸铁管：DN75 9m(入户管长)

定额工程量0.9(10m)，编号8-132，基价：57.22元；其中人工费33.44元，材料费23.78元。

(2) 管件

①自闭式冲洗阀   5×5个=25个

②小便槽冲洗管   2m×5=10m

定额工程量1.0（10m），编号8-456，基价：246.24元；其中人工费150.70元，材料费83.06元，机械费12.48元。

③水龙头   11×5=55个

定额工程量5.5（10个），编号8-440，基价：9.57元；其中人工费8.59元，材料费0.98元。

④阀门   3×3+3个=12个

定额工程量12个，编号8-244、8-246、8-247、8-248，基价：57.7元；其中人工费19.88元，材料费37.82元。

（3）刷油

给水铸铁管需刷沥青油两道，冷底子油一道，钢管刷防锈漆一道，银粉两道。

钢管：$DN32$　1.2m　　　$DN50$　5.8m

钢管面积：$3.14 \times (0.034 \times 1.2 + 0.059 \times 5.8)$ m² = 1.2m²

定额工程量0.12（10m²），编号11-53、11-56、11-57，基价：29.35元；其中人工费19.04元，材料费10.31元。

铸铁管：$DN75$　9m

铸铁管表面积：$3.14 \times (0.093m \times 9m) = 2.63$m²

定额工程量0.263（10m²），编号11-66、11-67、11-80，基价：35.15元；其中人工费19.27元，材料费15.88元。

埋地横管、泄水管使用钢管，入户管使用给水铸铁管。

【注释】　$3.14 \times (0.034 \times 1.2 + 0.059 \times 5.8)$为管的侧面积，其中0.034为$DN32$管的外壁的外径长度；0.059为$DN50$管的外壁的外径长度；1.2、5.8、9为管的长度。

2. 排水管道工程量计算

（1）排水管道为塑料管，出户管为铸铁管

1）塑料管

①$DN100$：0.5m（蹲式大便器排出管长度）×5×5+4.0m（PL-1横支管长度）×5+[2.7m（排水横支管距地高度）+3×3+1.2m]×3=71.2m

定额工程量7.12(10m)，编号6-280，基价：58.27元；其中人工费37.85元，材料费3.57元，机械费16.85元。

②$DN75$：2.0m（小便器排水口至PL-2的距离）+0.4m（地漏排出管长度）+3.4m（污水盆排水口至PL-2距离）+0.4m（地漏排出管长度）+0.8m（盥洗槽排污管长度）+2.6m（地漏至PL-3距离）+0.8m（盥洗槽排出管长度）=10.4m

　　　　　10.4m×5=52m

定额工程量5.2(10m)，编号6-278，基价：39.60元；其中人工费26.73元，材料费2.79元，机械费10.08元。

③$DN150$：2.6m(PL-2至PL-3的距离)+3.0m(PL-1至PL-2的距离)=5.6m

定额工程量0.56(10m)，编号6-282，基价：84.10元；其中人工费52.59元，材料费5.65元，机械费25.86元。

2）$DN150$铸铁管

9.5m（排水出户管长）

定额工程量0.95（10m），编号8-147，基价：329.18元；其中人工费85.22元，材料费243.96元。

（2）管件

①地漏　　　　　　3个×5个=15个

定额工程量1.5(10个)，编号8-447、8-448，基价：97.84元；其中人工费72.18元，材料费25.66元。

②蹲式大便器　　　5×5套＝25套

定额工程量2.5(10套)，编号8-413，基价：1812.01元；其中人工费167.42元，材料费1644.59元

③检查口　　　　　3×1个＝3个

④小便槽冲洗管　　2×5m＝10m

定额工程量1.0(10m)，编号8-456，基价：246.24元；其中人工费150.70元，材料费83.06元，机械费12.48元

⑤污水盆　　　　　1×5组＝5组

(3) 防腐

埋地出户管为铸铁管，需要刷油防腐，刷沥青油两道，冷底子油一道。

$DN150$　9.5m

其表面积：$S=3.14×9.5m×0.161m=4.8m^2$

【注释】　0.161为$DN150$管的外壁的外径长度；9.5为$DN150$管的长度；

定额工程量0.48($10m^2$)，编号11-66、11-67、11-80，基价：35.15元；其中人工费19.27元，材料费15.88元。

清单工程量计算见下表：

清单工程量计算表

序号	项目编码	项目名称	项目特征描述	计量单位	工程量
1	030801005001	塑料管	$DN15$	m	43.5
	030801005002		$DN25$	m	52.5
	030801005003		$DN32$	m	27
	030801005004		$DN50$	m	15
2	030801002001	钢管	$DN32$	m	1.2
	030801002002		$DN50$	m	5.8
3	030801003001	承插铸铁管	$DN75$、给水	m	9
	030801003002		$DN50$、排水	m	9.5
4	030801005005	塑料管	$DN75$	m	52
	030801005006		$DN100$	m	71.2
	030801005007		$DN150$	m	5.6
5	030804019001	小便（槽）冲洗管制作安装	公称直径为15mm	m	10
6	030804016001	水龙头	$DN25$	个	55
7	030804013001	大便器	蹲式	套	25
8	030804017001	地漏	$DN75$	个	15

【例1-43】　某卫生间给排水系统图如图1-54～图1-56所示。

此卫生间设高位水箱蹲便器2套，立式小便器两套，洗脸盆一组，污水盆1组，地漏1个，设2个排水立管，排水管均用塑料管。此楼层为5层，每层卫生间设置相同。

【解】　(1) 排水系统工程量（如图1-55所示）

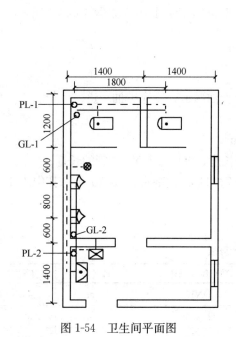

图 1-54 卫生间平面图

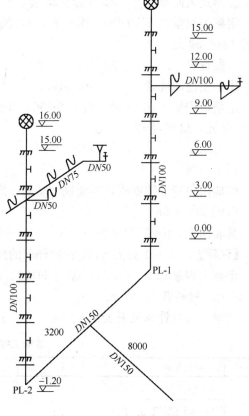

图 1-55 卫生间排水系统图

1) 管道工程量

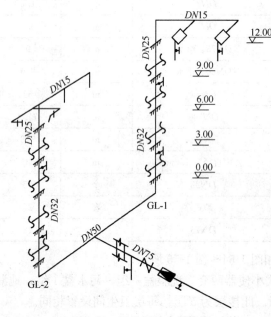

图 1-56 卫生间给水系统图

① $DN150$：3.2m（PL-1、PL-2 间距）+8m（排出管长度）=11.2m

② $DN100$：[5×3m（层高）+1.2m（立管埋深）+1.0m（通气帽伸顶高度）]×2+[1.8m（PL-1 排水横管长度）+0.3m（登高）×2]×5=44.6m

③ $DN75$：2.4m（PL-2 横支管长度）×5=12.0m

【注释】 2.4=0.3+0.8+0.6+0.7

④ $DN50$：[0.3m（登高）×2+0.5（洗脸盆排出管长度）+0.8m（地漏排出管长度）+1.2（污水盆排出管长度）]×5=14.5m

2) 管件及排水设备

①高位水箱蹲便器　　2×5套＝10套

②立式小便器　　　　2×5套＝10套

③洗脸盆　　　　　　1×5组＝5组

④污水盆　　　　　　1×5组＝5组

⑤地漏 $DN50$　　　　1×5个＝5个

⑥通气帽　　　　　　2×1个＝2个

⑦清扫口　　　　　　5×2个＝10个

⑧一般套管制作安装 $DN100$　（1×5＋2×5）个＝15个

⑨一般套管制作安装 $DN75$　1×5个＝5个

⑩一般套管制作安装 $DN150$　2个

⑪一般套管制作安装 $DN75$　2×5个＝10个

3) 其他工程量

①管沟开挖土方量

1.2m(埋地排水管埋深)×0.6m(沟宽)×11.2m(沟长)＝8.06m³

管沟回填土方量：1.2m×0.6m×11.2m＝8.06m³

②塑料支架 $\varPhi100$　　2×5个＝10个

　塑料吊架 $\varPhi75$　　2×5个＝10个

　塑料吊架 $\varPhi100$　　1×5个＝5个

(2) 给水系统工程量

如图 1-56 所示为卫生间给水系统图，设 GL-1、GL-2 两根给水立管，GL-1 管子上每层有一个支管，设两个高位水箱，每层相同。GL-2 上每层两个支管，设水龙头两个，小便器冲洗管两个，每层相同，所有管子用镀锌钢管，需防腐，管径太小，如图所示。工程量计算：

1) 管道工程量

① $DN75$：2m(入户管与埋地横管节点至墙的距离)＋0.3m(墙的厚度)＋7m(墙到入户管与管网节点的距离)＋1.5m(泄水管长)＝10.8m

② $DN50$：3.0m(埋地横管的长度)＋(1.0＋0.7)m(一楼支管节点至横管长度)×2 ＝6.4m

③ $DN32$：3m(层高)×3(四层支管节点至一层支管节点)×2＝18m

④ $DN25$：3m(五层至四层)×2＝6m

⑤ $DN15$：[1.8m(GL-1 给水横支管长度)＋1.5m(大便水箱冲洗管长度)×2＋2.1m(GL-2 横支管长度)＋0.8m(污水盆水龙头支管长度)]×5＝7.7m×5 ＝38.5m

2) 给水设备及其管件工程量

①高位冲洗水箱　　　　2组×5＝10组

②水嘴　　　　　　　　2个×5＝10个

③小便器自闭式冲洗阀　2个×5＝10个

④水表　　　　　　　　1组

⑤止回阀　　　　　　　　1个
⑥DN75阀门截止阀　　　　2个
⑦DN32截止阀　　　　　　4个
支架　φ32　3×2个＝6个　　φ25　1×2个＝2个　　φ15　4×2×5个＝40个

(3) 防腐

镀锌钢管分明装埋地两部分，明装镀锌钢管需刷防锈漆一道，银粉两道。

其工程量计算：$S_1 = 3.14 \times (0.021 \times 38.5 + 0.0335 \times 6 + 0.042 \times 18 + 0.060 \times 2)\mathrm{m}^2$
$= 5.92\mathrm{m}^2$

埋地镀锌钢管刷沥青油两道，冷底子油一道。

其工程量：$S_2 = 3.14 \times (0.060 \times 3.0 + 1.4 \times 0.060 + 10.8 \times 0.083)\mathrm{m}^2 = 3.64\mathrm{m}^2$

(4) 土方工程量

给水镀锌钢管埋地管的土方工程量：

$(10.8 \times 0.8 \times 0.7 + 3 \times 0.6 \times 0.7)\mathrm{m}^3 = 7.31\mathrm{m}^3$

管沟回填土方量：$7.31\mathrm{m}^3$

【注释】 $3.14 \times (0.021 \times 38.5 + 0.0335 \times 6 + 0.042 \times 18 + 0.060 \times 2)$为明装管的表面积，其中0.021、0.0335、0.042、0.060、0.083为不同管的外壁的外径的长度；38.5、6、18、2分别为管的长度。

其清单、定额工程量见下表：

清单工程量和定额工程量分项列表

序号	项目编码	项目名称	项目特征描述	计算单位	数量	定额编号	定额计量单位	数量	基价/元	人工费/元	材料费/元	机械费/元
1	030801001001	镀锌钢管	丝接DN15	m	38.5	8-87	10m	3.85	65.45	42.49	22.96	
2	030801001002	镀锌钢管	丝接DN25	m	6	8-89	10m	0.6	83.51	51.08	31.40	1.03
3	030801001003	镀锌钢管	丝接DN32	m	18	8-90	10m	1.8	86.16	51.08	34.05	1.03
4	030801001004	镀锌钢管	丝接DN50	m	6.4	8-92	10m	0.64	111.93	62.23	46.84	2.86
5	030801001005	镀锌钢管	丝接DN75	m	10.8	8-93、8-94	10m	1.08	131.76	66.10	61.41	4.25
6	030801005001	塑料管	DN50	m	14.5	6-277	10m	1.75	28.12	19.76	1.83	6.53
7	030801005002	塑料管	DN75	m	12	6-278	10m	1.2	39.00	26.73	2.79	10.08
8	030801005003	塑料管	DN100	m	44.6	6-280	10m	4.84	58.27	37.85	3.57	16.85
9	030801005004	塑料管	DN150	m	11.2	6-282	10m	1.12	84.10	52.59	5.65	25.86
10	030804012001	大便器	蹲式	套	10	8-413	10套	1	1812.01	167.42	1644.59	
11	030804013001	小便器	立式	套	10	8-424	10套	1	3518.71	204.34	3314.37	
12	030804003001	洗脸盆		组	5	8-384	10组	0.5	1449.93	151.16	1298.77	
13		污水盆		组	5		10组	0.5				
14	030804017001	地漏	DN50	个	5	8-447	10个	0.5	55.88	37.15	18.73	

续表

序号	项目编码	项目名称	项目特征描述	计算单位	数量	定额编号	定额计量单位	数量	基价/元	人工费/元	材料费/元	机械费/元
15	030803010001	水表		组	1	8-363	组	1	106.39	24.38	82.01	
16		止回阀		个	1		个	1				
17		通气帽		个	2		个	2				
18		检查口		个	10		个	10				
19		清扫口		个	10		10个	1				
20		镀锌管刷漆一遍		m²	5.92	11-51	10m²	0.592	7.34	6.27	0.96	
21		镀锌管刷沥青油二遍		m²	3.64	11-66、11-67	10m²	0.364	15.68	12.77	2.91	
22		排水管土方开挖		m³	8.06	1-8	100m³	0.0806				
23		给水管土方开挖		m³	7.31	1-8	100m³	0.0731				

【例1-44】 如图1-57、图1-58所示此卫生间为某男生集体卫生间,上下四层,每层设三根排水立管,一个出户排出管。卫生间内设置4个延时自闭式蹲式大便器、一个小便槽、两个地漏、一个污水盆、一个盥槽、一个洗涤盆,每层设置相同。所有排水管道均用塑料管,所用管径为排水出户管 $DN150$,排水立管 $DN100$,PL-1、PL-3 横支管均为 $DN75$,PL-2 横支管及大便器排出管为 $DN100$,地漏排出管均为 $DN50$。

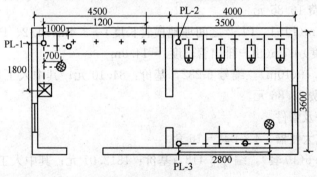

图1-57 集体卫生间平面图

工程量计算如下:
(1) 管道工程量
① $DN50$:[1.0m(小便槽边地漏排出管长度)+0.7m(污水盆边地漏排出管长度)]×4
  =6.8m

定额工程量 0.68(10m),编号 6-277,基价:28.12元;其中人工费 19.76元,材料费 1.83元,机械费 6.53元。

② $DN75$:[1.8m(PL-1 排水横支管长度)+1.2m(盥洗槽排出管长度)+2.8m(PL-3

排水横支管长度)]×4=23.2m

定额工程量 2.32(10m)，编号 6-278，基价：39.60元；其中人工费 26.73元，材料费 2.79元，机械费 10.08元。

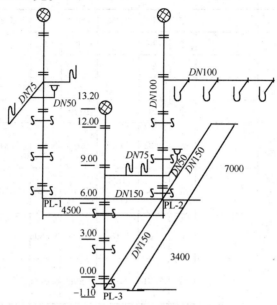

图 1-58　某集体卫生间排水系统图

③DN100：3.0m×3×4(四层至一层)+1.2m(伸顶通气长度)×3+1.1m(立管埋深)×3+3.5m(PL-2 排水横支管长度)×4+0.3m(登高)×4×4=61.7m

定额工程量 6.49(10m)，编号 6-280，基价：58.27元；其中人工费 37.85元，材料费 3.57元，机械费 16.85元。

④DN150 4.5m(PL-1、PL-2 之间埋地横管长度)+3.4m(PL-2、PL-3 之间埋地横管长度)+7m(出户排出管长度)=14.9m

定额工程量 1.49(10m)，编号 6-282，基价：84.10元；其中人工费 52.59元，材料费 5.65元，机械费 25.86元。

(2) 排水设备及管件

①延时自闭式大便器　　4×4套=16套

定额工程量 1.6(10套)，编号 8-413，基价：1812.01元；其中人工费 167.42元，材料费 1644.59元。

②小便槽自动冲洗水箱　　　　　1×4套=4套

定额工程量 0.4(10套)，编号 8-433，基价：735.48元；其中人工费 91.02元，材料费 644.46元。

③伸顶通气帽　　　　3×1个=3个
④地漏　　　　　　　2×4个=8个

定额工程量 0.8(10个)，编号 8-447，基价：55.88元；其中人工费 37.15元，材料费 18.73元。

⑤污水盆　　　　　　1×4组=4组
⑥洗涤盆　　　　　　1×4组=4组

定额工程量 0.4(10 组)，编号 8-391，基价：596.56 元；其中人工费 100.54 元，材料费 496.02 元。

(3) 土方工程量

排水管挖沟土方量：$(7.9×0.6×1.1+7×0.7×1.1)m^3=10.604m^3$　定额编号 1-8

管沟回填(夯实)土方量：$11.57m^3$　定额编号 1-46

套管工程量：DN100 套管　　　16 个　　DN150 套管　3 个

DN100 套管：定额工程量 16(个)，编号 8-175，基价：4.34 元；其中人工费 2.09 元，材料费 2.25 元。

DN150 套管：定额工程量 3(个)，编号 8-177，基价 5.30 元，其中人工费 2.55 元，材料费 2.75 元。

清单工程量计算见下表：

清单工程量计算表

序号	项目编码	项目名称	项目特征描述	计量单位	工程量
1	030801005001	塑料管	DN50	m	6.8
	030801005002		DN75	m	23.2
	030801005003		DN100	m	61.7
	030801005004		DN150	m	14.9
2	030804012001	大便器	延时自闭式	套	16
3	030804017001	地漏	DN50	个	8
4	030804005001	洗涤盆		组	4
5	010101006001	管沟土方	挖深 1.1m	m^3	14.9

【例 1-45】　如图 1-59 所示，此项目为六层住宅，厨房卫生间平面图，卫生间设浴盆 1 个，洗手盆 1 个，坐便器 1 个，地漏 1 个，淋浴器 1 个；厨房洗涤盆 1 个，地漏 1 个。给水系统如图 1-60 所示设两根给水立管，给水入户管管径 DN50，铺设管和泄水管 DN40，立管 DN32，横支管 DN25，小支管 DN15。

如图 1-62 所示为此厨房卫生间排水系统图，设 3 根排水立管。

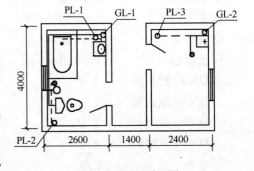

图 1-59　厨卫平面图

PL-1、PL-3 为 DN75　　PL-2 为 DN100

坐便器排出管 DN100，其他用水器具排出管 DN50；铺设埋地横管 DN100，排水出户管 DN150，均用塑料管。

【解】　(1) 给水系统工程量

1) 管道

① DN15：[1.1m(淋浴器支管长度)+1.3m(洗手盆至横支管距离)]×6=14.4m

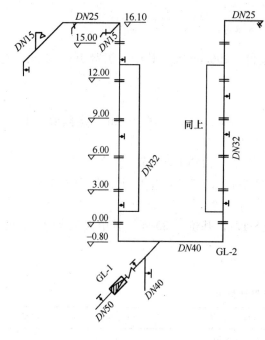

图 1-60 给水系统图

定额工程量 1.44(10m)，编号 8-87，基价：65.45 元；人工费 42.49 元，材料费 22.96 元。

②DN25：[5.4m(GL-1 横支管长度)+2.5m(GL-2 横支管长度)]×6=47.4m

定额工程量 4.74(10m)，编号 8-89，基价：83.51 元；其中人工费 51.08 元，材料费 31.40 元，机械费 1.03 元。

③DN32：[1.1m(横支管距地面高度)+3.0m×5(六层至一层)+0.8m(立管埋深)]×2=33.8m

定额工程量 3.38(10m)，编号 8-90，基价：86.16 元；其中人工费 51.08 元，材料费 34.05 元，机械费 1.03 元。

④DN40：3.8m(铺设埋地横管的长度)+1.4m(泄水管长度)=5.2m

定额工程量 0.52(10m)，编号 8-91，基价：93.85 元；其中人工费 60.84 元，材料费 31.98 元，机械费 1.03 元。

⑤DN50：8.5m(给水入户管长度即小区管网节点与埋地横管节点之间的长度)

定额工程量 0.85(10m)，编号 8-92，基价：111.93 元；其中人工费 62.23 元，材料费 46.84 元，机械费 2.86 元。

2) 用水设备及管件

①坐便器　　　　1×6 套=6 套
②淋浴器　　　　1×6 组=6 组
③洗手盆　　　　1×6 组=6 组
④洗涤盆　　　　1×6 组=6 组
⑤DN32 截止阀　　6 个
　DN40 截止阀　　1 个
　DN50 阀门　　　2 个
　DN50 止回阀　　1 个
⑥水表　　　　　1 组

3) 刷油

给水管道全部使用镀锌钢管，明装部分刷一丹二银，暗装埋地部分刷沥青油二道。

工程量计算：

明装部分　S_1=3.14×[18.6×0.021+47.4×0.034+(33.8−1.6)×0.042]m²
　　　　　=10.53m²

定额工程量 1.053(10m²)，编号 11-51、11-56、11-57，基价：29.29 元；其中人工费 19.04 元，材料费 10.25 元。

埋地部分　$S_2=3.14\times(1.6\times0.042+5.2\times0.048+8.5\times0.060)m^2=2.60m^2$

定额工程量 0.26($10m^2$)，编号 11-66、11-67，基价：15.68 元；其中人工费 12.77 元，材料费 2.91 元。

4）挖埋土方量

因室内给排水管道土方量较小，故本工程沟槽底宽按 0.7m 计算。

沟槽土方量　$(3.8+8.5)m\times0.7m\times0.8m=6.89m^3$

水表井土方量（水表井平面图如图 1-61 所示）

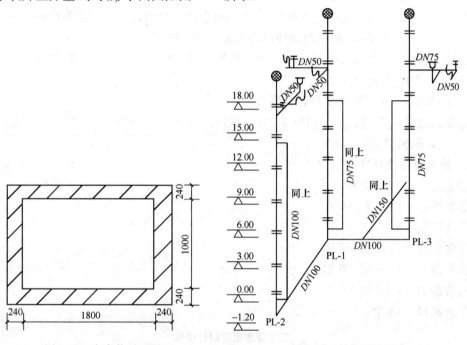

图 1-61　水表井平面图　　图 1-62　排水系统图

$(1.48+0.6-0.7)m\times0.8m\times2.28m=2.52m^3$

挖土工程量小计　$(6.89+2.52)m^3=9.41m^3$

埋土土方量　$(9.41-2.28\times1.48\times0.8)m^3=6.71m^3$

【注释】$3.14\times[18.6\times0.021+47.4\times0.034+(33.8-1.6)\times0.042]$ 为管道明装部分的表面积，其中 18.6、47.4、32.2 为明装不同管的长度；0.021、0.034、0.042 为不同管的外壁的外径的长度。

（2）排水系统工程量

1）管道

①DN50：PL-1 上：2.2m（浴盆排水口至 PL-1 的距离）+0.9m（洗手盆排出管长度）
　　　　　　　　+0.3×2=3.7m

　　　　PL-2 上：1.0m（地漏排出管长度）

　　　　PL-3 上：1.2m（地漏排出管长度）+0.5m（洗涤盆排出管长度）+0.3
　　　　　　　　=2.0m

　　　　DN50 总长：$(3.7+1.0+2.0)m\times6=40.2m$

定额工程量 3.48(10m)，编号 6-277，基价：28.12 元；其中人工费 19.76 元，材料费1.83元，机械费6.53元。

②DN75：PL-1上：3.0m×6(六层至一层)+1.0m(伸顶长度)+1.2m(立管埋深)
　　　　　　 =20.2m
　　　　　PL-3上：2.2m(排水横支管长度)×6+20.2m(立管长度)=33.4m
　　　　　总DN75长：53.6m

定额工程量5.36(10m)，编号6-278，基价：39.60元；其中人工费26.73元，材料费2.79元，机械费10.08元。

③DN100：20.2m(PL-2立管长度)+1.3m(坐便器排出口至立管的距离)×6+(5.6m+1.6m)(两根埋地铺设管长度)=35.2m

定额工程量3.52(10m)，编号6-280，基价：58.27元；其中人工费37.85元，材料费3.57元，机械费16.85元。

④DN150：7.6m(排水出户管长度)

定额工程量0.76(10m)，编号6-282，基价：84.10元；其中人工费52.59元，材料费5.65元，机械费25.86元。

2) 排水设备及管件

①地漏　　2×6个=12个
②坐便器　1×6套=6套
③通气帽　3个
④洗手盆　1×6组=6组
⑤浴盆　　1×6组=6组
⑥洗涤盆　1×6组=6组
⑦清通口　18个

工程量套用定额计价表

序号	分项工程	定额工程量	定额编号	基价/元	人工费/元	材料费/元	机械费/元
1	坐便器	0.6 (10套)	8-414	484.02	186.46	297.56	
2	淋浴器	0.6 (10组)	8-404	600.19	130.03	470.16	
3	洗手盆	0.6 (10组)	8-390	348.58	60.37	288.21	
4	洗涤盆	0.6 (10组)	8-391	596.56	100.54	496.02	
5	DN32阀门	6 (个)	8-244	8.57	3.48	5.09	
5	DN40阀门	1个	8-245	13.22	5.80	7.42	
5	DN50阀门	1+2个	8-246	15.06	5.80	9.26	
6	水表	1组	8-362	52.20	18.58	33.62	
7	地漏	1.2 (10个)	8-447	55.88	37.15	18.73	
8	浴盆	0.6 (10组)	8-376	1177.98	258.90	919.08	

3) 土方工程量

本工程沟槽底宽按0.8m计算

挖土方工程量　0.8m×7.6m×1.2m=7.3m³

【注释】　0.8m×7.6m×1.2为沟槽底宽乘以沟槽的高度乘以沟槽的长度；

因排水管径较小,其所占体积可忽略不计。

夯填土方量也为 7.3m³

清单工程量计算见下表:

清单工程量计算表

序号	项目编码	项目名称	项目特征描述	计量单位	工程量
1	030801001001	镀锌钢管	DN15	m	14.4
	030801001002		DN25	m	47.4
	030801001003		DN32	m	33.8
	030801001004		DN40	m	5.2
	030801001005		DN50	m	8.5
2	030801005001	塑料管	DN50	m	40.2
	030801005002		DN75	m	53.6
	030801005003		DN100	m	35.2
	030801005004		DN150	m	7.6
3	030804012001	大便器	坐式	套	6
4	030804007001	淋浴器	镀锌钢管	套	6
5	030804004001	洗手盆		组	6
6	030804004005	洗涤盆		组	6
7	030804001001	浴盆	搪瓷	组	6
8	030804017001	地漏	DN50	个	12
9	030803010001	水表	DN50	组	1
10	030803001001	螺纹阀门	DN32	个	6
11	030803001002	螺纹阀门	DN40	个	1
12	030803001003	螺纹阀门	DN50	个	3

【例 1-46】 如图 1-63 所示为某集体卫生间平面图,男女卫生间各设热冷水淋浴器 1 个,延时自闭冲洗式蹲便器两个,污水盆 1 个,洗手盆 1 个,地漏 1 个;其中男卫生间设挂式小便斗 2 个,延时自闭冲洗式,卫生间共用 1 个卧挂贮水式电热水器,设在女卫生间。

此楼共四层,每层卫生间设置相同。

如图 1-64 所示为男女卫生间给水系统图,有冷热水两个给水管道,管径设置如图所示,冷热水给水管道均为镀锌钢管。

如图 1-65 所示为此男女集体卫生间的排水系统图,设两根排水立管,管径如图中所示,PL-1 为两根横支管(每层),PL-2 为 1 根横支管每层。四层楼的支管设置均相同,排水管道均为塑料管。

【解】 (1) 给水系统工程量

1) 管道工程量

① DN15 热水管: 8.5m(热水给水横管长度)+0.6m(热水管竖直管长度)×2+0.7m (热水管入淋浴器支管长度)×2=11.1m

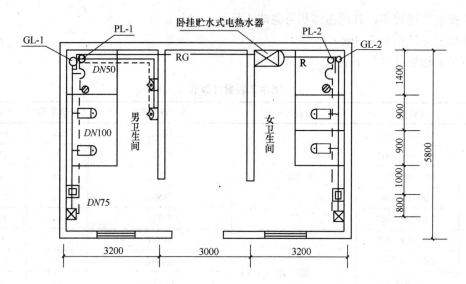

图 1-63 集体卫生间平面图

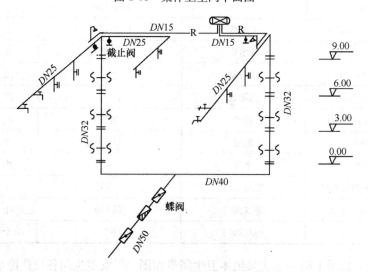

图 1-64 给水系统图

冷水管：1.2m(淋浴器管道长度)×2+0.8m(大便器冲洗管长度)×2×2+0.3m×2(小便斗冲洗管)+2.6m(电热水器给水管长度)=8.8m

总 DN15 长度：(11.1+8.8)m×4=79.6m

② DN25：[5.0m(男女卫生间给水横支管长度)×2+5.2m(小便器横支管长度)]×4
=60.8m

③ DN32：

[3.0m×3(四层至一层)+1.1m(立管高出四层地面高度)+0.8m(埋深)]×2=21.8m

④ DN40：

9.2m(铺设埋地横管长度)

⑤ DN50：

6.8m(给水入户管长度)

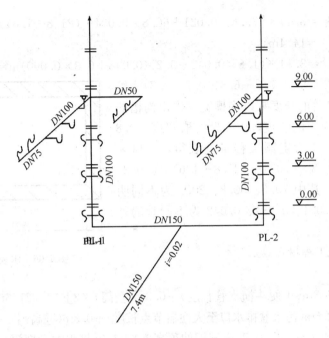

图 1-65 排水系统图

2）给水设备及管件

① 卧挂贮水式电热水器　　1×4 台＝4 台

② 水龙头　　　　　　　　4×4 个＝16 个

③ 淋浴器　　　　　　　　2×4 组＝8 组

④ $DN15$ 自闭式冲洗阀　　6×4 个＝24 个

⑤ $DN25$ 截止阀　　　　　2×4 个＝8 个

　 $DN15$ 阀门　　　　　　1×4 个＝4 个

⑥ $DN50$ 水表　　　　　　1 组

　 $DN50$ 蝶阀　　　　　　2 个

3）土方工程量

① 给水入户管和铺设横管需挖管沟，其沟槽宽度按 0.7m 计。

挖沟槽土方量　　$(9.2×0.7×0.8+6.8×0.7×0.8)m^3＝8.96m^3$

水表井土方量

如图 1-66 所示水表井平面图，水表井设为矩形，里面有水表 1 个，蝶阀两个，尺寸如图所示，深度为 1.0m，需挖土方：

$$[(1.48+0.6)×(2.38+0.6)×1.0-0.7×0.8×2.38]m^3＝4.87m^3$$

挖土方量共计　　$(8.96+4.87)m^3＝13.83m^3$

② 填埋土方量

$$13.83m^3-1.48×2.38×1.0m^3＝10.35m^3$$

4）防腐

所有热水、冷水给水管道均为镀锌钢管，需刷油防腐。对于地上明装部分，需刷二银防腐。对于埋地部分需刷二油。

其工程量：$S_1 = 3.14 \times [79.6 \times 0.021 + 60.8 \times 0.034 + (21.8 - 1.6) \times 0.042]$
$= 14.4 \text{m}^2$

$S_2 = 3.14 \times (1.6 \times 0.042 + 9.2 \times 0.048 + 6.8 \times 0.060) \text{m}^2 = 2.88 \text{m}^2$

【注释】 $(9.2 \times 0.7 \times 0.8 + 6.8 \times 0.7 \times 0.8)$为给水入户管和铺设横管的长度乘以沟槽宽度乘以沟槽的高度；9.2、6.8为管的长度，0.7为沟槽宽度，0.8为沟槽的高度；0.6为定额工程量查表得，$3.14 \times [79.6 \times 0.021 + 60.8 \times 0.034 + (21.8 - 1.6) \times 0.042]$为管道的表面积，其中79.6、60.8、20.2为不同明装的管的长度；0.021、0.034、0.042为不同管的外壁的外径的长度。

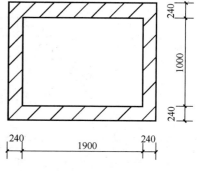

图1-66 水表井平面图

(2) 排水系统工程量：

1) 管道

① DN50：[4.8m(小便斗横支管长度) + 0.3m(登高) × 2] × 4 = 21.6m

② DN75：[2.6m(污水盆排水口至大便器节点长度) + 0.3m(登高)] × 2 × 4 = 25.6m

③ DN100：{3.0m × 4 + 0.8(通气帽伸顶高度) + 1.0(排水立管埋深) + [2.7m(大便器排水横支管长度) + 0.4m(登高) × 2] × 4} × 2 = 55.6m

④ DN150 9.2m(埋地横管长度) + 7.4m = 16.6m

2) 排水用设备及管件

① 伸顶通气帽　　2个

② 蹲便器　　　　4 × 4套 = 16套

③ 地漏　　　　　2 × 4个 = 8个

④ 污水盆　　　　2 × 4组 = 8组

⑤ 洗手盆　　　　2 × 4组 = 8组

⑥ 挂式小便斗　　2 × 4套 = 8套

⑦ 清扫口　　　　4 × 2个 = 8个

⑧ 沐浴器　　　　4 × 2个 = 8组

工程量套用定额计价表

序号	分项工程	定额工程量	定额编号	基价/元	人工费/元	材料费/元	机械费/元
1	DN15 镀锌钢管	7.96(10m)	8-87	65.45	42.49	22.96	
	DN25 镀锌钢管	6.08(10m)	8-89	83.51	51.08	31.40	1.03
	DN40 镀锌钢管	0.92(10m)	8-91	93.85	60.84	31.98	1.03
	DN50 镀锌钢管	0.68(10m)	8-92	111.93	62.23	46.84	2.86
2	DN50 塑料管	2.16(10m)	6-277	28.12	19.76	1.83	6.53
	DN75 塑料管	2.56(10m)	6-278	39.60	26.73	2.79	10.08
	DN100 塑料管	5.56(10m)	6-280	58.27	37.85	3.57	16.85
	DN150 塑料管	1.66(10m)	6-282	84.10	52.59	5.65	25.86

续表

序号	分项工程	定额工程量	定额编号	基价/元	人工费/元	材料费/元	机械费/元
3	卧挂贮水式电热水器	4台	8-462	19.77	14.40	5.37	
4	水龙头	1.6(10个)	8-438	7.48	6.50	0.98	
5	淋浴器	0.8(10组)	8-404	600.19	130.03	470.16	
6	DN25 截止阀	8个	8-243	6.24	2.79	3.45	
	DN15 阀门	4个	8-241	4.43	2.32	2.11	
	DN50 水表	1组	8-362	52.20	18.58	33.62	
	DN50 蝶阀	2个					
7	蹲便器	1.6(10套)	8-413	1812.01	167.42	1644.59	
8	地漏	0.8(10个)	8-447	55.88	37.15	18.73	
9	洗手盆	0.8(10组)	8-390	348.58	60.37	288.21	
10	污水盆	0.8(10组)					
11	挂式小便斗	0.8(10套)	8-420	2421.54	183.67	2237.87	
12	清扫口	8					
13	检查口	8					
14	明装防腐	1.44(10m²)	11-56、11-57	21.95	12.77	9.18	
	埋地防腐	0.288(10m²)	11-66、11-67	15.68	12.77	2.91	

3) 土方量

埋地管需挖沟槽来安装，沟槽宽度定为0.8m。

挖沟土方量：$0.8 \times 1.0 \times 16.6 m^3 = 13.3 m^3$

因管子较细，管子所占体积不计，且排出管由于坡度所增加的埋深也不计，因此挖埋土方量相等，均为 $13.3 m^3$。

清单工程量计算见下表：

清单工程量计算表

序号	项目编码	项目名称	项目特征描述	计量单位	工程量
1	030801001001	镀锌钢管	DN15	m	79.6
	030801001002		DN25	m	60.8
	030801001003		DN32	m	21.8
	030801001004		DN40	m	9.2
	030801001005		DN50	m	6.8
2	030801005001	塑料管	DN50	m	21.6
	030801005002		DN75	m	25.6
	030801005003		DN100	m	55.6
	030801005004		DN150	m	16.6

续表

序号	项目编码	项目名称	项目特征描述	计量单位	工程量
3	030804016001	水龙头	DN15	个	16
4	030804007001	淋浴器	镀锌钢管	套	8
5	030803001001	螺纹阀门	DN15	个	4
	030803001002		DN25	个	8
	030803001003		DN50	个	2
6	030803010001	水表	DN50	组	1
7	030804012001	大便器	蹲式	套	16
8	030804017001	地漏	DN50	个	8
9	030804004001	洗手盆		组	8
10	030804013001	小便器	挂斗式	套	8
11	010101006001	管沟土方	深0.8m	m	16
12	030804020001	热水器	卧挂式、电能源	台	4

【例1-47】 如图1-67所示为某住宅男女卫生间平面，男女卫生间设置相同，各有浴盆1个，淋浴器1个，坐便器1个，洗手盆1个，此楼为六层，材质均为镀锌钢管。

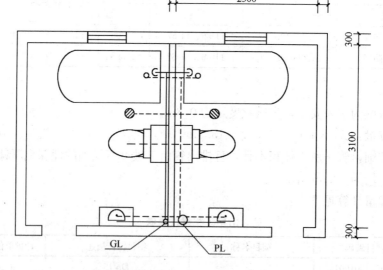

图1-67 某住宅男女卫生间平面图

如图1-68所示为此卫生间给水系统图，设置1根给水立管，每层有3根横支管，通向洗手盆和浴盆，横支管高于楼板0.4m，立管埋深0.7m，水龙头规格为DN20。

计算工程量

【解】 （1）管道工程量

① DN40的长度：0.3m（穿墙）+3.2m（墙外至水表井）=3.5m

定额工程量0.35(10m)，编号8-91，基价：93.85元；其中人工费60.84元，材料费31.98元，机械费1.03元。

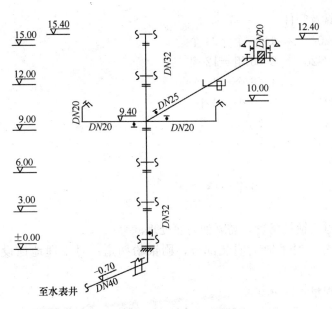

图 1-68 卫生间给水系统图

② DN32 的长度：3.0m（层高）×5＋0.4m（高于楼板高度）＋0.7m（立管埋深）＝16.1m

定额工程量 1.61(10m)，编号 8-90，基价：86.16 元；其中人工费 51.08 元，材料费 34.05 元，机械费 1.03 元。

③ DN25 的长度：2.7m（浴盆横支管长）×6＝16.2m

定额工程量 1.62(10m)，编号 8-89，基价 83.51 元，其中人工费 51.08 元，材料费 31.40 元，机械费 1.03 元。

④ DN20 的长度：1.0m（洗手盆横支管长）×2＋0.2m（穿墙）＋0.6m（洗手盆支管上升段）×2＋(0.3m＋0.5m)（坐便器支管）＋2.0m（淋浴器支管长）×2＋0.2m（墙厚）＝6.4m

小计：6.4m×6（层数）＝38.4m

定额工程量 3.84(10m)，编号 8-88，基价：66.72 元；其中人工费 42.29 元，材料费 24.23 元。

工程量套用定额计价表

定额工程量	定额编号	基价/元	人工费/元	材料费/元	机械费/元
2.4(10个)	8-439	7.48	6.50	0.98	
1.2(10组)	8-404	600.19	130.03	470.16	
24 个	8-242	5.00	2.32	2.68	
6 个	8-243	6.24	2.79	3.45	
1 个	8-244	8.57	3.48	5.09	
1 个	8-171	2.89	1.39	1.50	
6 个	8-170	2.89	1.39	1.50	
18 个	8-169	1.70	0.70	1.00	

(2) 给水器具及管件

① 水嘴 $DN20$　　$4×6$ 个 $=24$ 个

② 淋浴器 $DN20$　　$2×6$ 组 $=12$ 组

③ 阀门 $DN20$　　$4×6$ 个 $=24$ 个

　阀门 $DN25$　　$1×6$ 个 $=6$ 个

　阀门 $DN32$　　1 个

④ 套管 $DN40$　　1 个

　套管 $DN32$　　6 个

　套管 $DN25$　　$3×6$ 个 $=18$ 个

(3) 防腐刷油

由于给水管材为镀锌钢管，需刷油防腐处理。

刷油分两部分：对于地上明装部分，刷银粉两道；对于埋地铺设部分，刷沥青油两道。

明装部分工程量：

$$S_1 = 3.14×[0.027×38.4+0.034×16.2+0.042×(16.1-0.7)]m^2$$
$$= 3.14×2.23m^2 = 7.02m^2$$

定额工程量 $0.702(10m^2)$，编号 11-56、11-57，基价：21.95 元；其中人工费 12.77 元，材料费 9.18 元。

埋地铺设部分：

$$S_2 = 3.14×(0.042×0.7+0.048×3.5)m^2 = 3.14×0.2m^2 = 0.628m^2$$

定额工程量 $0.063(10m^2)$，编号 11-66、11-67，基价：15.68 元；其中人工费 12.77 元，材料费 2.91 元。

【注释】 $3.14×[0.027×38.4+0.034×16.2+0.042×(16.1-0.7)]$ 为明装部分管的表面积，其中 0.027、0.034、0.042 为不同管的外壁的外径的长度；38.4、16.2、15.4 为不同明装的管的明装长度。

(4) 支架安装

根据支架间距的最小规定，计算支架个数。

$DN20$ 的管子的支架数目：$38.4m/3.0m=13$ 个

$DN25$ 的管子的支架数目：$16.2m/3.5m=5$ 个

$DN32$ 的管子的支架数目：$16.1m/4.0m=4$ 个

$DN40$ 为铺设管不用支架

支架铁件重量为：

$DN20$：$0.49kg/$个$×13$ 个 $=6.4kg$

$DN25$：$0.60kg/$个$×5$ 个 $=3.0kg$

$DN32$：$0.77kg/$个$×4$ 个 $=3.08kg$

铁件重量共计：$(6.4+3.0+3.08)kg=12.48kg$

定额工程量 $0.125(100kg)$，编号 8-178，基价 654.69 元，其中人工费 235.45 元，材料费 194.98 元，机械费 224.26 元。

(5) 挖填土方量

铺设管长度为：3.5m−0.3m(墙厚)=3.2m

设定：管子沟槽断面为梯形，沟槽底宽为 0.6m。

则挖沟土方量：

$V=h(b+0.3h)l=0.7\times(0.6+0.3\times0.7)\times3.2m^3=1.81m^3$

因管径较小所占体积不计，故挖填土方量相等。

清单工程量计算见下表：

清单工程量计算表

序号	项目编码	项目名称	项目特征描述	计量单位	工程量
1	030801001001	镀锌钢管	DN40	m	3.5
	030801001002		DN32	m	16.1
	030801001003		DN25	m	16.2
	030801001004		DN20	m	38.4
2	030804016001	水龙头	DN20	个	24
3	030804007001	淋浴器	DN20	套	12
4	030803001001	螺纹阀门	DN20	个	24
	030803001002		DN25	个	6
	030803001003		DN32	个	1
5	030802001001	管道支架制作安装		kg	12.48
6	010101006001	管沟土方	沟深 0.7m	m	3.2

【例 1-48】 如图 1-69 所示为上题住宅楼卫生间排水系统图，图中设 1 根排水立管，每层 3 根排水横支管，两个卫生间的坐便器、浴盆共用 1 个排水横支管，各段管径如图表示，使用管材为塑料管，计算其工程量。

【解】（1）管道工程量

① DN150：定额工程量 0.19（10m），编号 8-282，基价：84.10 元；其中人工费 52.59 元，材料费 5.65 元，机械费 25.86 元。

0.1m(PL 与墙间隙)+0.3m(墙厚)+1.5m(墙外段)=1.9m

② DN100：定额工程量 3.76（10m），编号 8-280，基价：58.27 元；其中人工费 37.85 元，材料费 3.57 元，机械费 16.85 元。

3.0m(层高)×6+1.0m(PL 伸顶高度)+1.2m(埋深)+[(0.6m+0.9m)(坐便器排出管长)+1.4m(横支管至坐便器段长度)]×6=(20.2+2.9×6)m
=37.6m

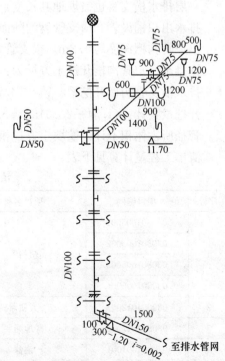

图 1-69 住宅楼卫生间排水系统图

③ DN75：定额工程量 2.76(10m)，编号 6-278，基价：39.60 元；其中人工费 26.73 元，材料费 2.79 元，机械费 10.08 元。

[1.2m(横支管至地漏浴盆段长度)+(0.9m+1.2m)(两地漏排出管长度)+(0.5m+0.8m)(两浴盆排出管长度)]×6=27.6m

④ DN50：定额工程量 2.1(10m)，编号 6-277，基价：28.12 元；其中人工费 19.76 元，材料费 1.83 元，机械费 6.53 元。

[(0.9m+1.2m)(洗手盆横支管长)+0.7m×2(洗手盆排出管长)]×6=(2.1m+1.4m)×6=21m

(2) 排水器具及管件

工程量套用定额计价表

序号	项目名称	定额工程量	定额编号	基价/元	人工费/元	材料费/元	机械费/元
1	蹲便器	2×6=12 套	8-413	1.2(10 套)	167.42	1812.01	
2	地漏	2×6=12 个	8-447	1.2(10 个)	72.18	97.84	
3	浴盆	2×6=12 组	8-376	1.2(10 套)	258.90	1177.98	
4	伸顶通气帽	1 个					
5	洗手盆	2×6=12 组	8-390	1.2(10 套)	60.37	348.58	
6	清通口	6 个					
7	检查口	3 个					

(3) 土方工程量

铺设管长为：(1.9−0.3)m=1.6m

一层排水横支管也需埋地其长度：(1.2+1.4+0.9+1.2)m=4.7m

排水出户铺设管和横支管管沟断面为矩形，沟宽定为 0.8m。

出户管沟槽深度为 1.2m，横支管为 0.6m。

则排水出户管沟槽开挖土方量为：$V_1=(1.6×1.2×0.8)m^3=1.54m^3$

排水横支管沟槽开挖量：$V_2=(4.7×0.8×0.6)m^3=2.26m^3$

开挖量共计：$(1.54+2.26)m^3=3.8m^3$

管径所占体积不计，挖填土方量相等。

清单工程量计算见下表：

清单工程量计算表

序号	项目编码	项目名称	项目特征描述	计量单位	工程量
1	030801005001	塑料管	DN150	m	1.9
	030801005002		DN100	m	37.6
	030801005003		DN75	m	27.6
	030801005004		DN50	m	21
2	030804012001	大便器	蹲式	套	12
3	030804017001	地漏	DN75	个	12
4	030804001001	浴盆	搪瓷	组	12
5	030804004001	洗手盆		组	12

第一章 给水排水工程(C.8)

【例1-49】 如图1-70所示为某四层住宅楼，厕所厨房给排水管道平面图，给水有自来水、热水给水两路管道，排水冷热水各1根立管，GL、RL设在厨房内，PL设在厕所内，GL贴墙布置，RL、PL距墙面0.1m，冷热给水管用镀锌钢管丝接，排水管道用塑料管。厨房内设有1个洗涤盆，厕所设有1个淋浴间，1个水箱冲洗蹲式大便器，1个洗手盆，1个污水盆。

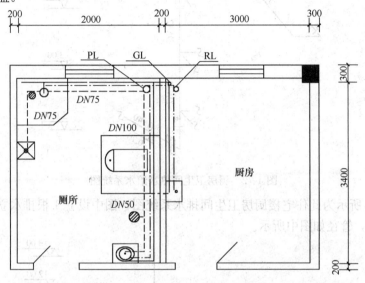

图1-70 住宅厨房卫生间平面图

如图1-71所示为此住宅楼自来水给水系统图，图中有1根给水立管，3根横支管，四层设置相同，各段管径如图所示。

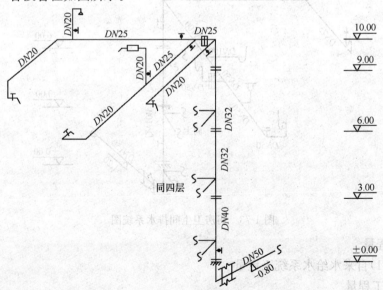

图1-71 厨房卫生间自来水给水系统图

如图1-72所示为住宅楼厨房卫生间热水给水系统图，图中热水设1根给水立管，每层有3根横支管，各段管道管径如图所示。

59

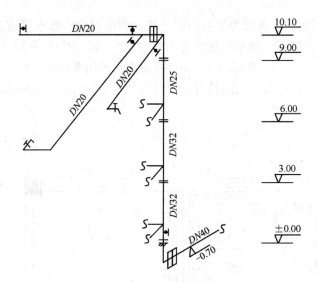

图 1-72 厨房卫生间热水给水系统图

如图 1-73 所示为此住宅楼厨房卫生间排水系统图，图中设立 1 根排水立管，每层有 2 根排水横支管，管径如图中所示。

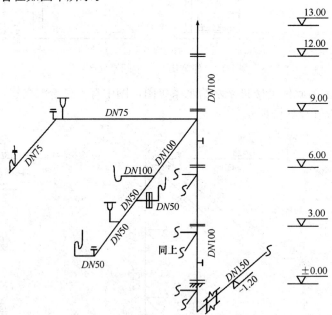

图 1-73 厨房卫生间排水系统图

计算工程量。

【解】（1）自来水给水系统工程量

1）管道工程量

① DN50：0.30m（墙厚）+4.2m（墙外至水表井）=4.5m

定额工程量 0.45（10m），编号 8-92，基价：111.93 元；其中人工费 62.23 元，材料费 46.84 元，机械费 2.86 元。

② DN40：3.0m(层高)+1.0m(横支管距楼板高度)+0.8m(立管埋深)=4.8m

定额工程量0.48(10m)，编号8-91，基价：93.85元；其中人工费60.84元，材料费31.98元，机械费1.03元。

③ DN32：3.0m(层高)×2=6.0m

定额工程量0.6(10m)，编号8-90，基价：86.16元；其中人工费51.08元，材料费34.05元，机械费1.03元。

④ DN25：[0.2m(墙厚)+2.5m(横支管至淋浴器段长)+1.4m(横支管至蹲便器段)]
　　　　×4=(0.2m+2.5m+1.4m)×4=16.4m

定额工程量1.64(10m)，编号8-89，基价：83.51元；其中人工费51.08元，材料费31.40元，机械费1.03元。

⑤ DN20：(0.5m+1.3m)(横支管淋浴器至污水盆段)+0.6m(污水盆支管下降段)+
　　　　2.3m(横支管蹲便器至洗手盆段)+1.9m(洗涤盆横支管长)+1.2m(淋浴器支管长)+1.4m(高位水箱支管长)=(0.5+1.3+0.6+2.3+1.9+1.2+1.4)m=9.2m
　　　　9.2m×4=36.8m

定额工程量3.68(10m)，编号8-88，基价：66.72元；其中人工费42.29元，材料费24.23元。

管道冲洗消毒工程量：

(36.8+16.4+6.0+4.8+4.5)m=68.5m($DN \leqslant 50$)

定额工程量0.685(100m)，编号8-230，基价：20.49元；其中人工费12.07元，材料费8.42元。

2) 给水器具及管件

工程量套用定额计价表

序号	项目工程	计算式	定额工程量	定额编号	基价/元	人工费/元	材料费/元	机械费/元
1	淋浴器	1×4组=4组	0.4(10组)	8-404	600.19	130.03	470.16	—
2	水龙头DN20	3×4个=12个	1.2(10个)	8-439	7.48	6.50	0.98	—
3	高位冲洗水箱	1×4套=4套	0.4(10套)	8-426	1910.93	126.08	1784.85	—
4	截止阀DN40	1个	1个	8-245	13.22	5.80	7.42	—
	截止阀DN25	2×4个=8个	8个	8-243	6.24	2.79	3.45	—
	截止阀DN20	3×4个=12个	12个	8-242	5.00	2.32	2.68	—
5	镀锌铁皮套管DN65	1个	1个	8-173	4.34	2.09	2.25	—
	镀锌铁皮套管DN50	2个	2个	8-172	2.89	1.39	1.50	—
	镀锌铁皮套管DN40	2个	2个	8-171	2.89	1.39	1.50	—
	镀锌铁皮套管DN32	4个	4个	8-170	2.89	1.39	1.50	—

3) 刷油防腐

给水管道为镀锌钢管，刷油方法分明装铺设两种，明装刷两道银粉，铺设部分刷两道沥青油。

明装部分：$S_1 = 3.14 \times [36.8(管的明装长度) \times 0.027(管的外壁的外径的长度) +$
$16.4(管的明装长度) \times 0.034(管的外壁的外径的长度) + 6.0 \times$
$0.042 + 0.048 \times 4.0]m^2$
$= 6.26m^2$

定额工程量 $0.626(10m^2)$，编号 11-56、11-57，基价：21.95 元；其中人工费 12.77 元，材料费 9.18 元。

铺设部分：$S_2 = 3.14 \times [0.048(管的外壁的外径的长度) \times 0.8(管铺设部分的长度) +$
$0.060 \times 4.5]m^2$
$= 0.97m^2$

定额工程量 $0.097(10m^2)$，编号 11-66、11-67，基价 15.68 元，其中人工费 12.77 元，材料费 2.91 元。

4) 支架制作安装

利用支架间距要求计算支架数量

各管径管子长度：$DN20$　36.8m
　　　　　　　　$DN25$　16.4m
　　　　　　　　$DN32$　6.0m
　　　　　　　　$DN40$　4.8m

36.8m/3.0m=13 个　16.4m/3.5m=5 个　6.0m/4.0m 取 2 个　4.8m/4.5m 取 1 个

支架铁件重量：

0.49kg/个×13 个+0.6kg/个×5 个+0.77kg/个×2 个+0.8kg/个×1 个=11.71kg

定额工程量 0.117(100kg)，编号 8-178，基价：654.69 元；其中人工费 235.45 元，材料费 194.98 元，机械费 224.26 元。

5) 土方量

设定给水沟槽为矩形，宽为 0.8m，深 0.8m，挖填土方相等，为：

$0.8m \times 0.8m \times (4.5m - 0.3m)(沟槽开挖的长度) = 2.7m^3$

(2) 热水给水系统工程量

1) 管道

热水给水管道也为镀锌钢管（丝接）

① $DN40$：0.1m(RL 与墙距离)+0.3m(墙厚)+3.6m(墙外部分)=4.0m

定额工程量 $0.4(10m^2)$，编号 8-91，基价：93.85 元；其中人工费 60.84 元，材料费 31.98 元，机械费 1.03 元。

② $DN32$：3.0m(层高)×2(三层至一层)+1.1m(横支管距楼板高度)+0.7m(埋深)=7.8m

定额工程量 $0.78(10m^2)$，编号 8-90，基价：86.16 元；其中人工费 51.08 元，材料费 34.05 元，机械费 1.03 元。

③ $DN25$：3.0m(四层至三层)=3.0m

定额工程量 $0.3(10m^2)$，编号 8-89，基价：83.51 元；其中人工费 51.08 元，材料费 31.40 元，机械费 1.03 元。

④ $DN20$：[1.8m(洗涤盆热水横支管长)+3.6m(洗手盆热水横支管长)+0.1m+

0.2m(墙厚)+2.5m(淋浴器横支管长)]×4=8.2m×4=32.8m

定额工程量 3.28(10m²)，编号 8-88，基价：66.72 元；其中人工费 42.29 元，材料费 24.23 元。

2) 管件

工程量套用定额计价表

序号	分项工程	定额工程量	定额编号	基价/元	人工费/元	材料费/元	机械费/元
1	热水水嘴 DN20	2×4=8 个	0.8(10 个)	8-439	7.48	6.50	0.98
2	截止阀 DN32	1 个	1 个	8-244	8.57	3.48	5.09
3	截止阀 DN20	4×4=16 个	16 个	8-242	5.00	2.32	2.68
4	套管 DN50	1 个	1 个	8-172	2.89	1.39	1.50
5	套管 DN40	3 个	3 个	8-171	2.89	1.39	1.50
6	套管 DN32	1 个	1 个	8-170	2.89	1.39	1.50
7	套管 DN25	4 个	4 个	8-169	1.70	0.70	1.00
8	支架个数（管道室内不保温）						

$\phi 20$：32.8m/3.0m=11 个　　　$\phi 25$：3.0m/3.5m 取 1 个　　　$\phi 32$：7.8m/4.0m=2 个

支架铁件总重量：

0.49kg/个×11 个+0.6kg/个×1 个+0.77kg/个×2 个=7.53kg

定额工程量 0.075(100kg)，编号 8-178，基价：654.69 元；其中人工费 235.45 元，材料费 194.98 元，机械费 224.26 元。

3) 刷油防腐

刷油方法同给水管道，明装部分刷银粉两道，埋地部分刷两遍沥青油。

明装镀锌钢管工程量：

$$S_1 = 3.14 \times [0.027(管的外壁的外径的长度) \times 32.8(管的明装部分的长度) + 0.034$$
$$(管的外壁的外径的长度) \times 3.0 + 0.042 \times 7.1(管的明装部分的长度)]m^2$$
$$= 4.04 m^2$$

定额工程量 0.404(10m²)，编号 11-56、11-57，基价：21.95 元；其中人工费 12.77 元，材料费 9.18 元。

埋地镀锌钢管刷油工程量：

$$S_2 = 3.14 \times [0.042(管的明装部分的长度) \times 0.7(管的埋地镀锌钢管部分的长度) +$$
$$0.048 \times 4.0] m^2$$
$$= 0.7 m^2$$

定额工程量 0.07(100m²)，编号 11-66、11-67，基价：15.68 元；其中人工费 12.77 元，材料费 2.91 元。

热水管道冲洗消毒工程量为：

(4.0+7.8+3.0+32.8)m=47.6m(DN≤40)

定额工程量 0.476(100m²)，编号 8-230，基价：20.49 元；其中人工费 12.07 元，材

料费8.42元。

4) 土方量

热水给水管道与自来水管道铺设在一个管沟内，因此热水管入户管不需另挖沟槽，其挖填土方量也不用计算。

(3) 排水系统工程量

1) 塑料排管长

① DN150 的管长：0.1m(PL 与墙距离)+0.3m(墙厚)+6.4m(墙外至排水管网)=6.8m

定额工程量 0.68(10m)，编号 6-282，基价：84.10 元；其中人工费 52.59 元，材料费 25.86 元。

② DN100：3.0m(层高)×4(层数)+1.0m(伸顶高度)+1.2m(立管埋深)+(1.3m+0.3m)(蹲便器排出口至排水立管距离)×4=14.2m+1.6m×4=21.6m

定额工程量 2.18(10m)，编号 6-280，基价：58.27 元；其中人工费 37.85 元，材料费 3.57 元，机械费 16.85 元。

③ DN75 的管长：[(2.7m+1.2m)(淋浴间地漏、污水盆排水横支管长度)+0.3m(污水盆登高)]×4=(3.9m+0.7m)×4=12.4m

定额工程量 1.84(10m)，编号 6-278，基价：39.60 元；其中人工费 26.73 元，材料费 2.79 元，机械费 10.08 元。

④ DN50 的管长：[(1.9m+0.3m)(洗手盆至蹲便器排出管长)+(0.4m+0.4m+0.8m)(洗手盆、地漏、洗涤盆排出管长)]×4=15.2m

定额工程量 1.52(10m)，编号 6-277，基价：28.12 元；其中人工费 19.76 元，材料费 1.83 元，机械费 6.53 元。

2) 排水器具及管件

定额工程量计价表

序号	分项项目	计算式	定额工程量	定额编号	基价/元	人工费/元	材料费/元	机械费/元
1	高位水箱冲洗式蹲便器	1×4=4套	0.4(10套)	8-407	1033.39	224.31	809.08	
2	污水盆	4组	0.4(10组)					
3	洗涤盆	4组	0.4(10组)	8-391	596.56	100.54	496.02	
4	洗手盆	4组	0.4(10组)	8-390	348.58	60.37	288.21	
5	地漏 DN50	4个	0.4(10个)	8-447	55.88	37.15	18.73	
	地漏 DN75	4个	0.4(10个)	8-448	97.84	72.18	25.66	
6	伸顶通气帽	1个						
7	清通口	2×4=8个						

3) 土方量

排水管沟定为放坡管沟，放坡系数为 0.3，沟槽底宽 0.7m，则：

土方量：V＝1.2×(0.7＋0.3×1.2)×6.5m³＝8.27m³。

挖填土方量视为相等都为8.27m³

本工程有冷水给水热水给水排水三套，现将其工程量汇总如下：

镀锌钢管 DN50	4.5m	10m	0.45
镀锌钢管 DN40	8.8m	10m	0.88
镀锌钢管 DN32	13.8m	10m	1.38
镀锌钢管 DN25	19.4m	10m	1.94
镀锌钢管 DN20	69.6m	10m	6.96
管道冲洗消毒 DN≤50	116.1m	100m	1.161
塑料管 DN50	12.4m	10m	1.24
塑料管 DN75	16.8m	10m	1.68
塑料管 DN100	20.6m	10m	2.06
塑料管 DN150	6.8m	10m	0.68
高位水箱蹲便器	4套	10套	0.4
洗涤盆	4组	10组	0.4
污水盆	4组	10组	0.4
淋浴器	4组	10组	0.4
地漏 DN50	4个	10个	0.4
地漏 DN75	4个	10个	0.4
刷油　刷银粉两遍	10.3m²	10m²	1.03
刷油　刷沥青油两遍	1.67m²	10m²	0.167
土方量	10.97m³	100m³	0.110
支架制作安装 Φ20　24个	11.76kg	100kg	0.1176
支架制作安装 Φ25　6个	3.6kg	100kg	0.036
支架制作安装 Φ32　4个	3.08kg	100kg	0.0308
支架重量	18.53kg	100kg	0.1853
镀锌铁皮套管 DN50	3个	个	3
镀锌铁皮套管 DN40	5个	个	5
镀锌铁皮套管 DN32	5个	个	5
镀锌铁皮套管 DN25	4个	个	4
镀锌铁皮套管 DN65	1个	个	1
截止阀 DN40	1个	个	1
截止阀 DN32	1个	个	1
截止阀 DN25	8个	个	8
截止阀 DN20	28个	个	28
清通口	8个	10个	0.8
检查口	2个		
通气帽	1个		

清单工程量计算见下表：

清单工程量计算表

序号	项目编码	项目名称	项目特征描述	计量单位	工程量
1	030801001001	镀锌钢管	DN50	m	4.5
2	030801001002	镀锌钢管	DN40	m	8.8
3	030801001003	镀锌钢管	DN32	m	13.8
4	030801001004	镀锌钢管	DN25	m	19.4
5	030801001005	镀锌钢管	DN20	m	69.6
6	030801005001	塑料管	DN50	m	12.4
7	030801005002	塑料管	DN75	m	16.8
8	030801005003	塑料管	DN100	m	20.6
9	030801005004	塑料管	DN150	m	6.8
10	030804012001	大便器	高位水箱、蹲式	套	4
11	030804005001	洗涤盆		组	4
12	030804007001	淋浴器	镀锌钢管	套	4
13	030804017001	地漏	DN50	个	4
14	030804017002	地漏	DN75	个	4
15	030802001001	管道支架制作安装		kg	18.53
16	030803001001	螺纹阀门	DN40	个	1
17	030803001002	螺纹阀门	DN32	个	1
18	030803001003	螺纹阀门	DN25	个	8
19	030803001004	螺纹阀门	DN20	个	28

【例1-50】 如图1-74所示为某浴室平面图,浴室为一层,分男女两室,共有淋浴器28个,男女厕所有蹲便器2个,洗手盆1个,男厕所有挂式小便器2个,入门厅内设有洗脸盆2个。

如图1-75所示为浴室冷水给水系统图,设有3根冷水给水立管,男女浴室淋浴器设置相同,均为14个,给水管道均为镀锌钢管。

【解】 (1)浴室冷水给水工程量
1)管道工程量

① $DN15$:[1.2(淋浴器给水小支管长度)×28+0.8m(蹲便器冲洗管长度)×4+0.3m(小便器冲洗管)×2]m=37.4m

② $DN20$:男厕:4.0m(横支管蹲便器支管节点处至小便器处长度)+2.8m(洗手盆处至横支管蹲便器支管节点处)=6.8m

女厕:2.8m+1.8m(蹲便器小支管长度)=4.6m

$DN20$ 小计:6.8m+4.6m+1.5m(门厅洗脸盆支管管段长度)=12.9m

③ $DN25$:[(5.0+4.2)(GL-1管淋浴器横支管长度)×2+4.8(GL-2管穿墙入女浴室管段长度)+4.5(GL-2男浴室淋浴管段长度)+0.3(GL-2 穿墙到门厅洗脸盆管段长度)]m=28m

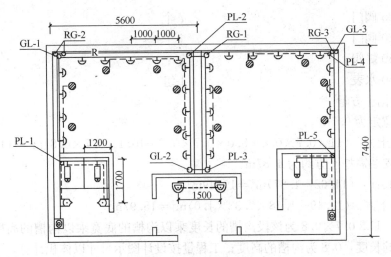

图 1-74 浴室平面图

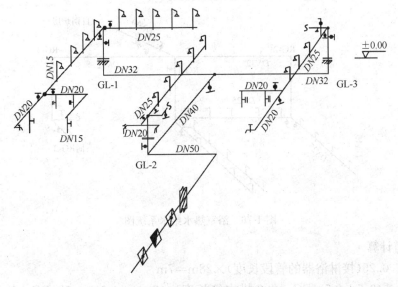

图 1-75 浴室冷水给水系统图

④ $DN32$：[1.8(立管长度)×3+11(GL-1、GL-3 立管埋地连接管长度)]m=16.4m

⑤ $DN40$：5.0m(GL-2 立管和 GL-1、GL-3 之间横管的埋地连接管长度)

⑥ $DN50$：[7.8(给水入户管长度)+2.3(入户管入户后折角部分长度)]m=10.1m

2) 给水设备及管件

① 淋浴器　　　　　　　　　　　28 组

② 水龙头　　　　　　　　　　　4 个

③ 蹲便器冲洗阀　　　　　　　　4 个

④ 挂式小便器冲洗阀　　　　　　2 个

⑤ $DN40$ 截止阀　　　　　　　　1 个

⑥ $DN32$ 阀门　　　　　　　　　3 个

⑦ DN25 阀门　　　　　　　　　7 个
⑧ DN20 阀门　　　　　　　　　4 个
⑨ DN50 蝶阀　　　　　　　　　2 个
⑩ DN50 水表　　　　　　　　　1 组

3）挖沟槽土方量

沟槽底宽定为 0.7m

① 挖沟土方：$(11×0.7×0.8+5.0×0.7×0.8+10.1×0.7×0.8)m^3=14.62m^3$

水表井安装需挖土方约为 $4.87m^3$

挖土方共计：$(14.62+4.87)m^3=19.49m^3$

② 填沟土方：$(19.49-1.48×2.38×1.0)m^3=15.97m^3$

【注释】 $11×0.7×0.8$ 为该段沟槽的长度乘以沟槽的底宽乘以沟槽的高度；其中 11 为该段沟槽的长度，0.8 为沟槽的高度；工程量按设计图示尺寸以体积计算。

（2）此浴室为热水浴室，设有冷热水两路管道，为镀锌钢管，热水给水系统图如图 1-76 所示。

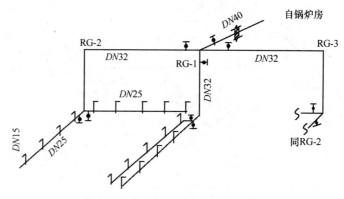

图 1-76　浴室热水给水系统图

1）管道计算

DN15：0.25（接淋浴器的管段长度）×28m＝7m

DN25：[(3.5+4.5)（RG－2 上横支管长度）×2m+(4.3+4.5)（RG－1 上横支管长度)]m

　　　＝24.8m

DN32：2.5m（热水立管长度）×3+11m（屋顶横管长度）＝18.5m

DN40：5.8m（连接锅炉管道长度）

2）管件

① DN25 截止阀　　6 个
② DN32 阀门　　　3 个
　 DN40 阀门　　　1 个

3）刷油防腐

冷热水管均为镀锌钢管，刷油也一样为二道银粉

其工程量：$S=\{3.14×[0.021$（管的外壁的外径的长度）$×(7.0+37.4)$（镀锌钢管的

长度)+0.027×12.9+0.034×(28+24.8)+0.042×(16.4+18.5)+0.048×(5.8+5.0)+0.060×10.1]}m²
=17.8m²

(3)如图 1-77 所示为浴室排水系统图,排水系统设 5 根排水立管,3 根铺设横管,1 根出户管,所有管道均为塑料管,各个管径如图所示。

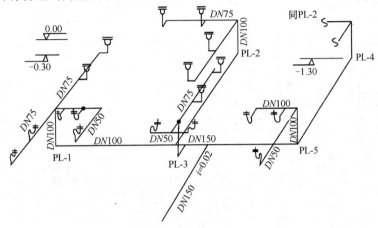

图 1-77 浴室排水系统图

工程量:
1)管道
① DN50:[2.5(男厕小便器排出口至大便器排出管节点长度)+3.3(女厕洗手盆排出口至 PL-5 立管的距离)+1.5(入门厅内洗脸盆排水连接管的长度)+0.4(洗脸盆排出管长度)×2]m=8.1m
② DN75:[5.5(PL-1 横支管长度)+3.9(PL-3 横支管长度)+6.8(PL-2 两横支管长度)×2+0.3×2(登高)+0.4×2(洗手盆排出管长度)]m=24.4m
③ DN100:[1.0(排水立管长度)×5+0.9(PL-3 与铺设管连接管段长度)+(5.4+4.2×2)(铺设两横管长度)+1.7(蹲便器支管长度)×2+0.4(登高)×4]m=24.7m
④ DN150:[(5.4+7.2)(一铺设管和出户管长度)]m=12.6m

2)排水设备及管件
① 延时自闭冲洗蹲式大便器　　　4 套
② 洗手盆　　　　　　　　　　　2 组
③ 挂式小便器　　　　　　　　　2 套
④ 地漏　　　　　　　　　　　　12 个
⑤ 洗脸盆　　　　　　　　　　　2 组

工程量汇总

分项工程	数量	定额计量单位	数量	定额编号	基价/元	人工费/元	材料费/元	机械费/元
DN15 镀锌钢管	44.4m	10m	4.44	8-87	65.45	42.49	22.96	
DN20 镀锌钢管	12.9m	10m	1.29	8-88	66.72	42.29	24.23	

续表

分项工程	数量	定额计量单位	数量	定额编号	基价/元	人工费/元	材料费/元	机械费/元
DN25 镀锌钢管	52.8m	10m	5.28	8-89	83.51	51.08	31.40	1.03
DN32 镀锌钢管	34.9m	10m	3.49	8-90	86.16	51.08	34.05	1.03
DN40 镀锌钢管	10.8m	10m	1.08	8-91	93.85	60.84	31.98	1.03
DN50 镀锌钢管	10.1m	10m	1.01	8-92	111.93	62.23	46.84	2.86
DN50 塑料管	8.1m	10m	0.81	6-277	28.12	19.76	1.83	6.53
DN75 塑料管	24.4m	10m	2.44	6-278	39.60	26.73	2.79	10.08
DN100 塑料管	24.7m	10m	2.47	6-280	58.27	37.85	3.57	16.85
DN150 塑料管	12.6m	10m	1.26	6-282	84.10	52.59	5.65	25.86
延时自闭冲洗蹲便器	4套	10套	0.4	8-413	1812.01	167.42	1644.59	
洗手盆	2组	10组	0.2	8-390	348.58	60.37	288.21	
挂式小便器	2套	10套	0.2	8-419	1885.04	114.24	1770.80	
DN75 地漏	12个	10个	1.2	8-447、8-448	97.84	72.18	25.66	
洗脸盆	2组	10组	0.2	8-384	1449.93	151.16	1298.77	
淋浴器	28组	10组	2.8	8-404	600.19	130.03	470.16	
水龙头	4个	10个	0.4	3-439	7.48	6.50	0.98	
DN40 截止阀	1+1个	个	2	8-245	13.22	5.80	7.42	
DN32 阀门	3+3个	个	6	8-244	8.57	3.48	5.09	
DN25 阀门	6+7个	个	13	8-243	6.24	2.79	3.45	
DN20 阀门	4个	个	4	8-242	5.00	2.32	2.68	
DN50 水表	1组	组	1	8-362	52.20	18.58	33.62	
刷油防腐	17.8m²	10m²	1.78	11-56、11-57	21.95	12.77	9.18	
DN50 蝶阀	2个	个	2					

3) 土方量

排水铺设管道沟槽宽度定为0.8m，由于管道长度较小，因此排水坡度所增加的铺设深度可不计。

挖沟土方：[1.3(深)×0.8×(14.7+12.6)(沟槽的长度)]m³=28.4m³

挖铺设排水横支管浅沟土方：

[0.3×0.8×(5.5+3.9+6.8×2+1.7×2+2.5+3.5+1.5)(铺设排水横支管的长度)]m³=8.088m³

挖土方共计：(28.4+8.088)m³=36.49m³

由于排水管径较小，其所占体积不计，故填土方(夯填)亦为36.49m³

清单工程量计算见下表：

第一章 给水排水工程(C.8)

清单工程量计算表

序号	项目编码	项目名称	项目特征描述	计量单位	工程量
1	030801001001	镀锌钢管	DN15	m	44.4
	030801001002		DN20	m	12.9
	030801001003		DN25	m	52.8
	030801001004		DN32	m	34.9
	030801001005		DN40	m	10.8
	030801001006		DN50	m	10.1
2	030801005001	塑料管	DN50	m	8.1
	030801005002		DN75	m	30.4
	030801005003		DN100	m	24.7
	030801005004		DN150	m	12.6
3	030804012001	大便器	延时自闭冲洗、蹲式	套	4
4	030804004001	洗手盆		套	2
5	030804013001	小便器	挂式	套	2
6	030804017001	地漏	DN75	个	12
7	030804003001	洗脸盆		组	2
8	030804007001	沐浴器	镀锌	套	28
9	030804016001	水龙头	DN20	个	4
10	030701009001	水表	DN50	组	1
11	030803001001	螺纹阀门	DN40	个	2
	030803001002		DN32	个	6
	030803001003		DN25	个	13
	030803001004		DN20	个	4
	030803001005		DN50	个	2

【例 1-51】 如图 1-78 所示为某三层办公楼男女卫生间给排水平面图,男卫生间设延时自闭冲洗式蹲便器 3 个,挂式小便器 2 个,女卫生间只有蹲便器 3 个,入门厅内设洗脸盆 2 个,拖布盆 1 个,如图 1-79 所示为此卫生间给水系统图,设 2 根给水立管。

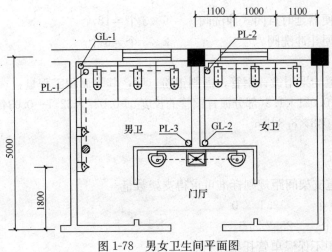

图 1-78 男女卫生间平面图

【解】 (1)如图1-79所示给水系统图计算工程量:

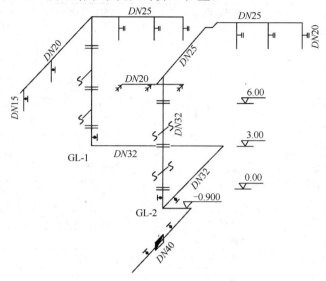

图1-79 卫生间给水系统图

1) 管道

① $DN15$:0.25(小便器冲洗管长度)×2×3m=1.5m

② $DN20$:[0.9(蹲便器冲洗管长度)×3×2×3+3.1(挂式小便器横支管长度)×3+ 2.2(厅内洗脸盆支管长度)×3]m=32.1m

③ $DN25$:{2.5(GL-1上蹲便器横支管长度)×3+[0.3(GL-2横支管至厅内洗脸盆支管节点的穿墙段长度)+2.9(GL-2横支管连接处至立柱处长度)+0.5(立柱处拐弯长度)+2.2(横支管拐弯后长度)]×3}m=25.2m

④ $DN32$:{[1.0(三层的立管高出地面高度)+3.0×2+0.9(立管埋深)]×2+(3.1+ 2.5)(室内两段铺设管长度)}m=21.4m

⑤ $DN40$:8.8m(入户管至GL-2处的长度)

2) 给水设备及管件

① 水龙头　　　　　　　　　　　　9个
② $DN20$蹲便器延时自闭式冲洗阀　6×3个=18个
③ $DN15$小便斗冲洗阀　　　　　　2×3个=6个

3) 刷油

所有给水管道均采用镀锌钢管,需刷银粉二度,其表面积工程量:

S={3.14×[0.021×1.5(部分镀锌钢管的长度)+0.027×32.1+0.034×25.2+0.042× 21.4+0.048×8.8]}m²

　=9.66m²

4) 支架

根据常用管道支架间距规则标准可求得支架数量

$DN20$　　11个　　32.1/3.0
$DN25$　　7个　　25.2/3.5

据N112-14中不保温单管托架用料表

管道支架 DN25　　0.6kg/个×7 个＝4.2kg　　　刷油重量：0.35kg/个×7 个＝2.45kg
　　　　　 DN20　　0.49kg/个×11 个＝5.39kg　　刷油量：0.28kg/个×11 个＝3.08kg
铁件重量：9.59kg　　刷油重量：5.53kg
管道冲洗消毒工程量：89m

5）土方工程量

需铺设管道的长度：(5.6＋8.8)m＝14.4m

设定沟槽底的宽度为 0.7m，则沟槽土方量：
0.7×0.9(沟槽的深度)×14.4(沟槽的长度)
m³＝9.1m³

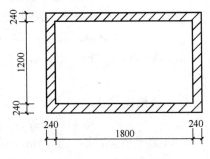

图 1-80　水表井平面图

如图 1-80 所示为水表井平面图，井深同沟槽深，尺寸如平面图所示，在沟槽的基础上，水表井的土方量为：

[(1.8＋0.24×2＋0.6)(水表井的长度，0.6 为定额工程量)×(1.68＋0.6－0.7)(水表井的宽度)×0.9(水表井的深度)]m＝4.1m³

挖土量共计：(9.1＋4.1)m³＝13.2m³

因管径较小其所占土方不计，填土方量：

(13.2－0.9×1.68×2.28)m³＝9.75m³

(2) 排水系统工程量

如图 1-81 所示男女卫生间排水系统图，设 3 根排水立管，立管管径为 DN100，排出管管径 DN150，大便器横支管管径 DN100，小便器横支管管径 DN75，洗脸盆支管 DN50，排水管道均使用塑料管。

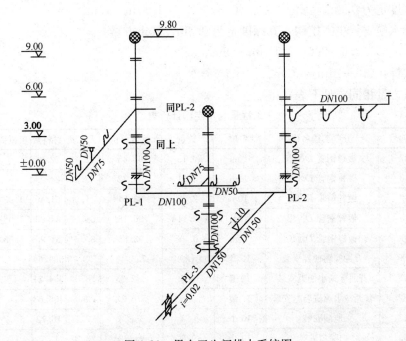

图 1-81　男女卫生间排水系统图

1) 管道工程量

① DN50：{[2.2(门厅内洗脸盆支管长度)+0.3(洗脸盆、污水盆排出管长度)×3 +0.3(小便斗处地漏排出管长度)×3]×3}m=12m

② DN75：{3.1(男卫生间小便器横支管长度)×3+0.3(门厅内洗脸盆支管至PL—3穿墙段长度)×3}m=10.2m

③ DN100：立管长：[3.0×3+0.8(伸顶通气帽长度)+1.1(立管埋深)]×3m=32.7m

横管及横支管：{3.2(PL-1、PL-2之间铺设横管长度)+[2.6(蹲便器横支管长度)×2+0.4(蹲便器排出管长)×6]×3}m=26m

DN100共计：(26+32.7)m=58.7m

④ DN150：2.6(PL-2、PL-3间铺设管长度)+6.2m(排水出户管长度)=8.8m

2) 排水设备及管件

① 蹲便器　　　　6×3套=18套
② 挂式小便斗　　2×3套=6套
③ 地漏　　　　　1×3个=3个
④ 污水盆　　　　1×3组=3组
⑤ 洗脸盆　　　　2×3组=6组
⑥ 通气帽　　　　3个
⑦ 清扫口　　　　2×3个=6个

3) 排水管土方量

埋地铺设管长度：[3.2+2.6+6.2−0.3(墙厚)×2]m=11.4m

沟槽宽度定为0.8m，深沟土方：(0.8×11.4×1.1)m=10m³

一层排水横支管也需挖沟，其深度定为0.3m，其土方量：

[0.8×0.3×(2.6+2.6+3.1)]m³=2m³

挖方共计：(10+2)m³=12m³

挖填土方量相同，见下表。

工程量套用定额计价表

序号	定额编号	分项工程名称	单位	数量	综合单价	人工费	材料费	机械费	合价
1	8-87	镀锌钢管 DN15	10m	0.15	65.45	42.49	22.96		9.82
2	8-88	镀锌钢管 DN20	10m	3.21	66.72	42.29	24.23		214.2
3	8-89	镀锌钢管 DN25	10m	2.52	83.51	51.08	31.40	1.03	210.4
4	8-90	镀锌钢管 DN32	10m	2.14	86.16	51.08	34.05	1.03	184.4
5	8-91	镀锌钢管 DN40	10m	0.88	93.85	60.84	31.98	1.03	82.6
6	8-409	普冲阀蹲便器安装	10套	1.8	733.44	133.75	599.69		1320.2
7	8-418	普通挂式小便器安装	10套	0.6	432.33	78.02	354.31		259.4
8	8-382	普通冷水嘴洗脸盆安装	10组	0.6	576.23	109.60	466.63		345.7
9	8-447	地漏安装	10个	0.3	55.88	37.15	18.73		16.8
10	8-453	扫除口安装	10个	0.6	24.22	22.52	1.70		14.5
11	8-361	水表组成安装	组	1	37.83	15.79	22.04		37.83

清单工程量计算见下表：

清单工程量计算表

序号	项目编码	项目名称	项目特征描述	计量单位	工程量
1	030801001001	镀锌钢管	DN15	m	1.5
	030801001002		DN20	m	32.1
	030801001003		DN25	m	25.2
	030801001004		DN32、DN40	m	30.2
2	030801005001	塑料管	DN50	m	12
	030801005002		DN75	m	10.2
	030801005003		DN100	m	58.7
	030801005004		DN150	m	8.8
3	030804016001	水龙头		个	9
4	030802001001	管道支架制作安装		kg	9.59
5	030804012001	大便器	延时自闭冲洗、蹲式	套	18
6	030804013001	小便器	挂式	套	6
7	030804017001	地漏	DN50	个	3
8	030804003001	洗脸盆		组	6

【例 1-52】 如图 1-82 所示为某五层集体宿舍卫生间平面图，此卫生间设有盥洗房和厕所，在盥洗房中的两边设有两个盥洗槽，分别有 6 个水龙头和 1 个污水盆，2 个地漏；厕所中设 5 个蹲便器，1 个小便槽，3 个洗手盆，1 个地漏，给水管道用镀锌钢管，排水管用 PVC 塑料管。

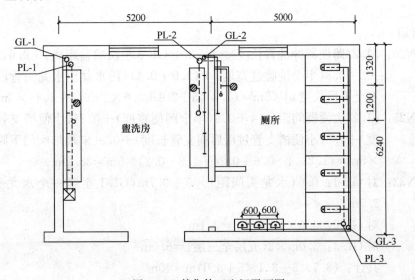

图 1-82 某集体卫生间平面图

如图 1-83 所示为此卫生间给水系统图，设有 3 根立管，3 段铺设管和 1 根入户管，各管段管径如图所示。

【解】 (1) 给水系统工程量

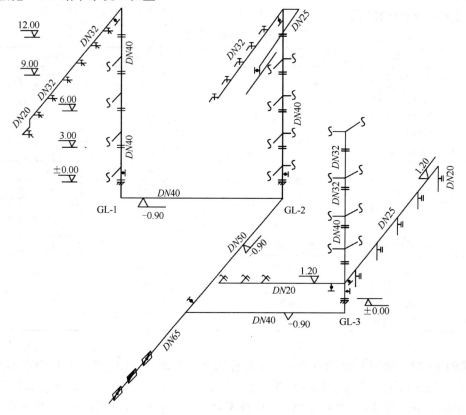

图 1-83 卫生间给水系统图

1) 管道

①DN20：[1.2(蹲便器冲洗管长度)×5+2.4(GL-3 至洗脸盆距离)+0.6(洗脸盆宽)×2+0.3(半个洗脸盆宽度)+(1.0+0.4)(污水盆至水龙头管段水平长度和上升段长度)]×5m=(1.2×5+2.4+0.6×2+0.3+1.4)×5m=56.5m

②DN25：[1.2(大便器间距)×4+0.6(半个蹲便宽度)+0.24(小便槽支管过墙段长度)+1.8(小便槽支管过墙后横支管长度)+0.2(末端带阀门下降段长度)]×5m=(1.2×4+0.6+0.24+1.8+0.2)×5m=38.2m

③DN32：对 GL-1：0.6(水龙头间距)×5+0.7m(GL-1 至第一个水龙头长度)=3.7m

对 GL-2：0.6×4+0.7m=3.1m

对 GL-3：3.0m×2(五层至三层)=6.0m

共计：(3.7×5+3.1×5+6.0)m=40m

④DN40：对 GL-1：[3.0(层高)×4+1.2(横支管高出楼板长度)+0.9(埋深)+5.2−0.24(两个半墙宽)]m=19.06m

对 GL-2：(3.0×4+1.2+0.9)m=14.1m

对 GL-3：[3.0m×2(三层至一层)+1.2+0.9+5.0(埋地铺设管长度)+

0.24]m=13.34m

共计：(19.06+14.1+13.1)m=46.26m

⑤DN50：6.24m(卫生间宽度)−0.24m(两个半墙厚度)=6.0m(埋地管)

⑥DN65：[0.24(给水入户管过墙段长度)+2.5(墙外至水表井长度)]m=2.74m

2) 给水设备及管件

①水龙头 DN20	4×5个=20个
水龙头 DN25	12×5个=60个
②自闭式冲洗阀 DN20	5×5个=25个
③小便管 DN15	2.5m
④蝶阀 DN65	2个
截止阀 DN50	1个
截止阀 DN40	3个
截止阀 DN32	2×5个=10个
截止阀 DN25	2×5个=10个
截止阀 DN20	1×5=5个
⑤水表 DN65	1组
⑥镀锌铁皮套管 DN80	1个
镀锌铁皮套管 DN50	(5×2+3+1)个=14个
镀锌铁皮套管 DN40	2个
镀锌铁皮套管 DN32	1×5个=5个

3) 防腐

给水管道为镀锌钢管，需要刷油防腐处理，分明装、埋地两部分，明装部分刷银粉两道，埋地部分刷沥青油两道。

明装部分DN20：$3.14×0.027×56.5$(DN20 管的明装部分的长度)$m^2=4.79m^2$

DN25：$3.14×0.034×38.2$(DN25 管的明装部分的长度)$m^2=4.08m^2$

DN32：$3.14×0.042×40m^2=5.28m^2$

DN40：$3.14×0.048×(13.2+13.2+7.2)$(DN40 管的明装部分的长度)$m^2=5.06m^2$

共计：$(4.79+4.08+5.28+5.06)m^2=19.2m^2$

埋地部分DN40：$[0.9×3+(5.2−0.24+5.0)]m×0.15m^2/m=1.9m^2$

DN50：$6.0m×0.19m^2/m=1.14m^2$

DN65：$2.74m×0.24m^2/m=0.66m^2$

共计：$(1.9+1.14+0.66)m^2=3.7m^2$

4) 支架制作安装

表常用管道支架间距表，计算支架工程量。

DN20：56.5m/3.0m=19个

DN25：38.2m/3.5m=11个

DN32：40m/4m=10个

$DN40$：$\dfrac{(13.2+13.2+7.2)\text{m}}{4.5\text{m}}=8$ 个

支架 $DN20$	$0.49\text{kg}/\text{个}\times 19 \text{个}=9.31\text{kg}$	刷油重量：$0.28\text{kg}\times 19=5.32\text{kg}$
管道支架 $DN25$	$0.6\text{kg}/\text{个}\times 11 \text{个}=6.6\text{kg}$	刷油重量：$0.35\text{kg}\times 11=3.85\text{kg}$
管道支架 $DN32$	$0.77\text{kg}/\text{个}\times 10 \text{个}=7.7\text{kg}$	刷油重量：$0.41\text{kg}\times 10=4.1\text{kg}$
管道支架 $DN40$	$0.81\text{kg}/\text{个}\times 8 \text{个}=6.48\text{kg}$	刷油重量：$0.45\text{kg}\times 8=3.6\text{kg}$

5) 土方量

铺设管道开挖管沟土方量为：沟底宽取 0.6m，沟深为 0.9m。

开挖土方量：$V_1 = h(b+0.3h)l$
$= [0.9(0.6+0.3\times 0.9)(5.2-0.24+5.0+6.0+2.74)]\text{m}^3$
$= 14.64\text{m}^3$

水表井土方量：

如图 1-84 所示为水表井平面图，各部尺寸如图所示，0.4m 为开挖宽度。

开挖土方量：$V_2 = [(1.6+0.48+0.4)\times(1.58+0.4-0.6)\times 0.9]\text{m}^3$
$= 3.08\text{m}^3$

总开挖量：$(14.64+3.08)\text{m}^3 = 17.72\text{m}^3$

填土方量：$(17.72-2.08\times 1.58\times 0.9)\text{m}^3 = 14.76\text{m}^3$

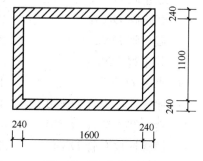

图 1-84 水表井平面图

如图 1-85 所示为此集体卫生间排水系统图，设 3 根排水立管，4 根铺设管，各段管管径如图所示，PL-1、PL-2 管径 $DN100$，PL-3 管径 $DN150$，PL-1 的铺设管径 $DN100$，PL-2、PL-3 的出水埋地铺设管径 $DN150$、出户管 $DN200$、地漏 $DN50$。

(2) 排水系统工程量

1) 管道

①$DN50$：[0.5(盥洗房地漏排出管长度)×2+0.6(厕所地漏排出管长度)+3.6(厕所洗脸盆排水横支管长度)+0.3(登高)×3]×5m=[(0.5×2+0.6+3.6+0.3×3)×5]m=30.5m

②$DN75$：对 PL-1：4.7m(污水盆排出口至 PL-1 的横支管长度)+0.6m(盥洗槽排出管长度)=5.3m

对 PL-2：[2.3(盥洗槽排出口至 PL-2 横支管长度)+(0.4+1.3+0.44)(小便槽排出口至 PL-2 距离)]m=4.44m

小计：$(5.3+4.44)\times 5\text{m}=48.7\text{m}$

③$DN100$：{[0.9(PL-1 伸顶高度)+3.0×5+1.2(埋深)]×2+5.2-0.24(两个半墙宽度)-0.2(PL-1、PL-2 与墙间隙)(此为 PL-1 排水铺设管长度)+[5.6(蹲便器横支管上清扫口至 PL-3 的长度)+0.3(登高)×5]×5}m=[(0.9+3.0×5+1.2)×2+(5.2-0.24-0.2)+(5.6+0.3×5)×5]m=74.46m

④DN150：[17.1(PL-3 的长度)+5.0(PL-3 排水埋地铺设管长度)+5.8(PL-2 排水铺设管长度)]m=27.9m

⑤DN200：[0.34(排水出户管过墙段长度)+1.5(墙外段长度)]m=1.84m

2) 排水设备及管件

①蹲式大便器　　　5×5 套=25 套

②洗脸盆　　　　　3×5 组=15 组

③污水盆　　　　　1×5 组=5 组

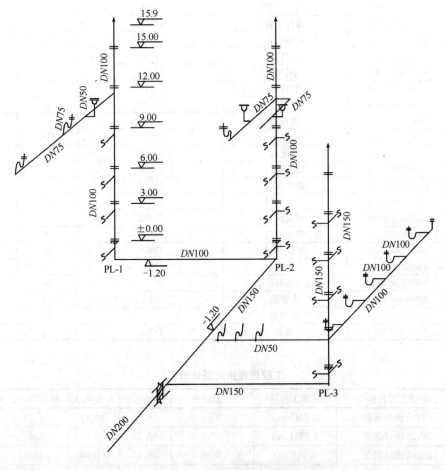

图 1-85　卫生间排水系统图

④伸顶通气帽　　　3 个

⑤地漏　　　　　　3×5 个=15 个

⑥清扫口　　　　　1×5 个=5 个

3) 排水铺设管挖沟，填沟土方量，沟槽宽度为 0.7m，深度 1.2m。

其土方量：$V_1=(0.7+0.3\times1.2)\times1.2\times(4.76+5.0+5.8+0.1+1.5)m^3$
$=(1.06\times1.2\times17.16)m^3=21.8m^3$

另外，一层的排水横支管也需挖沟铺设，其沟槽宽度定为 0.7m，深 0.8m。

其土方量：$V_2=0.7\times0.8\times[5.6+3.6+4.44+4.7-0.4(为污水盆排出管长度)]m^3$

$$=0.7\times0.8\times16.94\text{m}^3=9.49\text{m}^3$$

共计：$(21.8+9.49)\text{m}^3=31.29\text{m}^3$

清单工程量计算见下表：

清单工程量计算表

序号	项目编码	项目名称	项目特征描述	计量单位	工程量
1	030801001001	镀锌钢管	DN20	m	56.5
2	030801001002	镀锌钢管	DN25	m	38.2
3	030801001003	镀锌钢管	DN32	m	40
4	030801001004	镀锌钢管	DN40	m	46.26
5	030801001005	镀锌钢管	DN50	m	6
6	030801001006	镀锌钢管	DN65	m	27.4
7	030801005001	塑料管	DN50	m	35.75
8	030801005002	塑料管	DN75	m	48.7
9	030801005003	塑料管	DN100	m	74.46
10	030801005004	塑料管	DN150	m	27.9
11	030801005005	塑料管	DN200	m	1.84
12	030804016001	水龙头	DN20	个	20
13	030804016002	水龙头	DN25	个	60
14	030803001001	螺纹阀门	DN65	个	2
15	030803001002	螺纹阀门	DN50	个	1
16	030803001003	螺纹阀门	DN40	个	3
17	030803001004	螺纹阀门	DN32	个	10
18	030803001005	螺纹阀门	DN25	个	10
19	030803001006	螺纹阀门	DN20	个	5
20	030803010001	水表	DN65	组	1
21	030802001001	管道支架制作安装		kg	30.1
22	030804012001	大便器	蹲式	套	25
23	030804003001	洗涤盆		组	15
24	030804017001	地漏	DN50	个	15

工程量套用定额计价表

序号	分项工程名称	定额工程量	定额编号	基价/元	人工费/元	材料费/元	机械费/元
1	DN20 镀锌钢管	5.65(10m)	8-88	66.72	42.29	24.23	
	DN25 镀锌钢管	3.82(10m)	8-89	83.51	51.08	31.40	1.03
	DN32 镀锌钢管	4.0(10m)	8-90	86.16	51.08	34.05	1.03
	DN40 镀锌钢管	4.626(10m)	8-91	93.85	60.84	31.98	1.03
	DN50 镀锌钢管	0.6(10m)	8-92	111.93	62.23	46.84	2.86
	DN65 镀锌钢管	0.274(10m)	8-93	124.29	63.63	56.56	4.11
2	DN50 塑料管	3.05(10m)	6-277	28.12	19.76	1.83	6.53
	DN75 塑料管	4.87(10m)	6-278	39.60	26.73	2.79	10.08
	DN100 塑料管	7.446(10m)	6-280	58.27	37.85	3.57	16.85
	DN150 塑料管	2.79(10m)	6-282	84.10	52.59	5.65	25.86
	DN200 塑料管	0.184(10m)	6-284	110.42	65.36	7.82	37.24
3	DN20 水龙头	2.0(10个)	8-439	7.48	6.50	0.98	
	DN25 水龙头	6.0(10个)	8-440	9.57	8.59	0.98	

第一章 给水排水工程(C.8)

续表

序号	分项工程名称	定额工程量	定额编号	基价/元	人工费/元	材料费/元	机械费/元
4	DN65 蝶阀	2 个					
	DN50 截止阀	1 个	8-246	15.06	5.80	9.26	
	DN40 截止阀	3 个	8-245	13.22	5.80	7.42	
	DN32 截止阀	10 个	8-244	8.57	3.48	5.09	
	DN25 截止阀	10 个	8-243	6.24	2.79	3.45	
	DN20 截止阀	5 个	8-242	5.00	2.32	2.68	
5	DN65 水表	1 组	8-363	106.39	24.38	82.01	
6	DN80 铁皮套管	1 个	8-174	4.34	2.09	2.25	
	DN50 铁皮套管	14 个	8-172	2.89	1.39	1.50	
	DN40 铁皮套管	2 个	8-171	2.89	1.39	1.50	
	DN32 铁皮套管	5 个	8-170	2.89	1.39	1.50	
7	支架	0.301(100kg)	8-178	654.69	235.45	194.98	224.26
8	蹲式大便器	2.5 套(10 套)	8-413	1812.01	167.42	1644.59	
9	洗手盆	1.5(10 组)	8-384	1449.93	151.16	1298.77	
10	地漏	1.5(10 个)	8-447	55.88	37.15	18.73	
11	清扫口	0.5(10 个)	8-453	24.22	22.52	1.70	
12	明装防腐	1.92(10m²)	11-56、11-57	21.95	12.77	9.18	
	埋地防腐	0.37(10m²)	11-66、11-67	15.68	12.77	2.91	

【例 1-53】 如图 1-86 所示为某单位公共卫生间平面图,此项目有 4 层,每层分男卫生间和女卫生间,内各设有淋浴间,男卫内设 4 个蹲便器,1 个小便槽,2 个洗脸盆,4 个淋浴器,女卫也设 4 个蹲便,2 个洗脸盆,4 个淋浴。

如图 1-87 所示为此卫生间给水系统图,设 2 个给水立管,GL-1 通男卫小便槽和 2 个洗脸盆,GL-2 横支管较多,通男女淋浴大便器及女卫洗脸盆,各段管径如图所示,管材采用镀锌钢管。

计算此项目的工程量。

【解】 (1)管道工程量

①DN15:1.1(淋浴器管子长度)×8×4m=35.2m

定额工程量 3.52(10m),编号 8-87,基价 65.45 元,其中人工费 42.49 元,材料费 22.96 元

②DN20:{2.5(小便槽所在的横支管长度)+0.2(小便槽冲洗管阀门所在段长度)+0.9(蹲便器冲洗管长度)×8+[2.9-0.1(半个墙厚)+1.5×2+0.8](即女卫洗脸盆支管长度)}m=16.5m

16.5×4m=66m

定额工程量 6.6(10m),编号 8-88,基价:66.72 元;其中人工费 42.29 元,材料费 24.23 元。

③DN25:{(0.9×3+0.7)(蹲便器横支管长度)×2+0.2(穿墙段长度)+[0.8(淋浴器间距)×3+0.3](淋浴器支管长度)×2+(0.4+0.2)(过墙段长度)}m=

81

$(3.4×2+0.2+2.7×2+0.6)m=13m$

$13m×4=52m$

定额工程量 5.2(10m)，编号 8-89，基价：83.51 元；其中人工费 51.08 元，材料费 31.40 元，机械费 1.03 元。

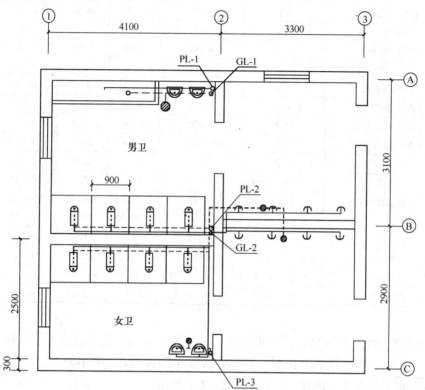

图 1-86 某公共卫生间平面图

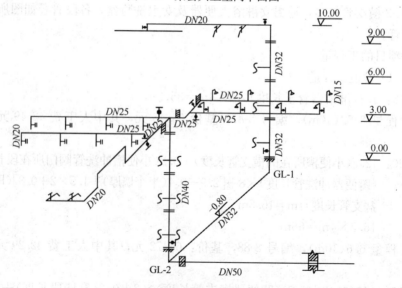

图 1-87 卫生间给水系统图

④DN32：[(3.0×3+1.0+0.8)(GL-1 长度)+3.2(GL-1 给水埋地铺设管长度)]m=(10.8+3.2)m=14m

定额工程量 1.4(10m)，编号 8-90，基价：86.16 元；其中人工费 51.08 元，材料费 34.05 元，机械费 1.03 元。

⑤DN40：(3.0×3+1.0+0.8)m=10.8m

定额工程量 1.08(10m)，编号 8-91，基价：93.85 元；其中人工费 60.84 元，材料费 31.98 元，机械费 1.03 元。

⑥DN50：3.1(GL-2 给水铺设管户内部分长度)+0.3(墙厚)+1.5m(墙外段)=4.9m

定额工程量 0.49(10m)，编号 8-92，基价：111.93 元；其中人工费 62.23 元，材料费 46.84 元，机械费 2.86 元。

(2) 给水器具及管件

工程量套用定额计价表

序号	分项项目	计算式	定额工程量	定额编号	基价/元	人工费/元	材料费/元	机械费/元
1	淋浴器	8×4 组=32 组	3.2(10 组)	8-404	600.19	130.03	470.16	
2	蹲便器冲洗阀	8×4 个=32 个						
3	洗脸盆水嘴	4×4 个=16 个	1.6(10 个)	8-439	7.48	6.50	0.98	
4	小便槽冲洗管	2.4m×4=9.6m	0.96(10m)	8-457	273.15	150.70	109.97	12.48
5	截止阀 DN40	1 个	1 个	8-245	13.22	5.80	7.42	
	截止阀 DN32	1 个	1 个	8-244	8.57	3.48	5.09	
	截止阀 DN25	4×4 个=16 个	16 个	8-243	6.24	2.79	3.45	
	截止阀 DN20	3×4 个=12 个	12 个	8-242	5.00	2.32	2.68	
	截止阀 DN15	8×4 个=32 个	32 个	8-241	4.43	2.32	2.11	
6	套管 DN65	2 个	2 个	8-173	4.34	2.09	2.25	
	套管 DN50	4 个	4 个	8-172	2.89	1.39	1.50	
	套管 DN40	4 个	4 个	8-171	2.89	1.39	1.50	
	套管 DN32	3×4 个=12 个	12 个	8-170	2.89	1.39	1.50	

(3) 防腐

管道材质为镀锌钢管，需刷油漆防腐，因刷油漆不同，分明装和铺设两部分，分别计算刷油工程量。

　　　　　　　　　长度　　　外径
①明装部分：DN15　35.2m　　0.021m
　　　　　DN20　64.4m　　0.027m
　　　　　DN25　52m　　　0.034m
　　　　　DN32　10m　　　0.042m
　　　　　DN40　10m　　　0.048m

刷两道银粉：3.14×0.021×35.2(管的部分长度)m²=2.32m²

　　　　　3.14×0.027×64.4m²=5.46m²

　　　　　3.14×0.034×52m²/m=5.55m²

　　　　　3.14×0.042×10m²/m=1.32m²

　　　　　3.14×0.048×10m²/m=1.51m²

共计：$S_1=(2.32+5.46+5.55+1.32+1.51)m^2=16.16m^2$

定额工程量 1.616($10m^2$)，编号 11-56、11-57，基价 21.95 元，其中人工费 12.77 元，材料费 9.18 元。

②铺设部分：
	长度	外径
DN32	4m	0.042m
DN40	0.8m	0.048m
DN50	4.9m	0.060m

刷两道沥青油：$S_2=\{3.14\times[0.042\times4(管的部分长度)+0.048\times0.8(管的部分长度)+0.060\times4.9]\}m^2$

$=1.57m^2$

定额工程量 0.157($10m^2$)，编号 11-66、11-67，基价：15.68 元；其中人工费 12.77 元，材料费 2.91 元。

清洗消毒工程量为：181.3m

定额工程量 1.813(100m)，编号 8-230，基价：20.49 元；其中人工费 12.07 元，材料费 8.42 元。

(4) 管道支架

利用管道支架间距的规定，计算支架个数。

DN20　64.4m/3.0m＝22 个

DN25　52m/3.5m＝15 个

DN32　10m/4.0m 取 3 个

DN40　10m/4.5m 取 3 个

支架 DN20　0.49kg/个×22 个＝10.78kg

刷油重量：0.28kg/个×22 个＝6.16kg

支架 DN25　0.6kg/个×15 个＝9kg

刷油重量：0.35kg/个×15 个＝5.25kg

支架 DN32　0.77kg/个×3 个＝2.31kg

刷油重量：0.41kg/个×3 个＝1.23kg

支架 DN40　0.81kg/个×3 个＝2.43kg

刷油重量：0.45kg/个×3 个＝1.35kg

支架总重　24.52kg

支架刷油总重：14kg

定额工程量 0.245(100kg)，编号 8-178，基价：654.69 元；其中人工费 235.45 元，材料费 194.98 元，机械费 224.26 元。

(5) 土方量

铺设管需挖有一定坡度的沟槽地行铺设，沟槽底宽定为 0.6m，需挖沟槽的长度：

$L=[3.2+4.9-(0.2+0.3)(墙厚)]m=7.6m$

挖沟槽土方量：$V=[0.8(沟槽的深度)\times(0.6+0.3\times0.8)(沟槽上底与下底的平均值)\times7.6(沟槽的长度)]m^3$

$=5.1m^3$

管径较小，所以挖填土方量相等，同为 5.1m³。

清单工程量计算见下表：

清单工程量计算表

序号	项目编码	项目名称	项目特征描述	计量单位	工程量
1	030801001001	镀锌钢管	DN15	m	35.2
	030801001002		DN20	m	66
	030801001003		DN25	m	52
	030801001004		DN32	m	14
	030801001005		DN40	m	10.8
	030801001006		DN50	m	4.9
2	030804007001	淋浴器	镀锌	套	32
3	030804016001	水龙头	DN20	个	16
4	030804019001	小便槽冲洗管制作安装		m	9.6
5	030803001001	螺纹阀门	截止阀	个	62
6	030802001001	管道支架制作安装		kg	24.52

【例 1-54】 如图 1-88 所示为上例卫生间排水系统图，设有 3 根排水立管，管材使用塑料 UPVC 管，各段管径如图所示。PL-1、PL-2、PL-3 管径分别为 DN100、DN150、DN100，PL-1 上连接有两个洗脸盆排出管，1 个地漏一个小便槽排出管，PL-2 横支管上连有男女厕 8 个蹲便器，淋浴间 2 个地漏，PL-3 横支管连接有 2 个洗脸盆，1 个地漏，PL-2、PL-3 铺设管汇合后一起排出。

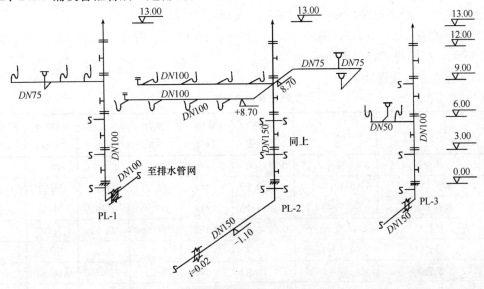

图 1-88 卫生间排水系统图

计算工程量：

【解】 （1）管道

① DN50：[1.0(PL-3 横支管长度)+0.4(地漏排出管)+0.3×2(洗脸盆排出管)]×4m=(1.0+0.4+0.3×2)×4m=8m

定额工程量 0.8(10m)，编号 6-277，基价：28.12 元；其中人工费 19.76 元，材料费 1.83 元，机械费 6.53 元。

②DN75

对 PL-1：[2.2(横支管长)+0.3(小便槽排出管长)+(0.4+0.3×2)(洗脸盆地漏排出管长)]m=3.5m

对 PL-2：[(0.5+2.0+0.7)(淋浴房横支管长度)+0.3(地漏排出管)×2]m=3.8m

共计：(3.5+3.8)m×4m=29.2m

定额工程量 2.92(10m)，编号 6-278，基价：39.60 元；其中人工费 26.73 元，材料费 2.79 元，机械费 10.08 元。

③DN100

对 PL-1：[(3.0×4+1.0+1.1)(PL-1 立管长)+0.4(PL-1 排水出户管过墙段)+3.8(墙外至排水管网)]m=18.3m

对 PL-2：[3.3(蹲便器横支管长)×2+0.4(女厕蹲便器横支管过墙段)+0.8m(蹲便器排出管长)×8]×4m=(7+0.8×8)×4m=53.6m

对 PL-3：3.0m×4+1.0m(伸顶长度)+1.1(立管埋深)m=14.1m

共计：(18.3+53.6+14.1)m=86m

定额工程量 8.6(10m)，编号 6-280，基价：58.27 元；其中人工费 37.85 元，材料费 3.57 元，机械费 16.85 元。

④DN150

[(3.0×4+1.0+1.1)(PL-2 长)+2.7(PL-2 排水出户管室内铺设段)+0.3(穿墙)+4.6(墙外至排水管网)]m=(14.1+3+4.6)m=21.7m

定额工程量 2.17(10m)，编号 6-282，基价：84.10 元；其中人工费 52.59 元，材料费 5.65 元，机械费 25.86 元。

(2) 排水器具及管件

工程量套用定额计价表

序号	分项项目	计算式	定额工程量	定额编号	基价/元	人工费/元	材料费/元	机械费/元
1	蹲便器	8×4 套=32 套	3.2(10 套)	8-409	733.44	133.75	599.69	
2	地漏 DN50	4 个	0.4(10 个)	8-447	55.88	37.15	18.73	
	地漏 DN75	3×4 个=12 个	1.2(10 个)	8-448	117.41	86.61	30.80	
3	清扫口	2×4 个=8 个	0.8(10 个)	8-453	24.22	22.52	1.70	
4	检查口	3×4 个=12 个						
5	洗脸盆	4×4 组=16 组	1.6(10 组)	8-382	576.23	109.60	466.63	
6	伸顶通气帽	3 个						

(3) 土方量

沟槽底宽定为 0.7m，深 1.1m，由于长度较小，因坡度而增加的埋深不计，排水出户铺设管总长：

L=(3.8+4.6+2.7)m=11.1m

其土方量：$V_1 = h(b+0.3h)l = 1.1 \times (0.7+0.3 \times 1.1)$（沟槽上底与下底的平均值）$\times 11.1$
$= 12.6 \text{m}^3$

另外，一层排水横支管也需铺设埋地，其宽度为 0.6m，深 0.5m。

其长度：$(2.2+3.2+1.0+3.3\times2+0.4)\text{m} = 13.4\text{m}$

其土方量：$V_2 = 0.6 \times 0.5 \times 13.4 \text{m}^3 = 4 \text{m}^3$

挖填土方相等共计：$(12.6+4)\text{m}^3 = 16.6 \text{m}^3$

注：工程量按设计图示尺寸以体积计算。

清单工程量计算见下表：

清单工程量计算表

序号	项目编码	项目名称	项目特征描述	计量单位	工程量 G2
1	030801005001	塑料管	PVC，$DN50$	m	8
2	030801005002	塑料管	PVC，$DN75$	m	29.2
3	030801005003	塑料管	PVC，$DN100$	m	86
4	030801005004	塑料管	PVC，$DN150$	m	21.7
5	030804012001	大便器	蹲式	套	32
6	030804017001	地漏	$DN50$	个	4
7	030804017002	地漏	$DN75$	个	12
8	030804018001	地面的扫口		个	8
9	030804003001	洗脸盆		组	16

【例 1-55】 如图 1-89 所示为某大型商场卫生间给水排水平面图，此商场为两层，卫生间分男厕、女厕均设有 6 个蹲便器，女厕洗手间设有 5 个洗脸盆，1 个污水盆，男厕除

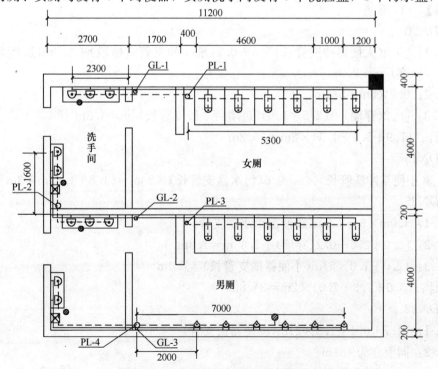

图 1-89 某商场卫生间给水排水平面图

上述设置相同外,另有 6 个挂式小便斗。

如图 1-90 所示为此卫生间给水系统图,设有 1 个给水入户管,3 个给水立管,水龙头均为 DN15,小便斗冲洗阀为 DN15 延时自闭式冲洗式,大便器冲洗阀为 DN20,也为自闭冲洗式,其余管径如图所示,管材均为镀锌钢管。

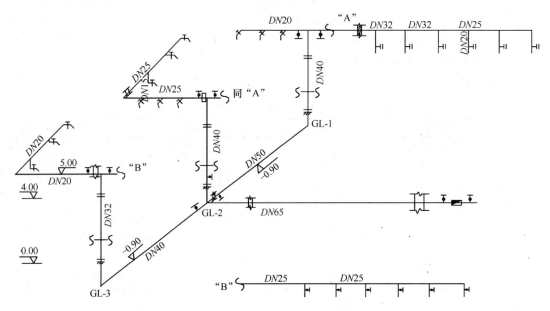

图 1-90　商场卫生间给水系统图

计算工程量。

【解】　(1) 管道

①DN20

GL-1:[0.9(大便器冲洗管长)×6+0.2(洗手间支管过墙段)+2.3m(过墙后支管长度)]m=7.9m

GL-2:0.9×6m=5.4m

GL-3:[0.2(穿墙)+(2.5+1.6)(过墙后 2 段支管长)]m=4.3m

共计:(7.9+5.4+4.3)×2m=35.2m

②DN15

[0.3(小便斗冲洗管长)×6+0.6(污水盆支管长)×2]m=(1.8+1.2)m=3m

③DN25

GL-1:1.0m×3=3.0m(蹲便器给水横支管)

GL-2:[3.0+2.5+0.2(穿墙)+1.6]m=7.3m

GL-3:(2.0+1.0×5)m(小便器横支管长)=7.0m

小计:(3.0+7.3+7.0)×2m=34.8m

④DN32

GL-1:(1.7+0.4+1.0×2)m(蹲便器横支管)=4.1m

GL-2:同上亦为 4.1m

GL-3:[1.0(横支管高出地面长)+4.0(层高)+0.9(立管 GL-3 埋深)]m=5.9m

小计：(4.1×2×2+5.9)m=22.3m

⑤DN40

[(1.0+4.0+0.9)(立管长)×2+4.0(GL-3给水铺设管长)]m=15.8m

⑥DN65

[1.7+4.6+1+1.2+0.1+1.5(墙外段)]m=10.1m

给水管道消毒冲洗工程量：

(35.2+3+35+22.3+15.8+4.2+10)m=94m

(2) 给水器具及管件

①水龙头 DN15	24个
②小便器冲洗阀 DN15	6×2个=12个
③大便器冲洗阀	6×2×2个=24个
④截止阀 DN65	2个
截止阀 DN50	1个
截止阀 DN40	2个
截止阀 DN32	2×2个=4个
截止阀 DN25	2×2个=4个
截止阀 DN20	2×2个=4个
⑤水表 DN65	1组
⑥铁皮套管 DN80	2个
铁皮管套 DN65	1个
铁皮管套 DN50	4个
铁皮管套 DN40	6个
铁皮管套 DN32	4个
铁皮管套 DN25	4个

(3) 防腐

本工程给水管材全部为镀锌钢管，分明装、铺设两部分，明装部分刷两道银粉漆，铺设部分刷两道沥青油。

明装部分：DN15：0.066m²/m×3(管的部分长度)m=0.2m²

DN20：0.085m²/m×35.2m=3m²

DN25：0.107m²/m×34.8m=3.7m²

DN32：0.132m²/m×21.4m=2.82m²

DN40：0.15m²/m×10m=1.5m²

小计：11.22m²

铺设部分：DN32：0.132m²/m×0.9m=0.12m²

DN40：0.15m²/m×5.8m=0.87m²

DN65：0.239m²/m×10m=2.39m²

小计：4.17m²

(4) 支架制作安装

根据管道支架间距要求,计算支架数量:

DN15　3m/2.5m=1.2 取 2 个

DN20　35.2m/3m=12 个

DN25　35m/3.5m=10 个

DN32　22.3m/4.0m 取 6 个

DN40　15.8m/4.5m=4 个

DN50　4.2m/5m 取 1 个

DN65　10m/6m=2 个

支架铁件重量:

$\begin{cases}DN15\\DN20\end{cases}$ 0.49kg/个×14 个=6.86kg

DN25　0.6kg/个×10 个=6kg

DN32　0.77kg/个×6 个=4.62kg

DN40　0.81kg/个×4 个=3.21kg

DN50　0.87kg/个×1 个=0.87kg

工程量套用定额计价表

序号	分项工程名称	定额工程量	定额编号	基价/元	人工费/元	材料费/元	机械费/元
1	DN15 镀锌钢管	0.3(10m)	8-87	65.45	42.49	22.96	
	DN20 镀锌钢管	3.52(10m)	8-88	66.72	42.29	24.23	
	DN25 镀锌钢管	3.5(10m)	8-89	83.51	51.08	31.40	1.03
	DN32 镀锌钢管	2.23(10m)	8-90	86.16	51.08	34.05	1.03
	DN40 镀锌钢管	1.58(10m)	8-91	93.85	60.84	31.98	1.03
	DN50 镀锌钢管	0.42(10m)	8-92	111.93	62.23	46.84	2.86
	DN65 镀锌钢管	1.0(10m)	8-93	124.29	63.62	56.56	4.11
2	管道消毒冲洗	0.94(100m)	8-231	29.26	15.79	13.47	
3	水龙头 DN15	2.4(10 个)	8-438	7.48	6.50	0.98	
4	DN65 截止阀	2 个	8-247	26.79	8.59	18.20	
	DN50 截止阀	1 个	8-246	15.06	5.80	9.26	
	DN40 截止阀	2 个	8-245	13.22	5.80	7.42	
	DN32 截止阀	4 个	8-244	8.57	3.48	5.09	
	DN25 截止阀	4 个	8-243	6.24	2.79	3.45	
	DN20 截止阀	4 个	8-242	5.00	2.32	2.68	
5	DN65 水表	1 组	8-363	106.39	24.38	82.01	
6	DN80 铁皮套管	2 个	8-174	4.34	2.09	2.25	
	DN65 铁皮套管	1 个	8-173	4.34	2.09	2.25	
	DN50 铁皮套管	4 个	8-172	2.89	1.39	1.50	
	DN40 铁皮套管	6 个	8-171	2.89	1.39	1.50	
	DN32 铁皮套管	4 个	8-170	2.89	1.39	1.50	
	DN25 铁皮套管	4 个	8-169	1.70	0.70	1.00	
7	明装防腐	1.122(10m²)	11-56、11-57	21.95	12.77	9.18	
	埋地防腐	0.417(10m²)	11-66、11-67	15.68	12.77	2.91	
8	支架	0.216(100kg)	6-284	110.42	65.36	7.82	37.24

(5) 土方量

铺设管道总长：(4.0+4.0+10-0.4-0.2)m=17.4m

管沟底槽宽定为0.6m，则给水管管沟开挖土方量：

V_1=0.9(沟槽的深度)×(0.6+0.3×0.9)(沟槽的上底与下底的平均值，0.3为坡度系数)×17.4m³

=13.62m³

水表井长为1.4m，宽为0.8m，其土方量：

V_2=0.9(沟槽的深度)×[1.4+0.24(墙厚)×2+0.4](为水表井的井的开挖长度)×(0.8+0.24×2+0.4)(水表井的开挖宽度)m³

=3.4m³

总挖土方：(13.62+3.4)m³=17.02m³

填土方量：V_3=[17.02-0.9×(1.4+0.24×2)×(0.8+0.24×2)]m³=14.85m³

【注释】 工程量计算规则按设计图示尺寸以体积计算。

清单工程量计算见下表：

清单工程量计算表

序号	项目编码	项目名称	项目特征描述	计量单位	工程量
1	030801001001	镀锌钢管	DN15	m	3
	030801001002		DN20	m	35.2
	030801001003		DN25	m	35
	030801001004		DN32	m	22.3
	030801001005		DN40	m	15.8
	030801001006		DN50	m	4.2
	030801001007		DN65	m	10
2	030804016001	水龙头	DN15	个	24
3	030803010001	水表	DN65	组	1
4	030802001001	管道支架制作安装		kg	21.6
5	030803001001	螺纹阀门	截止阀	个	17

【例1-56】 如图1-91所示为上例商场卫生间排水系统图，设置4条排水立管，每条污水立管单独排放，排水管材均为塑料管。计算工程量。

【解】 (1) 管道

① DN50

PL-1：[0.5(洗脸盆排出管)×3+0.4(地漏排出管)]m=1.9m

PL-2：[0.5(洗脸盆排出管)×5+0.4(地漏排出管)+0.3(污水盆排出管)]m=3.2m

PL-4：[0.5(洗脸盆排出管)×2+0.3(污水盆排出管)+0.4(地漏排出管)]m=1.7m

合计：(1.9+3.2+1.7)×2m=13.6m

② DN75

PL-4：[0.4(小便器排出管)×6+2.5(洗手间宽度)+0.2(墙厚)+0.1(立管与墙间隙)+1.8(洗脸盆段横支管长)]m=7.0m

PL-1：[0.1(立管与墙间隙)+1.5+0.2×2(墙厚)+1.7]m=3.7m

PL-2：[0.2(墙厚)+1.8+1.9]m=3.9m

合计：(7.0+3.7+3.9)m×2=29.2m

③DN100

PL-1：[0.8(大便器排出管长)×6+5.3(蹲便器横支管长)]m=10.1m

PL-2：[4.0(层高)×2+0.8(通气帽伸顶高度)+1.3(立管埋深)+1.8(排出管长)]m
=11.9m

PL-3：(0.8×6+5.3)(同PL-1)m=10.1m

PL-4：[10.1+7.0(小便器横支管长)×2+1.8(排出管长)]m=25.9m

合计：[10.1×2+11.9+10.1×2+25.9]m=78.2m

④DN150

PL-1：[(4.0×2+0.8+1.3)(PL-1长)+2.0(排出管长)]m=12.1m

PL-3：[4.0×2+0.8+1.3)(PL-3长)+4.5(铺设排出管长)]m=14.6m

合计：(12.1+14.6)m=26.7m

(2) 排水器具及管件

① 伸顶通气帽　　　4个

② 蹲便器　　　　　6×4套=24套

③ 洗脸盆　　　　　20组

④ 污水盆　　　　　4组

⑤ 地漏DN50　　　　8个

　　地漏DN75　　　　2个

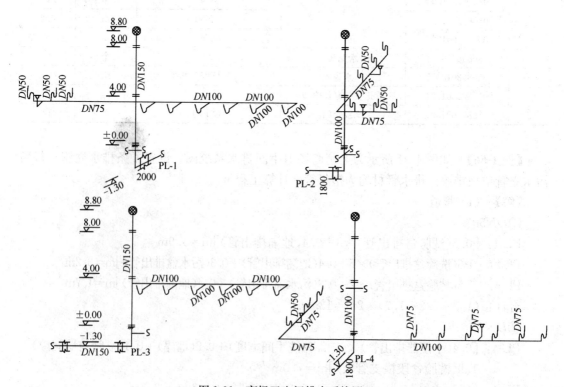

图1-91　商场卫生间排水系统图

⑥ 小便器　　　　6×2套＝12套

工程量套用定额计价表

序号	分项工程名称	定额工程量	定额编号	基价/元	人工费/元	材料费/元	机械费/元
1	DN50 塑料管	1.36(10m)	6-277	28.12	19.76	1.83	6.53
	DN75 塑料管	2.92(10m)	6-278	39.60	26.73	2.79	10.08
	DN100 塑料管	7.82(10m)	6-280	58.27	37.85	3.57	16.85
	DN150 塑料管	2.67(10m)	6-282	84.10	52.59	5.65	25.86
2	蹲便器	2.4(10套)	8-412	1621.52	157.43	1464.09	
3	洗脸盆	2.0(10个)	8-382	576.23	109.60	466.63	
4	DN50 地漏	0.8(10个)	8-447	55.88	37.15	18.73	
	DN75 地漏	0.2(10个)	8-448	117.41	86.61	30.80	
	小便器	1.2(10套)	8-419	1885.04	114.24	1770.80	

(3) 土方量

铺设管长：(2.0+1.8+4.5+1.8)m＝10.1m

铺设横支管长：[(3.7+5.3)(PL-1铺设支管长)+3.9(PL-2铺设支管长)+5.3(PL-3铺设支管长)+(7.0+4.6)(PL-4铺设横支管长)]m＝29.8m

铺设管管沟底宽定为0.7m，深1.3m，横支管埋深0.8m，土方量：

$V_1 = 1.3 \times (0.7 + 0.3 \times 1.3)$(铺设管管沟上底长度加下底长度的平均值，0.3为坡度系数)×10.1(铺设管的长度)m³

$= 14.31 \text{m}^3$

$V_2 = [0.8 \times (0.7 + 0.3 \times 0.8) \times 29.8] \text{m}^3 = 29.63 \text{m}^3$

合计：(14.31+29.63)m³＝43.94m³

因管径较小，挖填土方量相等。

【注释】 工程量计算规则按设计图示尺寸以体积计算。

清单工程量计算见下表：

清单工程量计算表

序号	项目编码	项目名称	项目特征描述	计量单位	工程量
1	030801005001	塑料管	DN50	m	13.6
	030801005002		DN75	m	29.2
	030801005003		DN100	m	78.2
	030801005004		DN150	m	26.7
2	030804012001	大便器	蹲式	套	24
3	030804003001	洗脸盆		组	20
4	030804013001	小便器	挂式	套	12
5	030804017001	地漏	DN50	个	8
	030804017002		DN75	个	2
6	010101006001	管沟土方	三类土	m	39.9

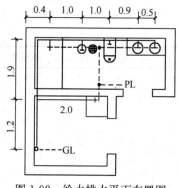

图 1-92 给水排水平面布置图

【例 1-57】 本工程为某住宅楼项目，共 6 层，先计算给水工程量，给水管道采用镀锌钢管，排水管道采用排水 PVC 管，在卫生间内有洗浴盆一个，坐便器一个，和淋浴器一台，另外还有洗脸盆两个，如图 1-92 所示为给水排水平面布置图，如图 1-93 所示为给水系统图，如图 1-94 所示为排水系统图。

计算工程量。

【解】 (1) 给水系统工程量

1) 给水管道工程量

① $DN50$：[3(室外入户部分)+0.4(竖干管埋地部分)+6.3(从一层地面至三层支管处)]m= 9.7m

② $DN32$：6m(三层支管至五层支管处)

③ $DN25$：[3m(从五层支管处至六层支管处)+(1.0+0.4+1.9+1.2)(从淋浴器分支管至干管处)×6m]=(3+4.5×6)m=30m

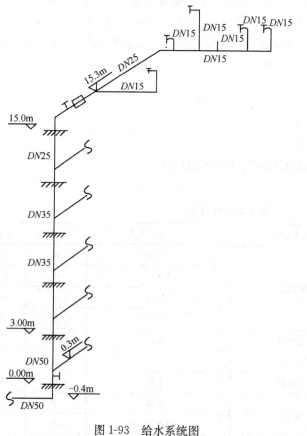

图 1-93 给水系统图

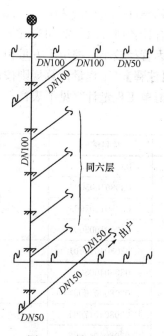

图 1-94 排水系统图

④ $DN15$：[(1.0+0.9+0.5)m(从最末端洗脸盆分支管到淋浴分支管处的支管长度)

+2.0m(洗涤盆分支管至干管处)+(0.8+0.5+2.0+0.2+0.8+0.8)m
(各卫生器具到支管处的连接管)]×6=57m

2) 设备及卫生器具

① $DN80$：铁皮套管 2 个(一至三层穿板竖管)
   $DN50$：铁皮套管 2 个(三至五层穿板竖管)
   $DN32$：铁皮套管 1 个(六层穿板竖管)+1(去卫生间穿墙)×6=7 个

② 截止阀 $DN25$：1 个(各层水表前)×6=6 个
   截止阀 $DN50$：1 个(竖管下端一层处)
   水龙头 $DN15$：4 个(每户四个)×6=24 个
   淋浴喷头 $DN15$：1 个(每户一个)×6=6 个
   水表 $DN25$：1 组(每户一个，旋翼式)×6=6 组
   洗脸盆：2 组(每层卫生间中)×6=12 组
   洗涤盆：1 组(每层厨房中)×6=6 组
   低位水箱坐式大便器：1(每层一套)×6=6 套
   浴盆：1 组(每户卫生间内)×6=6 组
   淋浴红外感应器：1(每户一组)×6=6 组

3) 管道刷油

给水 $DN50$：$S_1 = \dfrac{18.85}{100} \times 9.7 m^2 = 1.83 m^2$(长度 9.7m)

给水 $DN35$：$S_2 = \dfrac{13.27}{100} \times 6 m^2 = 0.796 m^2$(长度 6.0m)

给水 $DN25$：$S_3 = \dfrac{10.52}{100} \times 30 m^2 = 3.16 m^2$(长度 30m)

给水 $DN15$：$S_4 = \dfrac{6.68}{100} \times 57 m^2 = 3.810 m^2$(长度 57m)

合计：$9.086 m^2$

(2) 排水采用排水塑料管，由图可看出每单元仅有一个独立排水系统，在进行排水工程量计算时，可按系统进行，也可按地上、地下进行，本例考虑到地下部分很少，故按系统进行：

1) 排水管

$DN150$：[1.9(埋地部分从竖管到分支管处)+3(从分支管处出户)]m=4.9m

$DN100$：[19.2(竖管地面以上部分)+0.4(竖管地面以下部分)+1.9(二至六层长支管)×5+(1.0+1.0)(分支管上从浴盆接口到大便器接口)×6]m=41.1m

$DN50$：[0.5(从洗涤盆到竖管)+(0.9+0.5)(从末端洗脸盆到大便器接口处分支管长度)]×6m=11.4m

2) 地漏安装：$DN50$ 地漏 1×6 个=6 个
3) 排水栓安装：$DN50$ 排水栓 1×6 组=6 组
4) 焊接钢管安装(用于地漏丝扣连接)$DN50$ 管 0.2m×6=1.2m
5) 低水箱坐式大便器，每户一套 1×6 套=6 套

工程量套用定额计价表

序号	分项工程名称	定额工程量	定额编号	基价/元	人工费/元	材料费/元	机械费/元
1	DN50 镀锌钢管	0.97(10m)	8-92	111.93	62.23	46.84	2.86
	DN32 镀锌钢管	0.6(10m)	8-90	86.16	51.08	34.05	1.03
	DN25 镀锌钢管	3.0(10m)	8-89	83.51	51.08	31.40	1.03
	DN15 镀锌钢管	5.7(10m)	8-87	65.45	42.49	22.96	
2	DN80 铁皮套管	2个	8-174	4.34	2.09	2.25	
	DN50 铁皮套管	2个	8-172	2.89	1.39	1.50	
	DN32 铁皮套管	1个	8-170	2.89	1.39	1.50	
3	DN25 截止阀	6个	8-243	6.24	2.79	3.45	
	DN50 截止阀	1个	8-246	15.06	5.80	9.26	
4	DN15 水龙头	2.4(10个)	8-438	7.48	6.50	0.98	
5	DN25 水表	6组	8-359	25.85	11.15	14.70	
6	淋浴器	0.6(10组)	8-404	600.19	130.03	470.16	
7	洗脸盆	1.2(10组)	8-382	576.23	109.60	466.63	
8	洗涤盆	0.6(10组)	8-391	596.56	100.54	496.02	
9	低位水箱坐便器	0.6(10套)	8-414	484.02	186.46	297.56	
10	浴盆	0.6(10组)	8-376	1177.98	258.90	919.08	
11	淋浴红外感应器	6					
12	管道刷油	0.9086(10m²)	11-56、11-57	21.95	12.77	9.18	
13	DN150 塑料管	0.49(10m)	6-282	84.10	52.59	5.65	25.86
	DN100 塑料管	4.11(10m)	6-280	58.27	37.85	3.57	16.85
	DN50 塑料管	1.14(10m)	6-277	28.12	19.76	1.83	6.53
14	地漏	0.6(10个)	8-447	55.88	37.15	18.73	
15	DN50 排水栓	0.6(10组)	8-443	121.41	44.12	77.29	
16	DN50 焊接钢管	0.12(10m)	8-111	63.68	46.21	11.10	6.37

总结：计算过程中可以把握从上到下，从干到支再到分支管的计算过程，或是从下到上，从分支到支管再到干管，不管采用何种方法，关键在于勿漏算，勿重复算，勿无条理算，对于底层埋地部分与出户管连通者，一定区分一层和其他层计算。

清单工程量计算见下表：

清单工程量计算表

序号	项目编码	项目名称	项目特征描述	计量单位	工程量
1	030801001001	镀锌钢管	DN50	m	9.7
2	030801001002	镀锌钢管	DN32	m	6
3	030801001003	镀锌钢管	DN25	m	30
4	030801001004	镀锌钢管	DN15	m	57
5	030801005001	塑料管	DN150，PVC	m	4.9
6	030801005002	塑料管	DN100，PVC	m	41.1
7	030801005003	塑料管	DN50，PVC	m	11.4
8	03080310001	螺纹阀门	截止阀	个	7
9	030803010001	水表	DN25	组	6
10	030804016001	水龙头	DN15	个	24
11	030804007001	淋浴器	镀锌	套	6
12	030804003001	洗脸盆	普通冷水嘴	组	12
13	030804005001	洗涤盆		组	6
14	030804012001	大便器	低水位箱，坐式	套	6
15	030804001001	浴盆	搪瓷	组	6
16	030804017001	地漏	DN50	个	6
17	030804015001	排水栓	DN50	组	6
18	030801002001	钢管	焊接，DN50	m	1.2

【例1-58】 本例为某宿舍楼项目在卫生间中共有自闭式冲洗阀蹲式大便器5组，洗涤池两组，每组有水嘴6个，另有水平地漏1个，楼层高度为6层18m，属于低层建筑，给

水管道采用镀锌钢管丝接，排水采用铸铁管承插，计算其工程量。

附图：如图 1-95 所示平面布置图、如图 1-96 所示为 gL_1 系统图、如图 1-97 所示为 gL_3 系统图、如图 1-98 所示为 PL_1 系统图、如图 1-99 所示为 PL_3 系统图。

【解】 工程量计算如下：

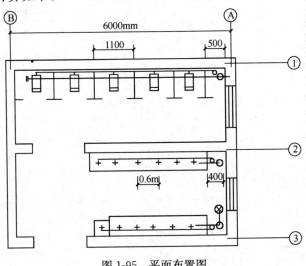

图 1-95 平面布置图

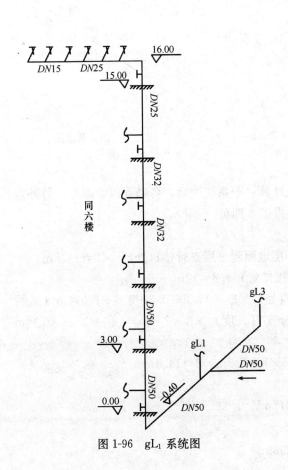

图 1-96 gL_1 系统图

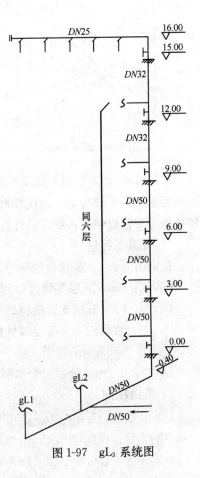

图 1-97 gL_3 系统图

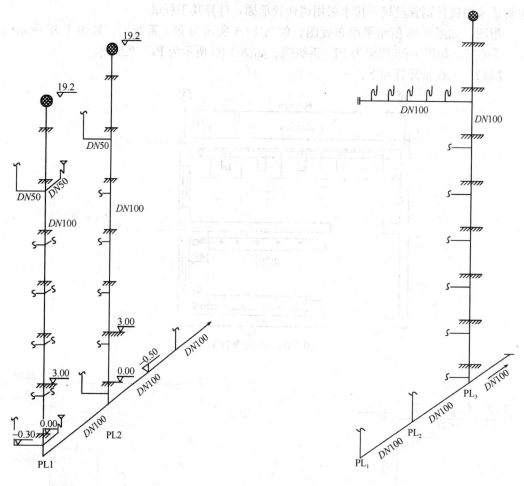

图 1-98 PL₁ 系统图　　　　　　　　图 1-99 PL₃ 系统图

(1) gL₁、gL₂ 管道系统工程量

由于 gL₁ 系统与 gL₂ 系统相同，故可只计算一个系统之后，各项乘以 2 即可，另外六层楼每层布置也相同，所以只计算其中一层乘以 6 即可。

1) 管道工程量

$DN50$：[0.4（竖管埋地部分）+7（一层地面到三层支管接口处）]×2=14.8m

$DN32$：6m（三层支管接口到五层支管接口处）×2=12m

$DN25$：[3（五层支管接口处到六层接口处）×2+（0.6+0.6+0.6+1.0）m（从倒数第三个水嘴接口处到竖管的分支管长度）×6×2] m=（6+16.8×2）m =39.6m

$DN15$：1.2m（最后三个水嘴间距）×6×2=7.2m×2=14.4m

2) 管道刷油

$DN50$ 管：(14.8m×0.19m²/m) =2.812m²

$DN32$ 管：(12m×0.15m²/m) =1.8m²

$DN25$ 管：(39.6m×0.11m²/m) =4.356m²

$DN15$ 管：$(14.4m \times 0.08m^2/m) = 1.152m^2$

小计：$10.12m^2$

3）管件计算

水嘴安装 $DN15$：12（每层十二个）$\times 6$ 个 $=72$ 个

截止阀 $DN50$：3（一、二、三层）$\times 2$ 个 $=6$ 个

截止阀 $DN32$：2（四、五层）$\times 2$ 个 $=4$ 个

截止阀 $DN25$：1（六层）$\times 2$ 个 $=2$ 个

埋地管刷沥青两遍

每遍工程量为 $DN50$：0.4m（每个系统埋地部分）$\times 2 = 0.8m$

$\qquad\qquad\qquad\quad 0.8m \times 0.19m^2/m = 0.152m^2$

钢套管安装

$DN75$：2 个（2～3 层、1～2 层竖管）$\times 2 = 4$ 个

$DN50$：2 个（3～4 层、4～5 层竖管）$\times 2 = 4$ 个

$DN32$：1 个（5～6 层）$\times 2 = 2$ 个

(2) gL_3 管道系统工程量

1）管道工程量

$DN25$：$\left[1.100 \times 5 \text{（五个大便间宽度）} - \dfrac{1.100}{2} \text{（半个大便间宽度）} + 0.2 \text{（至检查口）} + 0.5 \text{（大便间墙至竖管）}\right] \times 6m = 33.9m$

$DN32$：6m（4～6 层支管接口处）

$DN50$：10m（地面至四层支管处）+ 0.4m（埋地竖管）= 10.4m +（gl_2～gl_2 埋地部分）+ 出户

2）管件计算

自闭式冲洗阀安装

$DN25mm$：5（每层五个）$\times 6$ 个 $= 30$ 个

截止阀安装

$DN50mm$：4（1～4 层）个 $= 4$ 个

$DN32mm$：2（5～6 层）个 $= 2$ 个

钢套管

$DN75mm$：3 个（1～2 层、2～3 层、3～4 层竖管穿板）

$DN50$：（4～5 层、5～6 层竖管穿板） 2 个

3）管道刷油

$DN50$：10.4（管的长度）$m \times 0.19m^2/m = 1.976m^2$

$DN32$：$6m \times 0.15m^2/m = 0.9m^2$

$DN25$：$33.9m \times 0.11m^2/m = 3.729m^2$

合计：$6.605m^2$

【例 1-59】 排水管工程量计算：系统平面图同 ［例 1-58］，因为 PL_1、PL_2 系统布置除了 PL_1 在支管处多一个地漏外，并无其他不同，故在计算工程量时，对于 PL_1、PL_2 可

一起计算，在计算 PL_2 后乘以2再加上漏斗的工程量即可。

【解】（1）PL_1、PL_2 排水铸铁管工程量

1）管道

①$DN100$：[19.2（一根竖管长度）+0.5（竖管埋地部分）]×2m+2.5（PL_1～PL_2 系统之间埋地部分）m=41.9m

②$DN50$：0.9m（洗涤槽出水口到竖管距离不含存水弯）×6×2+0.8m（地漏到竖管处含弯头）×6=（10.8+4.8）m=15.6m

2）排水管件及设备

地漏安装：$DN50$ 地漏　1个（每层一个）×6=6个

伸顶通气帽：$DN100$　2个

排水栓：$DN100$　6（每层每个系统一组）×2组=12组

焊接钢管安装（用于地漏丝扣连接）

$DN50$ 管　0.2×6m=1.2m（每个地漏用0.2m）

3）管道防腐

埋地铸铁管防腐

二布三油$DN100$：（0.5×2+2.5）m=3.5m

　　　　　$DN50$：（0.9×2+0.8）m=2.6m

换算为面积：{[0.11（埋地铸铁管的外壁的外径的长度）×3.5+0.059×2.6]π} m^2 =[0.5384×3.14] m^2 =1.691m^2

4）外露铸铁管刷沥青

$DN100$：19.2×2m=38.4m

$DN50$：[（0.9+0.9）×5+0.8×5]m=9+4m=13.0m

换算为面积：外径×长度×π

=（0.11×38.4+0.059×13.0）πm^2

=（4.224+0.767）πm^2

=15.67m^2

（2）PL_3 排水铸铁管工程量

1）管道

$DN100$：{[19.2（地面到通气帽处竖管）+0.5（竖管埋地部分）+2.5（PL_2～PL_3 埋地接部分）+4（出户部分）]+[6.0（轴Ⓑ到轴Ⓐ处）-0.24（两个半墙厚度）]×6+0.3（支管到大便器处，不含存水弯）×5×6} m=（19.2+0.5+6.5+36+9）m=69.76m

2）管件及设备

蹲式大便器5（每层5套）×6=30套

伸顶通气帽1（PL_3 顶端）=1个

3）埋地铸铁管防腐

二布三油$DN100$：2.5+4+0.5m=7m

　　　　　$DN50$：0

换算为面积：（0.11×7）×3.14m^2=2.418m^2

第一章 给水排水工程(C.8)

4) 埋地管道挖土方长度

$DN100$：$(2.5+4.0)m = 6.5m$

$(6.0-0.24)m = 5.76m$

小计：$(6.5+5.76)m = 12.26m$

5) 外露铸铁管刷沥青

$DN100$：$[19.2+(6.0-0.24)\times 5+0.3\times 5\times 5]m = (19.2+28.8+7.5)m$
$= 55.6m$

换算为面积：$(0.11\times 55.6)\pi m^2 = 19.20m^2$

给排水清单工程量计算见下表：

清单工程量计算表

序号	项目编码	项目名称	项目特征描述	计量单位	工程量
1	030801001001	镀锌钢管	$DN50$、丝接	m	25.2
	030801001002		$DN32$、丝接	m	18
	030801001003		$DN25$、丝接	m	73.5
	030801001004		$DN15$、丝接	m	14.8
2	030803001001	螺纹阀门	丝扣、截止阀	个	18
3	030804016001	水龙头	$DN15$	个	72
4	030801003001	承插铸铁管	$DN100$	m	111.66
	030801003002		$DN50$	m	15.6
5	030804017001	地漏	$DN50$	个	6
6	030804015001	排水栓	$DN100$	组	18
7	030801002001	钢管	焊接	m	1.2
8	030804012001	大便器	蹲式	套	30

其给排水项目工程量，见下表。

某宿舍楼给排水项目工程量

序号	定额编号	工程项目	规格	计量单位	数量	基价/元	人工费/元	材料费/元	机械费/元
1	8-92	丝接镀锌钢管	$DN50$	10m	2.52	111.93	62.23	46.84	2.86
2	8-90	丝接镀锌钢管	$DN32$	10m	1.8	86.16	51.08	34.05	1.03
3	8-89	丝接镀锌钢管	$DN25$	10m	7.35	83.51	51.08	31.40	1.03
4	8-87	丝接镀锌钢管	$DN15$	10m	1.48	65.45	42.49	22.96	—
5	8-246	丝扣截止阀安装	$DN50$	个	10	15.06	5.80	9.26	—
6	8-244		$DN32$	个	6	8.57	3.48	5.09	—
7	8-243		$DN25$	个	2	6.24	2.79	3.45	—
8	8-438	铁水龙头	$DN15$	10个	7.2	7.48	6.50	0.98	—
9	8-174	镀锌铁皮套管	$DN80$	个	7	4.34	2.09	2.25	—
10	8-172		$DN50$	个	6	2.89	1.39	1.50	—

续表

序号	定额编号	工程项目	规格	计量单位	数量	基价/元	人工费/元	材料费/元	机械费/元
11	8-170		DN32	个	2	2.89	1.39	1.50	—
12		自闭式冲洗阀	DN25	个	30				
13	8-140	铸铁管（承插）	DN100	10m	11.166	378.68	80.34	298.34	—
14	8-138		DN50	10m	1.56	139.29	52.01	87.24	
15	8-447	地漏	DN50	10个	0.6	55.88	37.15	18.73	
16		伸顶通气帽	DN100	个	3				
17	8-443	排水栓	DN100	10组	1.8	121.41	44.12	77.29	—
18	8-103	焊接钢管安装	DN50	10m	0.12	101.55	62.23	36.06	3.26
19	8-407	蹲式大便器		10套	3	1033.39	224.31	809.08	—
20		存水弯	DN50	个	1821		DN100	个	
21		管道挖土方	略	略					
22		管道刷油	略	略					

【例1-60】 本项目为某单位职工单身宿舍共6层，每层共有4个房间，由于各个房间中的给水排水布置都相同，故图中仅显示了两个房间的布置图，图中所示在卫生间内有低位水箱坐式大便器一台，淋浴器一个，洗面盆一个，另有地漏一个，在走廊中布置有两个消火栓，在两个房间之间专设了管道间。试计算给水排水工程量如图1-100～图1-102所示。

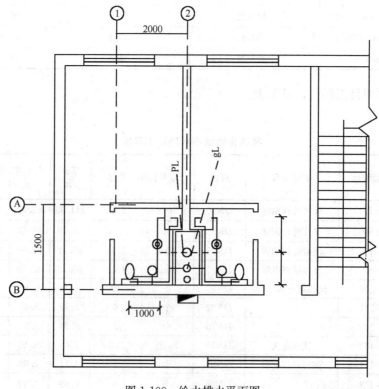

图1-100 给水排水平面图

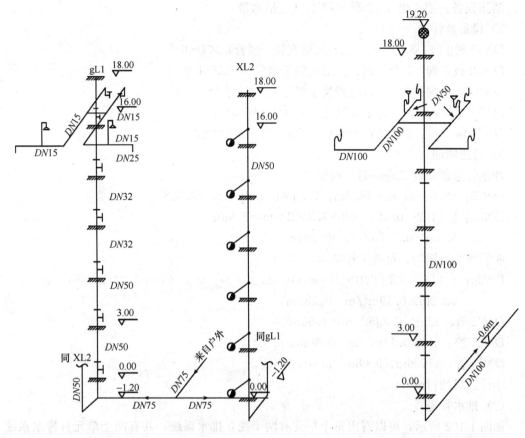

图 1-101 给水系统图　　　　图 1-102 排水系统图

说明：本项目计算过程中，可认为是两个系统进行。给水系统中，每个系统有竖管两根，一根为消防给水，另一根为生活给水，消防给水中每层仅有一个消火栓，而生活给水中较为复杂，有大便器、淋浴器及洗面盆，而且管道弯头较多。计算中应十分注意小的管段，一个系统计算完后，乘以 2 即为总的工程量。

【解】　（1）给水系统工程量

1）管道部分

镀锌钢管（丝接）$DN75$：[9.5（两根给水立管之间的埋地管）+6（从埋地横管到户外部分）]m=15.5m

$DN50$：[16.0（消防立管高度）+（1.2+0.35）（消防立管埋地部分及接埋地干管部分）]×2+0.35（消防立管连接消火栓处）×6×2+（1.2+7.0）（gL_1 管埋地部分与地面到三楼支管处）×2m=55.7m

$DN32$：6m（3～5 层竖管之长度）×2=12m

$DN25$：3m（5～6 层竖管之长度）×2=6m

$DN15$：[1.05（水龙头到支管长度）+1.20（从大便到分支管处）+0.35（竖管到分支管间的支管长度）+1.3（淋浴器升高高度）+1.0（支管长度）]×4×6m=117.6m

消防设备：消火栓6×2套=12套（包括水带）

2）设备及管件

$DN50$ 截止阀：3个（一、二、三层安装于竖管）×2=6个

$DN32$ 截止阀：2个（四、五层安装于竖管）×2=4个

$DN25$ 截止阀：1个（六层安装于竖管）×2=2个

$DN15$ 水嘴：2个（每个系统二个）×2×6=24个

$DN15$ 淋浴器：2组（每个系统二组）×2×6=24组

3）管道刷油

埋地管道刷沥青二遍每遍工程量为：

$DN75$：$(9.5+6)$ m=15.5m；$15.5×0.236m^2/m=3.658m^2$

$DN50$：$[(1.2+0.35)×2+1.2×2]$ m=5.5m；
$5.5m×0.157m^2/m=0.864m^2$

明管刷两道银粉，每道工程量为：

$DN50$：$[(16.0×2+7.0×2)+(0.35×6×2)]$ m=$(46+4.2)$ m=50.2m
$50.2m×0.19m^2/m=9.583m^2$

$DN32$ 管：$12m×0.13m^2/m=1.56m^2$

$DN25$ 管：$6m×0.11m^2/m=0.66m^2$

$DN15$ 管：$117.6m×0.08m^2/m=9.408m^2$

小计：$21.211m^2$

（2）排水管道

如图1-102所示，可以看出每个单元有两个独立排水系统，共有两个单元且排水系统相同，故可只计算一个系统，即乘以2。

1）铸铁排水管（按系统计算）

$DN100$ 管：$[(1+0.7+0.6)$（各层大便器至立管距离）$×6×2]×2+[19.2$（6层楼高+伸顶部分）$+0.6$（埋地深）$]×2+6$（出户管）$×2=55.2m+39.6m+12m=106.8m$

$DN50$：$[0.8m$（从洗涤盆经地漏到支管长度）$×6×2]×2=19.2m$

2）地漏安装：$DN50mm$ 地漏 2×6×2个=24个

3）排水栓安装：$DN50mm$ 排水栓 2×6×2组=24组

4）焊接钢管安装（用于地漏丝扣连接）：

$DN50$ 管 0.2m×24=4.8m（每个地漏用0.2m）

清单工程量计算见下表：

清单工程量计算表

序号	项目编码	项目名称	项目特征描述	计量单位	工程量
1	030801001001	镀锌钢管	$DN75$、丝接	m	15.5
	030801001002		$DN32$、丝接	m	12
	030801001003		$DN25$、丝接	m	6
	030801001004		$DN15$、丝接	m	117.6
2	030701003001	镀锌钢管	$DN50$	m	55.7

第一章 给水排水工程(C.8)

续表

序号	项目编码	项目名称	项目特征描述	计量单位	工程量
3	030801003001	承插铸铁管	DN100	m	106.8
	030801003002		DN50	m	19.2
4	030701018001	消火栓	室内安装	套	12
5	030803001001	螺纹阀门	截止阀	个	12
6	030804016001	水龙头	DN15	个	24
7	030804007001	淋浴器	DN15	套	24
8	030804017001	地漏	DN50	个	24
9	030804015001	排水栓	DN50	组	24
10	030801002001	钢管	DN50、焊接	m	4.8

定额工程量汇总

序号	定额编号	项目名称	计量单位	工程量	基价/元	人工费/元	材料费/元	机械费/元
1	8-94	镀锌钢管 DN75	10m	1.55	135.50	67.34	63.83	4.33
2	8-90	DN32	10m	1.2	86.16	51.08	34.05	1.03
3	8-89	DN25	10m	0.6	83.51	51.08	31.40	1.03
4	8-87	DN15	10m	11.76	65.45	42.49	22.96	—
5	7-70	DN50（消防用）	10m	5.57	74.04	52.01	12.86	9.17
6	8-140	铸铁排水管 DN100	10m	10.68	378.68	80.34	298.34	—
7	8-138	铸铁排水管 DN50	10m	1.92	139.25	52.01	87.24	—
8	7-105	消火栓	套	12	31.47	21.83	8.97	0.67
9	8-246	截止阀 DN50	个	6	15.06	5.80	9.26	—
10	8-244	DN32	个	4	8.57	3.48	5.09	—
11	8-243	DN25	个	2	6.24	2.79	3.45	—
12	8-438	DN15 水嘴	10个	2.4	7.48	6.50	0.98	—
13	8-403	DN15 淋浴器	10组	2.4	332.00	52.01	279.99	—
14	8-447	DN50 地漏	10个	2.4	55.88	37.15	18.73	—
15	8-443	DN50 排水栓	10组	2.4	121.41	44.12	77.29	—
16	8-103	DN50 焊接钢管	10m	0.48	101.55	62.23	36.06	3.26
17	11-66（第一遍）	刷沥青	10m²	0.452	8.04	6.50	1.54	—
18	11-67（第二遍）		10m²	0.4522	7.64	6.27	1.37	—
19	11-122（第一遍）	刷银粉	10m²	2.1211	16.00	5.11	3.93	6.96
20	11-123（第二遍）		10m²	2.1211	15.25	5.11	3.18	6.96

【例1-61】 本项目为某高级住宅楼给水排水工程，系统设计为一根给水立竖管，和3根排水竖管，给水管道采用镀锌钢管，排水管道采用排水塑料管，给水管埋深0.4m，排

水管埋深1.2m,楼层六层。其平面图及给水系统图如图1-103、图1-104所示。

给水排水工程说明：

1. 给水管道采用镀锌钢管，丝接。
2. 明装给水管道，刷樟丹防锈漆一道，银粉两道。
3. 排水管道采用塑料管。
4. 给水管道埋地部分刷冷底子油一道。
5. 未尽事宜按国家标准执行。

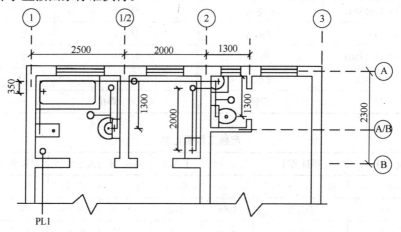

图1-103 平面图

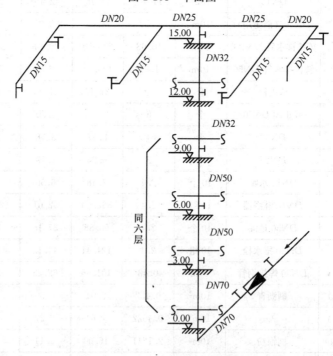

图1-104 给水系统图

【解】（1）给水系统工程量

1）镀锌钢管丝接

DN15：[1.3（从自闭式冲洗大便器到轴Ⓐ）－0.35（半个浴盆长度）－0.12（半个墙厚）＋1.3（从洗面盆到轴Ⓐ）－0.12（半个墙厚）＋2.30（从轴Ⓑ到轴Ⓐ）－0.12（半个墙厚）－0.2（半个洗涤盆）＋1.3（从低位水箱蹲式大便器到轴Ⓐ）－0.32m（半个墙厚＋半个洗面盆）]×6m＝（1.3－0.35－0.12＋1.3－0.12＋2.3－0.12－0.2＋1.3－0.32）×6m＝29.82m

DN20：[0.35（半个浴盆宽度）＋2.5（从轴①到轴1/2）－0.24＋0.12（半个墙厚）＋（0.24＋0.15）（一个墙厚＋预留）]×6m＝（0.35＋2.5＋0.12＋0.24＋0.15）m×6＝20.16m

DN25：[（0.24＋0.15）m（一个墙厚＋预留）＋2.000m（从轴②到轴1/2）－0.24m（1个墙厚）]×6＝（2.39－0.24）×6m＝12.9m

DN32：6m（从标高10m到16m）×1＝6m

DN50：6m（从标高10m到4m）×1＝6m

DN70：[4m（从地面0.00到标高4.00m）＋0.4m（管道埋深）＋2.0m（水表前埋地管）＋3m（水表后埋地管）]＝（4.4＋2＋3）m＝9.4m

DN15：3组（洗涤盆＋2洗面盆）×6＝18组

DN20：1组（洗浴盆）×6＝6组

2）阀门

自闭式冲洗阀DN15：1×6个＝6个

DN32 截止阀：2×1个＝2个

DN50 截止阀：2×1个＝2个

DN70 截止阀：4×1个＝4个

DN70 止回阀：1个

DN70 水表：1组

3）管道刷油

①DN15：$S_1 = \dfrac{6.68}{100} \times 29.82 \text{m}^2 = 1.99 \text{m}^2$

②DN20：$S_2 = \dfrac{8.4}{100} \times 20.16 \text{m}^2 = 1.69 \text{m}^2$

③DN25：$S_3 = \dfrac{10.52}{100} \times 12.9 \text{m}^2 = 1.36 \text{m}^2$

④DN32：$S_4 = \dfrac{13.27}{100} \times 6 \text{m}^2 = 0.80 \text{m}^2$

⑤DN50：$S_5 = \dfrac{18.85}{100} \times 6 \text{m}^2 = 1.13 \text{m}^2$

⑥DN70：$S_6 = \dfrac{23.72}{100} \times 9.4 \text{m}^2 = 2.23 \text{m}^2$

管道刷冷底子油：DN70，埋地长度5.4m。

$$S_7 = \dfrac{23.72 \text{m}}{100} \times 5.4 \text{m（埋地部分）} = 1.28 \text{m}^2$$

（2）排水塑料管计算其排水系统图如图1-105所示。

排水管道工程量

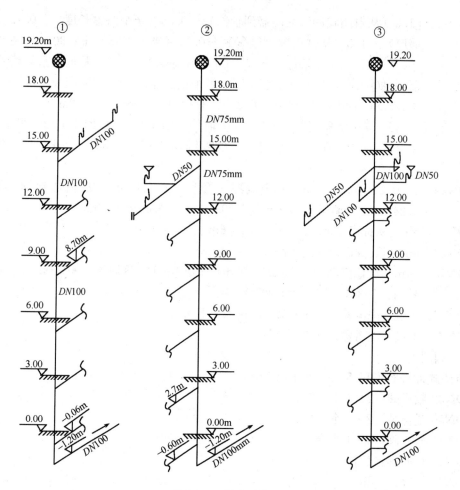

图 1-105 排水系统图

1) 排水塑料管

①$DN100$：{（19.2×2）（竖管①③地上部分）+（1.2×2）（竖管①③地下部分）+ 6×3（三根竖管的出户管）+［2.3（轴 A 到 B）-0.24（两个半墙厚度）-0.35（半个浴盆厚度）］×6+［1.300（坐式大便器到轴 A）-0.25（半个坐式大便器宽度）-0.12（半个墙厚度）］×6+（0.24+0.1）（轴② 两立管间距）×6} m=76.68m

②$DN75$：［19.2m（竖管的地面以上）+1.2m（②地面以下部分）］=20.4m

$DN50$：{［1.3（洗面盆到轴Ⓐ）-0.12（半个墙厚度）+0.8（地漏到分支管）］×6+［2.3（轴Ⓐ到轴Ⓑ）-0.24（两个半墙厚度）-0.25（半个洗涤盆宽度）］×6+0.5（地漏 2 至支管）×6} m=［（1.3-0.12+0.8）×6+（2.3-0.24-0.25）×6+0.5×6］m=（1.98×6+1.81×6+3）m=（11.88+10.86+3）m=（22.74+3）m=25.74m

2) 管件及卫生设备工程量

蹲式大便器：1×6 套=6 套

坐式大便器：1×6 套=6 套

地漏 DN50：2×6 个＝12 个
透气帽制作：3 个
镀锌铁皮套管　DN150：2×6 个＝12 个（①③管穿板）
　　　　　　　DN100：1×6 个＝6 个（②管穿板）
　　　　　　　　　　　1×6 个＝6 个（从卫生间到厨房）
DN100 小计：12 个
排水栓安装：3×6 组＝18 组
扫除口安装：1×3 个＝3 个
洗浴盆：1×6 组＝6 组
洗面盆：2×6 组＝12 组
洗涤盆：1×6 组＝6 组
清单工程量计算见下表：

清单工程量计算表

序号	项目编码	项目名称	项目特征描述	计量单位	工程量
1	030801001001	镀锌钢管	DN15、丝接	m	29.8
2	030801001002		DN20、丝接	m	20.2
3	030801001003		DN25、丝接	m	12.9
4	030801001004		DN32、丝接	m	6
5	030801001005		DN50、丝接	m	6
6	030801005006		DN70、丝接	m	9.4
7	030801005001	塑料管	DN50	m	25.7
8	030801005002		DN75	m	20.4
9	030801005003		DN100	m	76.7
10	030804016001	水龙头	DN15	个	18
11	030804016002		DN20	个	6
12	030803001001	螺纹阀门	截止阀	个	8
13	030803001002		止回阀	个	1
14	030803010001	水表	DN70，施翼式	组	1
15	030804012001	大便器	坐式	套	6
16	030804012002		蹲式	套	6
17	030804017001	地漏	DN50	个	12
18	030804015001	排水栓	塑料	组	18
19	030804001001	浴盆	搪瓷	组	6
20	030804003001	洗脸盆		组	12
21	030804005001	洗涤盆		组	6

其工程量汇总，见下表。

工 程 量 汇 总 表

序号	定额编号	工程项目	规格	单位	数量	基价/元	人工费/元	材料费/元	机械费/元
1	8-87	镀锌钢管（丝接）	DN15	10m	2.98	65.45	42.49	22.96	—
2	8-88		DN20	10m	2.02	66.72	42.49	24.23	—
3	8-89		DN25	10m	1.29	83.51	51.08	31.40	1.03
4	8-90		DN32	10m	0.6	86.16	51.08	34.05	1.03
5	8-92		DN50	10m	0.6	111.93	62.23	46.84	2.86
6	8-93		DN70	10m	0.94	124.29	63.62	56.56	4.11
7	8-155	排水塑料管	DN50	10m	2.57	52.04	35.53	16.26	0.25
8	8-156		DN75	10m	2.04	71.70	48.30	23.15	0.25
9	8-157		DN100	10m	7.67	92.93	53.87	38.81	0.25
10	8-438	水龙头	DN15	个	18	7.48	6.50	0.98	—
11	8-439		DN20	个	6	7.48	6.50	0.98	—
12	8-241	自闭式冲洗阀	DN15	个	6	7.48	6.50	0.98	—
13	8-244	截止阀	DN32	个	2	8.57	3.48	5.09	—
14	8-246		DN50	个	2	15.06	5.80	9.26	—
15	8-247		DN70	个	4	26.79	8.59	18.20	—
16	8-247	止回阀	DN70	个	1	26.79	8.59	18.20	—
17	8-363	水表（旋翼式）	DN70	组	1	106.39	24.38	82.01	—
18	8-407	蹲式大便器		套	0.6	1033.39	224.31	8090.08	
19	8-414	坐式大便器		套	0.6	484.02	186.46	297.56	
20	8-447	地漏	DN50	个	1.2	55.88	37.15	18.73	
21		透气帽		个	3				
22	8-177	镀锌铁皮套管	DN150	个	12	5.30	2.55	2.75	
23	8-175		DN100	个	12	4.34	2.09	2.25	
24	8-443	排水栓		10组	1.8	121.41	44.12	77.29	
25	8-451	扫除口		10个	0.3	18.77	17.41	1.36	
26	8-374	洗浴盆		10组	0.6	1076.16	189.94	886.22	
27	8-382	洗面盆		10组	1.2	576.23	109.60	466.63	
28	8-391	洗涤盆		10组	0.6	596.56	100.54	496.02	
29	11-80	管道刷冷底子油		10m²	0.128	19.47	6.50	12.97	—
30	11-51	刷红丹防锈漆		10m²	0.904	7.34	6.27	1.07	—
31	11-56 11-57	刷银粉两道		10m²	0.904	11.31 10.64	6.56 6.27	4.81 4.37	—

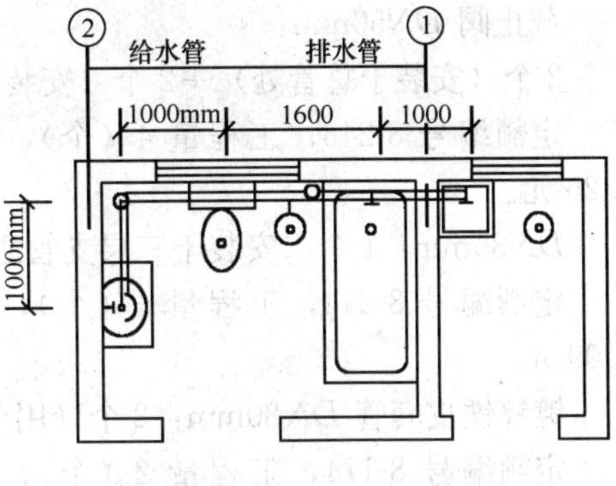

第一章 给水排水工程(C.8)

【例 1-62】 该项目为某住宅工程的给水排水工程。如图 1-106 所示为给水排水工程平面图，其中包括卫生间内的一个洗脸盆，一个低位水箱坐式大便器，和一个浴盆及地漏一个；厨房内仅有洗涤盆和地漏各一个，给水排水管道均采用塑料管。试计算其工程量（楼高四层）。

【解】 工程量：

(1) 如图 1-107 所示为给水系统图，在计算工程量时，按照先上后下，先大管径后小管径之规则进行。

图 1-106 给水排水平面图

1) 给水管道工程量

$DN50$：[6.3（从屋内一层地面到三层的支管处）+0.6（竖管埋地部分）+1.2（水表到竖管处）+3.5（水表到户外）] m=11.6m

$DN35$：3m（从三楼支管处到四楼支管处的竖管长度）

$DN25$：[1（从大便器到竖管的支管长度）+1.6（从浴盆到大便器的支管长度）]×4m=(1+1.6) m×4=10.4m

$DN15$：[1.0（从洗脸盆到竖管处的支管长度）+1.0（从洗涤盆到浴盆的支管长度）+0.7（连接洗脸盆的分支管）+0.2（连接大便器的分支管长度）+0.2（连接浴盆的分支管长度）+0.7（连接洗涤盆的分支管长度）]×4m=(1.0+1.0+0.7+0.2+0.2+0.7) m×4=15.2m

套用定额：$DN50$ 定额编号 6-277，工程量 1.16（10m），基价：28.12 元；其中人工费 19.76 元，材料费 1.83 元，机械费 6.53 元。

$DN135$ 定额编号 6-275，工程量 0.3（10m），基价：17.70 元；其中人工费 13.03 元，材料费 0.55 元，机械费 4.12 元。

$DN25$ 定额编号 6-274，工程量 1.04（10m），基价：15.62 元；其中人工费 11.91 元，材料费 0.47 元，机械费 3.24 元。

$DN15$ 定额编号 6-273，工程量 1.52（10m），基价：14.19 元；其中人工费 11.12 元，材料费 0.42 元，机械费 2.65 元。

2) 设备及管件工程量

旋翼式水表 $DN50$mm：1 组（安装于总管处）

止回阀 $DN50$mm：1 个（安装于总管处）

定额编号 8-246，工程量 1（个），基价：15.06 元；其中人工费 5.80 元，材料费 9.26 元

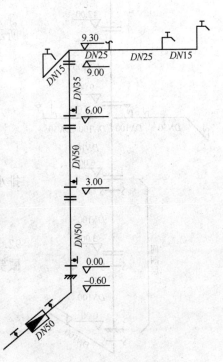

图 1-107 给水系统图

截止阀 DN50mm：

2个（安装于总管处）+2个（安装于一层、二层之支管之上）=4个

定额编号 8-246，工程量 4（个），基价：15.06元；其中人工费 5.80元，材料费 9.26元。

DN35mm：1个（安装于三层支管之上）

定额编号 8-244，工程量 1（个），基价：8.57元；其中人工费 3.48元，材料费 5.09元。

镀锌铁皮套管 DN80mm：2个（用于1~3层竖管穿板）

定额编号 8-174，工程量 2（个），基价：4.34元；其中人工费 2.09元，材料费 2.25元。

DN50mm：1个（用于四层竖管穿板）

定额编号 8-172，工程量 1（个），基价：2.89元；其中人工费 1.39元，材料费 1.50元。

DN25mm：1个（用于去厨房支管穿墙）×4=4个

定额编号 8-169，工程量 4（个），基价：1.70元；其中人工费 0.70元，材料费 1.00元。

水龙头 DN15mm：3个（洗脸盆、洗涤盆、洗浴盆各一个）×4=12个

定额编号 8-438，工程量 1.2（10个），基价：7.48元；其中人工费 6.50元，材料费 0.98元

弯头（各种型号）：5个（每层用）×4=20个

三通（各种型号）：3个（每层用）×4=12个

(2) 排水系统工程量，其排水系统图如图 1-108 所示。

1) 管道工程量

DN100：[13.20（排水竖管地面以上部分）+0.9（排水竖管地面以下部分）+6（排水干管出户管）] m=（13.20+0.9+6）m =20.1m

[1.0（从大便器到排水竖管处）+0.6（从浴盆到排水竖管处）]×4m=1.6m×4=6.4m

小计：（20.1+6.4）m=26.5m

定额编号 8-157，工程量 2.65（10m），基价：92.93元；其中人工费 53.87元，材料费 38.81元，机械费 0.25元。

DN50：[1.4（从厨房地漏到浴盆处支管长度）+0.5（厨房洗涤盆连接支管之分支管长度）+1.0（从②轴到大便器处支管长度减去半个墙厚度）+1.0（轴③到卫生间洗脸盆处）+0.5（卫生间洗脸盆连接支

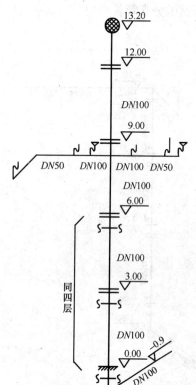

图 1-108 排水系统图

管之分支管长度)]×4m=(1.4+0.5+1.0+1.0+0.5)×4m=4.4×4m=17.6m

定额编号 8-155，工程量 1.76（10m），基价：52.04 元；其中人工费 35.53 元，材料费 16.26 元，机械费 0.25 元

2）设备及管件计算

低位水箱坐式大便器：1×4 套=4 套

定额编号 8-414，工程量 0.4（10 套），基价：484.02 元；其中人工费 186.46 元，材料费 297.56 元。

洗脸盆：1×4 组=4 组

定额编号 8-382，工程量 0.4（10 组），基价：576.23 元；其中人工费 109.60 元，材料费 466.63 元。

洗涤盆：1×4 组=4 组

定额编号 8-391，工程量 0.4（10 组），基价：596.56 元；其中人工费 100.54 元，材料费 496.02 元。

浴　盆：1×4 组=4 组

定额编号 8-374，工程量 0.4（10 组），基价：1076.16 元；其中人工费 189.94 元，材料费 886.22 元。

地　漏：2×4 个=8 个

定额编号 8-447，工程量 0.8（10 个），基价：55.88 元；其中人工费 37.15 元，材料费 18.73 元。

伸顶通气帽：1×1 个=1 个

排水栓安装 $DN50mm$：3×4 组=12 组

定额编号 8-443，工程量 1.2（10 组），基价：121.41 元；其中人工费 44.12 元，材料费 77.29 元。

镀锌铁皮套管 $DN150$：4 个（每层楼板被竖管穿过处）

定额编号 8-177，工程量 4（个），基价：5.30 元；其中人工费 2.55 元，材料费 2.75 元。

$DN80$：4 个（每层排水支管穿过到厨房）

定额编号 8-174，工程量 4（个），基价：4.34 元；其中人工费 2.09 元，材料费 2.25 元。

3）管沟开挖量：套用定额（土建）1-8

给水管道埋地部分：(1.2+3.5) m=4.7m

$V=4.7×0.6×0.6m^3=1.692m^3$（管沟宽度 0.6m）

排水管道埋地部分：6m

$V=6×0.9×0.6m^3=3.24m^3$（管沟宽度 0.6m）

清单工程量计算见下表：

清单工程量计算表

序号	项目编码	项目名称	项目特征描述	计量单位	工程量
1	030801005001	塑料管	DN50	m	11.6
	030801005002		DN35	m	3
	030801005003		DN25	m	10.4
	030801005004		DN15	m	15.2
2	030803010001	水表	旋翼式DN50	组	1
3	030803001001	螺纹阀门	止回阀DN50	个	1
	030803001002		截止阀DN50	个	4+1
4	030804016001	水龙头	DN15	个	12
5	030801005001	塑料管	排水DN100	m	26.5
	030801005002		DN50	m	17.6
6	030804012001	大便器	低位水箱、坐式	套	4
7	030804003001	洗脸盆		组	4
8	030804005001	洗涤盆		组	4
9	030804001001	浴盆	搪瓷	组	4
10	030804017001	地漏	DN50	个	8
11	030804015001	排水栓	DN50	组	12

【例1-63】 本项目为某住宅工程的厨卫间，其给水排水工程的平面布置图如图1-109所示图中给水系统共有一根立管，在给水系统中每户入户管处设水表井，给水管道采用镀锌钢管（丝接）。排水系统采用两根立管 PL_1、PL_2，排水管设排水栓和检查口，排水管道伸顶设通气帽，超出屋面1.2m。另外，给水管道埋深1.2m，排水管道埋深1.2m，排水管道出户后5m进入化粪池；给水管道出户后4m与室外管道相接（本楼共6层）。

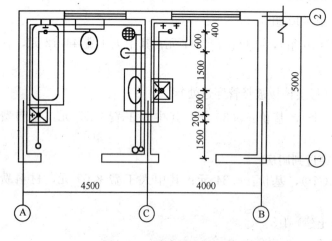

图1-109 给水排水平面图

工程说明：在给水系统中卫生间内设有浴盆一个，淋浴一个，洗脸台一个，坐式大便器一套，地漏、污水盆各一个。

【解】 工程量：

(1) 给水系统工程量，其给水系统图如图1-110所示。

如图1-109、图1-110所示：

1) 镀锌钢管丝接：

DN70：[6.3（地面至三层支管处）+1.2（竖管埋地）+5.0（卫生间长度）+0.12（半个墙厚度）+4（出户后与市政管连接管）]m=（6.3+1.2+5.0+0.12+4）m=16.62m

DN50：6.0m（从三层支管处到五层支管处的竖管）

DN32：3.0m（从五层支管处到六层支管处的竖管）

DN25：[5.0（从轴①到轴②处）-0.24（两个半墙厚度）+4.5（从轴A到轴C处）-0.24（两个半墙厚度）]×6m=（5.0-0.24+4.5-0.24）m×6=54.12m

DN20：[0.24（C轴所在墙厚度）+5.0）-0.12（轴①到轴②处）-1.7（从轴①到给水管穿墙处）+0.3m（半个洗涤盆宽度）]×6m=（0.24+5.0-1.7+0.3-0.12）m×6=22.32m

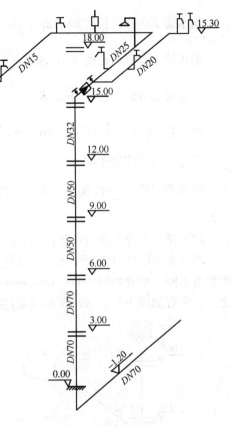

图 1-110 给水系统图

DN15：[3.3（从轴②到卫生间洗污盆处）-0.12（半个墙厚）+（0.6+0.2+0.2+1.7+0.6+0.6+0.6+0.6）（依次为：卫生间内污水盆、浴盆、大便器、淋浴盆、洗脸台、厨房内污水盆、洗涤盆两水嘴与给水管道的连接管长度）]×6m=（3.3+0.6+0.2+0.2+1.7+1.8+0.6-0.12）m×6=（3.3+4.98）×6m=49.68m

2) 管件及设备

不锈钢水龙头 DN15：6个（每层6个）×6=36个

DN25 止回阀：　　　 1个（装于水表后，防止水倒流）×6=6个

DN25 截止阀：　　　 1个（装于水表前，检修用）×6=6个

DN70 闸阀：　　　　 1个（装于1层竖管处，检修用）

DN25 旋翼式水表：　 1组（装于每户入户管上）×6=6组

DN15 淋浴器：　　　 1组（每层1个）×6=6组

3) 管道刷油

给水管 DN15：长度 49.68m；$S_1 = \dfrac{6.68}{100} \times 49.68 m^2 = 3.32 m^2$

给水管 DN20：长度 22.32m；$S_2 = \dfrac{8.4}{100} \times 22.32 m^2 = 1.875 m^2$

给水管 $DN25$：长度 54.12m；$S_3 = \dfrac{10.52}{100} \times 54.12 \mathrm{m}^2 = 5.69 \mathrm{m}^2$

给水管 $DN32$：长度 3m；$S_4 = \dfrac{13.27}{100} \times 3 \mathrm{m}^2 = 0.40 \mathrm{m}^2$

给水管 $DN50$：长度 6m；$S_5 = \dfrac{18.85}{100} \times 6 \mathrm{m}^2 = 1.13 \mathrm{m}^2$

给水管 $DN70$：长度 16.62m；$S_6 = \dfrac{23.72}{100} \times 16.62 \mathrm{m}^2 = 3.94 \mathrm{m}^2$

埋地管道刷冷底子油

给水管 $DN70$：长度（5.0+0.12+4+1.2）m=10.32m；$S_7 = \dfrac{23.72}{100} \times 10.32 \mathrm{m}^2 = 2.45 \mathrm{m}^2$

（2）排水系统工程量计算说明：

在排水系统中分为两个独立的竖管，两管互不影响，而且两个竖管上支管及其设备的布置也不同，竖管如图1-111（a）所示2～6层布置相同，而一层埋地部分直接接在干管之上；竖管如图1-111（b）所示也是这样的道理。计算中应注意。

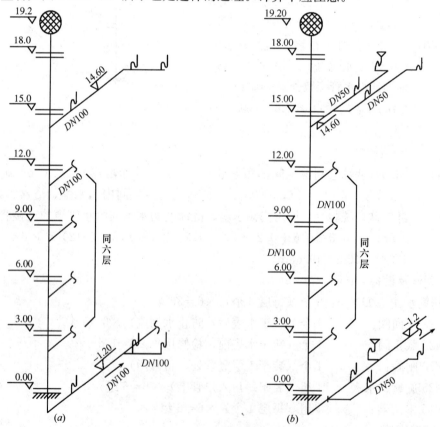

图1-111 排水系统图

工程量：

1) 排水铸铁管

$DN50$：[5.0（轴①到轴②处）-1.5-0.12（两个半墙厚度）+0.30（洗涤盆一半

的宽度）+0.24（一个墙厚）]×6+[5.0（轴①到轴②处）-0.24（两个半墙厚度）-0.4]×5m

= [(5.0-1.5-0.12+0.30+0.24)×6+(5.0-0.24-0.4)×5] m=(22.8+21.8) m=44.6m

DN100：{19.2（竖管长度，不包括地下部分）×2+1.2（地下部分的竖管）×2+(5.0+5.0)（竖管埋入地下后水平铺设的长度）+[5.0（从轴①到轴②）-0.24（两个半墙厚度）]×5+2.0（从轴A到大便器距离）×6} m=[19.2×2+1.2×2+10+(5.0-0.24)×5+2.0×6] m=(38.4+2.4+10+23.8+12) m=86.6m

2）管件及设备

坐式大便器：	1×6套=6套
地漏DN50：	1×6个=6个
排水栓DN100：	6×5组=30组
扫除口DN50：	2×1个=2个
伸顶通气帽：	2×1个=2个
浴盆：	1×6组=6组
洗脸盆：	1×6组=6组
洗涤盆：	1×6组=6组
污水盆：	2×6组=12组
镀锌铁皮套管DN100：	2×6个=12个（穿板）
DN50：	1×6=6个（穿墙）

3）管道刷油

排水管DN50：长度44.6m；$S'_1 = \frac{31.42}{100} \times 44.6 m^2 = 14.01 m^2$

DN100mm：长度86.6m；$S'_2 = \frac{48.38}{100} \times 86.6 m^2 = 41.90 m^2$

清单工程量计算见下表：

清单工程量计算表

序号	项目编码	项目名称	项目特征描述	计量单位	工程量
1	030801001001	镀锌钢管	DN70、丝接	m	16.62
2	030801001002	镀锌钢管	DN50、丝接	m	6
3	030801001003	镀锌钢管	DN32、丝接	m	3
4	030801001004	镀锌钢管	DN25、丝接	m	54.12
5	030801001005	镀锌钢管	DN20、丝接	m	22.32
6	030801001006	镀锌钢管	DN15、丝接	m	49.68
7	030801003001	承插铸铁管	DN50	m	44.6
8	030801003002	承插铸铁管	DN100	m	86.6
9	030804016001	水龙头	DN15	m	36
10	030803001001	螺纹阀门	止回阀，DN25	个	6
11	030803001002	螺纹阀门	截止阀，DN25	个	6

续表

序号	项目编码	项目名称	项目特征描述	计量单位	工程量
12	030803001003	螺纹阀门	闸阀，DN70	个	1
13	030803010001	水表	DN25	组	6
14	030804007001	淋浴器	DN15	套	6
15	030804012001	大便器	坐式	套	6
16	030804017001	地漏	DN50	个	6
17	030804015001	排水栓	DN100	组	30
18	030804018001	地面扫除口	DN50	个	2
19	030804001001	浴盆	搪瓷	组	6
20	030804003001	洗脸盆		组	6
21	030804005001	洗涤盆		组	6

定额工程量汇总

序号	定额编号	项目名称	计量单位	工程量	基价/元	人工费/元	材料费/元	机械费/元
1	8-93	镀锌钢管 DN70	10m	1.662	124.29	63.62	56.56	4.11
2	8-92	镀锌钢管 DN50	10m	0.6	111.93	62.23	46.84	2.86
3	8-90	镀锌钢管 DN32	10m	0.3	86.16	51.08	34.05	1.03
4	8-89	镀锌钢管 DN25	10m	5.412	83.51	51.08	31.40	1.03
5	8-88	镀锌钢管 DN20	10m	2.232	66.72	42.49	24.23	—
6	8-87	镀锌钢管 DN15	10m	4.968	65.45	42.49	22.96	—
7	8-138	排水铸铁管 DN50	10m	4.46	139.25	52.01	87.24	—
8	8-140	排水铸铁管 DN100	10m	8.66	378.68	80.34	298.34	—
9	8-438	DN15 水龙头	10 个	3.6	7.48	6.50	0.98	—
10	8-243	DN25 止回阀	个	6	6.24	2.79	3.45	—
11	8-243	DN25 截止阀	个	6	6.24	2.79	3.45	—
12	8-247	DN70 闸阀	个	1	26.79	8.59	18.20	—
13	8-359	DN15 水表	组	6	25.85	11.15	14.70	—
14	8-403	DN15 淋浴器	10 组	0.6	332.00	52.01	279.99	—
15	8-414	坐式大便器	10 套	0.6	484.02	186.46	297.56	—
16	8-447	地漏 DN50	10 个	0.6	55.88	37.15	18.73	—
17	8-443	排水栓 DN100	10 组	3	121.41	44.12	77.29	—
18	8-451	扫除口 DN50	10 个	0.2	18.77	17.41	1.36	—
19	8-374	浴盆	10 组	0.6	1076.16	189.94	886.22	—
20	8-382	洗脸盆	10 组	0.6	576.23	109.60	466.63	—
21	8-391	洗涤盆	10 组	0.6	596.56	100.54	496.02	—
22	8-175	镀锌铁皮套管 DN100	个	12	4.34	2.09	2.25	—
23	8-172	镀锌铁皮套管 DN50	个	6	2.89	1.39	1.50	—
24	11-80（第1遍）	给水管刷冷底子油	10m²	0.245	19.47	6.50	12.97	—
25	11-81（第2遍）	给水管刷冷底子油	10m²	0.245	16.38	6.27	10.11	—
26	11-56（第1遍）	给水管刷银粉漆	10m²	1.636	11.31	6.50	4.81	—
27	11-57（第2遍）	给水管刷银粉漆	10m²	1.636	10.64	6.27	4.37	—
28	11-200（第1遍）	排水管刷银粉漆	10m²	5.591	13.23	7.89	5.34	—
29	11-201（第2遍）	排水管刷银粉漆	10m²	5.591	12.37	7.66	4.71	—

【例1-64】 本工程为某学院男生宿舍楼,地上五层设有男卫生间及男盥洗室,生活污水排出室外流入学院总化粪池。给水管道采用镀锌钢管(丝接),排水管道采用铸铁管承插,石棉水泥抹口,试计算其清单及定额工程量。

如图 1-112 所示为该工程卫生间及盥洗间平面布置图;如图 1-113 所示为给水管道系统图;如图 1-114 所示为排水管道系统图。

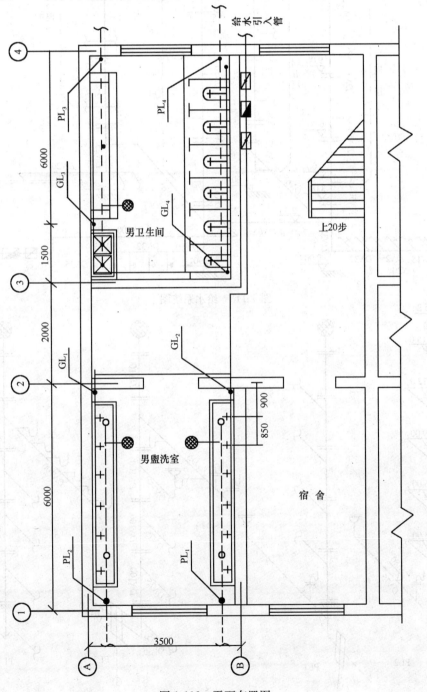

图 1-112 平面布置图

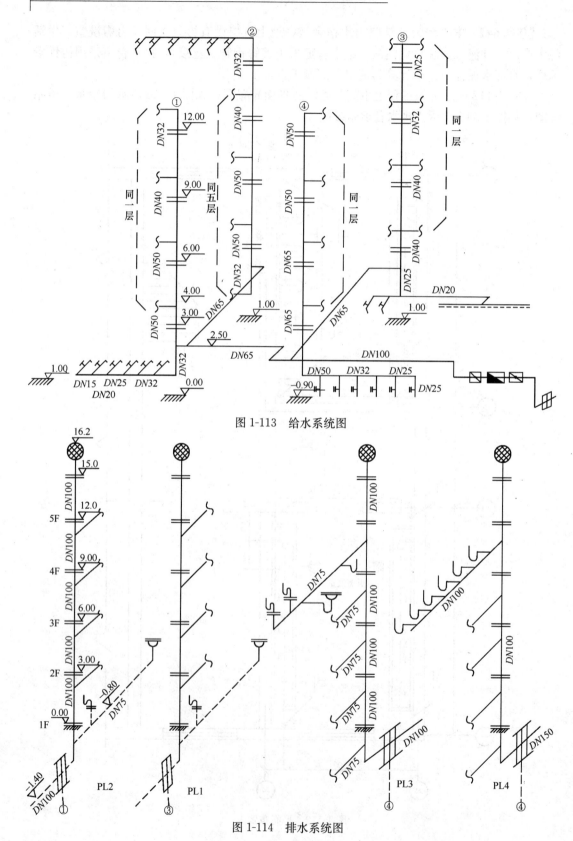

图 1-113 给水系统图

图 1-114 排水系统图

【解】 一、给水系统

管道安装

1. 镀锌钢管

(1) 本工程共有 4 根立管，①②号立管布置相同，可一并计算如下：

1) $DN50$：4.50m（从标高 2.50 到标高 7.00 竖管长度）×2=4.5m×2=9.0m

2) $DN32$：{1.5（从标高 1.0 到标高 2.50 的立管长度）×2+3.0（从标高 10.00 到标高 13.00 的立管长度）×2+［(0.9+0.85)（从轴②到第二个水嘴处）－0.12（半个墙厚）］×5×2} m=［3.0×3+(1.75－0.12)×10］m=(9+16.3) m=25.3m

3) $DN40$：3.0m（从标高 7.00 到标高 10.00 处的立管长度）×2=3×2m=6m

4) $DN25$：1.70m（从第二个水嘴到第四个水嘴处）×5×2=1.7×5×2m=17m

5) $DN20$：0.85m（从第四个水嘴到第五个水嘴处）×5×2=8.5m

6) $DN15$：0.85m（从第五个水嘴到第六个水嘴处）×5×2=8.5m

(2) 立管③④布置不同故应分开计算先计算③管：

1) $DN40$：4.5m（从标高 2.50 到标高 7.0 处的立管长度）=4.5m

2) $DN32$：3.0m（从标高 7.0 到标高 10.0 处立管长度）=3.0m

3) $DN25$：［3.0（从标高 10.0m 到标高 13.0m）+1.5（从标高 1.0m 到标高 2.5m 处立管长度）］m=4.5m

4) $DN20$：［4.0（小便槽冲洗管长度）+2.5（小便槽冲洗管中点到立管③长度）+1.5（立管③到轴②处）－0.12（半个墙厚）－0.35（半个污水盆宽度）］×5m=(4.0+2.5+1.5－0.12－0.35)×5m=7.53×5m=37.65m

(3) 立管④上连接有自闭式冲洗阀蹲式大便器，工程量计算如下：

1) $DN65$：4.5m（从标高到 2.50 到 7.00 处立管长度）=4.5m

2) $DN50$：6.0m（从标高到 7.0 到 13.0 处立管长度）=6.0m

［1.5(从标高 1.00 到标高 2.50 处立管长度)+1.45(从轴③到第一个大便器处)－0.12(半个墙厚)×5］m=［1.5+(1.45－0.12)］m×5=(1.5+1.33×5)m=8.15m

小计：(3+3.0+8.15)m=(11.15+3)m=14.15m

3) $DN32$：1.8m（从第二个大便器到第四个大便器处）×5=1.8×5m=9.0m

4) $DN25$：0.8m（连接横管与大便器的管道）×6×5=24m

  1.8m（两个大便间宽度）×5=1.8×5m=9.0m

  小计：33m

(4) 各立管之间的连接干管工程量计算如下：

1) $DN65$：［2.00（从轴②到轴③处）+3.5（从轴 A 到轴 B 处）×2+1.5（从轴③到 GL3 处）］m=(2.0+7.0+1.5) m=10.5m

2) $DN100$：［6.00（从轴③到轴④处）+0.24（1 个墙厚）+2.5（从标高 0.00 到标高 2.50 处）］m=(6+0.24+2.5)m=8.74m

3) $DN100$（埋地部分）：［0.24（轴④所在墙厚度）+1.50（从外墙皮到户外 1.5m 处）+0.9（管道埋深）］m=(0.24+1.5+0.9) m=2.64m

2. 管件及设备工程量

1）水嘴安装 DN15：(6×2×5+2×5) 个＝70 个

2）水表安装 DN100 螺翼式水表：1 组

3）阀门安装：

DN100 截止阀：　　　　　1 个（装于水表之前）

DN100 止回阀：　　　　　1 个（装于水表之后）

DN50 截止阀：　　　　　(2+3)×1 个＝5（DN50 支管端处）个

DN32 截止阀：　　　　　1×10 个＝10（DN32 支管端处）个

DN20 截止阀：　　　　　1×10 个＝10（DN20 支管端处）个

4）DN25 自闭式冲洗阀：　1×6×5 个＝30（每个大便器 1 个）个

5）镀锌铁皮套管：

DN80 镀锌铁皮套管：　　2 个（DN65 管道穿板用）

DN65 镀锌铁皮套管：　　6 个（DN50 管道穿墙穿板）

DN50 镀锌铁皮套管：　　4 个（DN40 管道穿板用）

DN40 镀锌铁皮套管：　　3 个（DN32 管道穿板用）

DN32 镀锌铁皮套管：　　1 个（DN25 管道穿板用）

3. 管道刷油

1）明装管道刷油

DN100 镀锌钢管刷两道银粉，每道工程量为：

8.74m（DN100 镀锌钢管明装的部分长度）×0.339m²/m＝2.96m²

DN65 镀锌钢管刷两道银粉，每道工程量为：

(10.5＋4.5)（DN65 镀锌钢管明装的部分长度）m×0.229m²/m＝3.44m²

DN50 镀锌钢管刷两道银粉，每道工程量为：

(9.0＋14.15) m×0.179m²/m＝4.14m²

DN40 镀锌钢管刷两道银粉，每道工程量为：

(6.0＋4.5) m×0.141m²/m＝1.48m²

DN32 镀锌钢管刷两道银粉，每道工程量为：

(25.3＋3.0＋9.0) m×0.119m²/m＝4.45m²

DN25 镀锌钢管刷两道银粉，每道工程量为：

(17.0＋4.5＋33.0) m×0.1005m²/m＝5.48m²

DN20 镀锌钢管刷两道银粉，每道工程量为：

(8.5＋37.65) m×0.078m²/m＝3.62m²

DN15 镀锌钢管刷两道银粉，每道工程量为：

8.5m×0.066m²/m＝0.56m²

2）暗装管道刷油

DN100 镀锌钢管刷两道沥青，每道工程量为：

2.64m×0.339m²/m＝0.896m²

刷油工程量小计：

明装镀锌钢管刷银粉，每道工程量为：

$(2.96+3.44+4.14+1.48+4.45+5.48+3.62+0.56)m^2=26.13m^2$

暗装镀锌钢管刷沥青，每道工程量为：

$0.896m^2$

4. 管沟土方

开挖量：$V_1=[0.9\times(0.7+0.3\times0.9)\times1.74]m^3=1.52m^3$

回填土方：$V'_1=1.52m^3$

【注释】 0.9 为深度，0.7 为管沟的宽度，1.74 为管沟的长度，$(0.7+0.3\times0.9)$ 为管沟的上底加下底的平均长度；工程量计算规则按设计图示尺寸以体积计算。

二、排水系统

1. 管道安装工程量

如图 1-114 所示可以看出排水系统有四根互相独立的立管系统，其中 PL_1、PL_2 竖管管道布置相同，而 PL_3、PL_4 则不同，故在计算工程量时可将 PL_1、PL_2 一并计算，PL_3、PL_4 分别计算。

(1) PL_1、PL_2 管道安装工程量

$DN100$ 铸铁管：[16.2(立管的地面以上部分)$\times2+1.4$(立管的埋地部分)$\times2+4.0$(立管转弯出户部分)$\times2$]m=$(16.2\times2+1.4\times2+4.0\times2)$m
$=43.2$m

$DN75$ 铸铁管：[5.0(从轴①到盥洗池集水口)-0.12(半个墙厚)]$\times5\times2$m=4.88m$\times5\times2=48.8$m

(2) PL_3 管道工程量

$DN100$ 铸铁管：16.2m(立管地面以上部分)+1.4m(立管埋地部分)+4.0m(立管转弯出户部分)=$(16.2+1.4+4.0)$m=21.6m

$DN75$ 铸铁管：[6.0(从轴③到轴④处)-0.24(两个半墙厚度)-0.30(半个污水盆宽度)]$\times5=(6.0-0.24-0.3)\times5$m=$(5.46\times5)$m=27.30m

(3) PL_4 管道工程量

$DN150$ 铸铁管：4.0m(埋地横管出户)

$DN100$ 铸铁管：{(16.2+1.4)(立管全长)+[6.0(从轴②到轴④处)-0.24m(两个半墙厚度)-0.45(半个大便器宽度)]$\times5$}m=[17.6+$(6.0-0.24-0.45)\times5$]m=$(17.6+26.55)$m=44.15m

2. 管件及卫生器具

$DN75$ 扫除口：	$1\times2\times5$ 个=10 个(铜盖)
$DN100$ 扫除口：	1×5 个=5 个(铜盖)
$DN75$ 地漏：	3×5 个=15 个
$DN75$ 排水栓(带存水弯)：	4×5 组=20 组
蹲式大便器：	6×5 套=30 套
污水盆：	2×5 组=10 组
$DN125$ 镀锌铁皮套管：	4×5 个=20 个

$DN100$ 检查口： $\qquad$ $5×4$ 个 $=20$ 个

3. 管道刷油

承插铸铁管明装刷油

$DN100$ 刷一遍红丹防锈漆：

$S_1=(16.2×4+26.55)(该管的长度吧)×0.357m^2=32.61m^2$

$DN75$ 刷一遍红丹防锈漆：

$S_2=(48.8+27.30)×0.276m^2=21.04m^2$

$DN100$ 刷两遍银粉，每遍工程量为：

$S_1=32.61m^2$

$DN75$ 刷两遍银粉，每遍工程量为：

$S_2=21.04m^2$

承插铸铁管暗装刷油

$DN150$ 刷两道沥青，每道面积为：

$S'_1=4.0×0.506m^2=2.02m^2$

$DN100$ 刷两道沥青，每道面积为：

$S'_2=(5.4×3+1.4)×0.357m^2=6.28m^2$

4. 管沟土方

$DN150$ 管沟土方开挖量：

$V_1=1.4(开挖的深度)×(0.7+0.3×1.4)(开挖的管沟的上底加下底的平均长度)×4(DN150 管沟的长度)m^3=4.48×1.4m^3=6.27m^3$

$DN100$ 管沟土方开挖量：

$V_2=1.4×(0.7+0.3×1.4)×12(DN100 管沟土方开挖的长度)m^3=18.82m^3$

$DN150$ 管沟回填土方量：

$V'_1=6.27m^3$

$DN100$ 管沟土方回填量：

$V'_2=18.82m^3$

小计：开挖量：$(6.27+18.82)m^3=25.09m^3$

回填量：$(6.27+18.82)m^3=25.09m^3$

其工程量汇总，见下表。

工程量汇总表

编号	项目名称	项目编码	项目特征	单位	数量	定额编号	定额单位	基价/元	人工费/元	材料费/元	机械费/元
1	镀锌钢管	030801001	$DN100$	m	11.38	8-95	10m	167.17	76.39	82.64	8.14
2			$DN65$	m	15	8-93	10m	124.29	63.62	56.56	4.11
3			$DN50$	m	23.15	8-92	10m	111.93	62.23	46.84	2.86
4			$DN40$	m	10.5	8-91	10m	93.85	60.84	31.98	1.03
5			$DN32$	m	37.3	8-90	10m	86.16	51.08	34.05	1.03
6			$DN25$	m	54.5	8-89	10m	83.51	51.08	31.40	1.03
7			$DN20$	m	46.15	8-88	10m	66.72	42.49	24.23	

续表

编号	项目名称	项目编码	项目特征	单位	数量	定额编号	定额单位	基价/元	人工费/元	材料费/元	机械费/元
8			DN15	m	8.5	8-87	10m	65.45	42.49	22.96	
9	承插铸铁管	030801003	DN150	m	4.0	8-141	10m	350.11	85.22	264.89	
10			DN100	m	111.2	8-140	10m	378.68	80.34	298.34	
11			DN75	m	76.10	8-139	10m	261.74	62.23	199.51	
12	水龙头	030804016	DN15	个	70	8-438	10个	7.48	6.50	0.98	
13	排水栓	030804015	DN75	组	20	8-443	10组	121.41	44.12	77.29	
14	地漏	030804017	DN75	个	15	8-448	10个	117.41	86.61	30.80	
15	扫除口	030804018	DN75	个	10	8-452	10个	23.59	22.06	1.53	
16			DN100	个	5	8-453	10个	24.22	22.52	1.70	
17	污水盆			组	10						
18	大便器	030804012	蹲式	套	30	8-407	10套	1033.39	224.31	809.08	
19	镀锌铁皮套管		DN125	个	20	8-176	个	5.30	2.55	2.75	
20			DN80	个	2	8-174	个	4.34	2.09	2.25	
21	镀锌铁皮套管		DN65	个	6	8-173	个	4.34	2.09	2.25	
22	镀锌铁皮套管		DN50	个	4	8-172	个	2.89	1.39	1.50	
23	镀锌铁皮套管		DN40	个	3	8-171	个	2.89	1.39	1.50	
24	镀锌铁皮套管		DN32	个	1	8-170	个	2.89	1.39	1.50	
25	螺纹阀门	030803001	截止阀 DN100	个	1	8-249	个	63.06	22.52	40.54	
26			DN50	个	5	8-246	个	15.06	5.80	9.26	
27			DN32	个	10	8-244	个	8.57	3.48	5.09	
28			DN20	个	10	8-242	个	5.00	2.32	2.68	
29			止回阀 DN100	个	1	8-249	个	63.06	22.52	40.54	
30	水表	030803010	(螺翼) DN100	组	1	8-364	组	149.26	27.17	122.09	
31	检查口		DN100	个	20						
32	给水管道刷银粉(两遍)			m²	26.13	11-56 11-57	10m²	11.31 10.64	6.50 6.27	4.81 4.37	
33	给水管道刷沥青(两遍)			m²	0.896	11-66 11-77	10m²	8.04 7.64	6.50 6.27	1.54 1.37	
34	排水管道刷红丹防锈漆			m²		11-198	10m²	8.85	7.66	1.19	
35	排水管道刷银粉(两遍)			m²		11-200 11-201	10m²	13.23 12.37	7.89 7.66	5.34 4.71	
36	排水管道刷沥青(两遍)			m²		11-202 11-203	10m²	9.90 9.50	8.36 8.13	1.54 1.37	

【例 1-65】 本项目为某单位综合办公楼的卫生间给水排水系统,给水管道采用镀锌钢管,排水管道采用塑料 PVC 管,另外本项目在卫生间旁边有专门的收集垃圾房间。试计算其工程量,并汇总。如图 1-115 所示为平面布置图;如图 1-116 所示为给水系统图;

如图 1-117 所示为排水系统图。

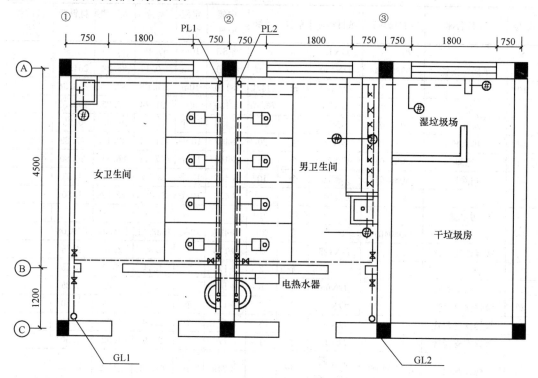

图 1-115 平面布置图

【解】 1. 给水系统工程量

(1) 管道工程量

①$DN50$ 镀锌钢管：

(埋地)：6.6m(轴①到轴③处)−0.24m(两个半墙厚度)+0.48m(轴 C 所在墙厚度×
 2)+0.9m(立管埋地部分)×2=(6.6−0.24+0.48+0.9×2)m=8.64m

(明装)：7.0m(从地面到三楼支管处)×2=7.0×2m=14m

小计：(14+8.64)m=22.64m

②$DN40$ 镀锌钢管：

6.0m(从三楼支管处到五楼支管处)×2=12m

③$DN32$ 镀锌钢管：

[1.2m(从轴⑧到轴©处)+1.5m(从标高 1.00 到标高 2.50 处)×2+3.30m(从轴①到
轴②处)−0.24m(两个半墙厚度)]×2×5=(1.2+1.5×2+3.3−0.24)×10m
=72.6m

④$DN25$ 镀锌钢管：

[4.5m(从轴⑧到轴④)−1.0m(从轴④到最后一个大便器的距离)]×2×5=3.5×2×
5m=7.0m×5=35m

⑤$DN20$ 镀锌钢管：

[4.5m(从轴⑧到轴④处)−1.5m(半个小便槽长度)−0.24m]×5=(4.5−1.5−0.24)×
5m=2.76×5m=13.8m

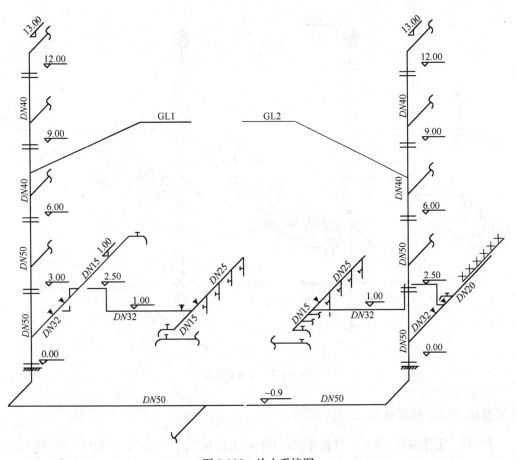

图 1-116 给水系统图

⑥DN15 镀锌钢管：

[4.5m(从轴Ⓐ到轴Ⓑ处)－0.24m(两个半墙厚度)－0.25m(半个洗涤盆宽度)＋0.6m(从轴Ⓑ到轴Ⓒ除以2)×2]×5＋(0.6m＋0.24m＋0.5m＋0.5m)(热水器各部分长度)×5＝[(4.5－0.24－0.25＋0.6×2)×5＋1.84×5]m＝(26.05＋9.2)m＝35.25m

⑦套用定额：DN50 定额编号：8-92，计量单位：10m，工程量 $\frac{22.64}{10}=2.264$，基价：111.93 元；其中人工费 62.23 元，材料费 46.84 元，机械费 2.86 元。

DN40 定额编号：8-91，计量单位：10m，工程量 $\frac{12}{10}=1.2$，基价：93.85 元；其中人工费 60.84 元，材料费 31.98 元，机械费 1.03 元。

DN32 定额编号：8-90，计量单位：10m，工程量 $\frac{72.6}{10}=7.26$，基价：86.16 元；其中人工费 51.08 元，材料费 34.05 元，机械费 1.03 元。

DN25 定额编号：8-89，计量单位：10m，工程量 $\frac{35}{10}=3.5$，基价：83.51 元；其中人工费 51.08 元，材料费 31.04 元，机械费 1.03 元。

DN20 定额编号：8-88，计量单位：10m，工程量 $\frac{13.8}{10}=1.38$，基价：66.72 元；其中

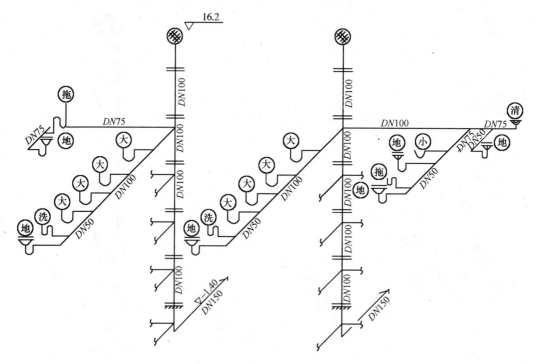

图 1-117 排水系统图

人工费42.49元,材料费24.23元。

$DN15$ 定额编号：8-87,计量单位：10m,工程量$\frac{35.25}{10}=3.525$,基价：65.45元；其中人工费42.49元,材料费22.96元。

(2) 给水设备及管件

$DN15$ 水龙头：$(3+3)\times 5$ 个$=30$ 个

定额编号：8-438,计量单位：10个,工程量$\frac{30}{10}=3$,基价：7.48元；其中人工费6.5元,材料费30.98元。

$DN20$ 水龙头：1×5 个$=5$ 个

定额编号：8-439,计量单位：10个,工程量$\frac{5}{10}=0.5$,基价：7.48元；其中人工费6.50元,材料费0.98元。

截止阀$DN32$：4×5 个$=20$ 个

定额编号：8-244,计量单位：10个,工程量$\frac{20}{10}=2$,基价：8.57元；其中人工费3.48元,材料费5.09元。

截止阀$DN25$：2×5 个$=10$ 个

定额编号：8-243,计量单位：10个,工程量$\frac{10}{10}=1$,基价：6.24元；其中人工费2.79元,材料费3.45元。

截止阀 $DN20$：1×5 个＝5 个

定额编号：8-242，计量单位：10 个，工程量 $\frac{5}{10}=0.5$，基价：5.00 元；其中人工费 2.32 元，材料费 2.68 元。

截止阀 $DN15$：1×5 个＝5 个

定额编号：8-241，计量单位：10 个，工程量 $\frac{5}{10}=0.5$，基价：4.43 元；其中人工费 2.32 元，材料费 2.11 元。

镀锌铁皮套管 $DN65$：3×2 个＝6 个

定额编号：8-173，计量单位：个，工程量 6，基价：4.43 元；其中人工费 2.09 元，材料费 2.25 元。

镀锌铁皮套管 $DN50$：2×2 个＝4 个

定额编号：8-172，计量单位：个，工程量 4，基价：2.89 元；其中人工费 1.39 元，材料费 1.50 元。

镀锌铁皮套管 $DN40$：2×5 个＝10 个

定额编号：8-171，计量单位：个，工程量 10，基价：2.89 元；其中人工费 1.39 元，材料费 1.50 元。

镀锌铁皮套管 $DN32$：2×5 个＝10 个

定额编号：8-170，计量单位：个，工程量 10，基价：2.89 元；其中人工费 1.39 元，材料费 1.50 元。

小便槽冲洗管：[3.0m(小便槽冲洗管长)＋0.15m(控制阀门的短管长度)]×5＝3.15×5m＝15.75m

定额编号：8-456，计量单位：10m，工程量 $\frac{15.75}{10}=1.575$，基价：246.24 元；其中人工费 150.70 元，材料费 83.06 元，机械费 12.48 元。

管道支架：

A. 数量

$DN50$ 管道支架：14m/5m≈3 个

$DN40$ 管道支架：12m/4.5m≈3 个

$DN32$ 管道支架：72.6m/4m＝18 个

$DN25$ 管道支架：35m/3.5m＝10 个

$DN20$ 管道支架：13.8m/3.0m＝5 个

$DN15$ 管道支架：35.25m/2.5m＝14 个

B. 工程量

铁件：0.87kg×3＋0.82kg×3＋0.77kg×18＋0.6kg×10＋0.49kg×19

＝2.61kg＋2.46kg＋13.86kg＋6kg＋9.31kg

＝34.24kg

刷油：0.51kg×3＋0.46kg×3＋0.41kg×18＋0.35kg×10＋0.28kg×19

＝1.53kg＋1.38kg＋7.38kg＋3.5kg＋5.32kg

＝19.11kg

小计：铁件重量：34.24kg；刷油重量：19.11kg

C. 套用定额

管道支架 8-178 工程量 $\frac{34.24}{100}=0.3424$，基价：654.69 元；其中人工费 235.45 元，材料费 194.98 元，机械费 224.36 元。

刷油第一遍 11-117 工程量 $\frac{19.11}{100}=0.1911$，基价：13.17 元；其中人工费 5.34 元，材料费 0.87 元，机械费 6.69 元。

第二遍 11-118 工程量 $\frac{19.11}{100}=0.1911$，基价：12.82 元；其中人工费 5.11 元，材料费 0.75 元，机械费 6.69 元。

(3) 管道刷油

(明装)：DN50 镀锌钢管刷两遍银粉，每遍工程量为：
14m×0.19m²/m=2.66m²

(暗装)：DN50 镀锌钢管刷两遍沥青，每遍工程量为：
8.64m×0.19m²/m=1.64m²

DN40 镀锌钢管刷两遍银粉，每遍工程量为：
12m×0.15m²/m=1.8m²

DN32 镀锌钢管刷两遍银粉，每遍工程量为：
72.6m×0.13m²/m=9.44m²

DN25 镀锌钢管刷两遍银粉，每遍工程量为：
35m×0.11m²/m=3.85m²

DN20 镀锌钢管刷两遍银粉，每遍工程量为：
13.8m×0.084m²/m=1.16m²

DN15 镀锌钢管刷两遍银粉，每遍工程量为：
35.25m×0.08m²/m=2.82m²

小计：刷银粉每遍：21.73m²　　刷沥青每遍：1.64m²

套用定额：

刷银粉漆第一遍　定额编号：11-56　计量单位：10m²　工程量 $\frac{21.73}{10}=2.173$，基价：11.31元；其中人工费 6.50 元，材料费 4.81 元。

第二遍　定额编号：11-57　计量单位：10m²　工程量 2.173，基价：10.64 元；其中人工费 6.27 元，材料费 4.37 元。

刷沥青漆第一遍　定额编号：11-66　计量单位：10m²　工程量 $\frac{1.64}{10}=0.164$，基价：8.04 元；其中人工费 6.50 元，材料费 1.54 元。

第二遍　定额编号：11-67　计量单位：10m²　工程量 $\frac{1.64}{10}=0.164$，基价：7.64 元；中人工费 6.27 元，材料费 1.37 元。

(4) 管沟土方

开挖量：$V=h(b+0.3h)l=0.9\text{m}$(管沟的深度)$\times(0.60\text{m}+0.3\times0.9\text{m})$(管沟的上底计算下底督察队的平均长度，0.3 为坡度系数)$\times6.6$(管沟的长度)$=5.17\text{m}^3$ 套用定额(土建)1-8

(说明：管沟开挖量计算公式：$V=h(b+0.3h)l$，其中 h 为沟深，b 为沟底宽(可查表)，l 为沟长，0.3 为放坡系数)。

回填量：$V=5.17\text{m}^3$ 套用定额(土建)1-46

(说明：$DN500$ 以下管沟回填土方量不扣除管道所占体积)。

(5) 给水管道冲洗工程量

$(14.0+8.64+12+72.6+35+13.8+35.25)\text{m}=191.29\text{m}$

套用定额 8-230，计量单位：100m，工程量 $\dfrac{191.29}{100}=1.9129$，基价：20.49 元；其中人工费20.49元，材料费 12.07 元，机械费 8.42 元。

(6) 给水管道消毒工程量

191.29m 套用定额 8-230

2. 排水系统工程量计算

(1) 管道计算

如图 1-117 所示可以看出排水系统有两个独立的排水立管组成，在进行工程量计算时，可先计算 PL_1 或 PL_2，再计算另外一根立管，也可以按照所用管材的大小，由 $DN150$ 开始，整个系统一起计算。

①立管 PL_1 工程量计算

$DN100$ 塑料 PVC 管：定额编号 8-157，计量单位：10m，基价：92.93 元；其中人工费 53.87 元，材料费 38.81 元，机械费 0.25 元。

[4.5m(从轴Ⓐ到轴Ⓑ处)-0.24m(两个半墙厚度)-0.5m(半个大便器间距宽度)]$\times5+16.2$m(立管地上部分)$+1.4$m(立管埋地部分)$=[(4.5-0.24-0.5)\times5+16.2+1.4]m=(3.76\times5+17.6)m=36.4$m

$DN75$ 塑料 PVC 管：定额编号 8-156，计量单位：10m，基价：71.70 元；其中人工费 48.30 元，材料费 23.15 元，机械费 0.25 元。

[3.3m(从轴①到轴②)-0.24m(两个半墙厚度)-0.30m(半个污水盆宽度)$+0.90$m(从轴Ⓐ到地漏处)-0.12m(半个墙厚)]$\times5=(3.3-0.24-0.30+0.90-0.12)\times5m=17.7$m

$DN50$ 塑料 PVC 管：定额编号 8-155，计量单位：10m，基价：52.04 元；其中人工费 35.53 元，材料费 16.26 元，机械费 0.25 元。

[0.5m(半个大便间宽度)$+0.24$m(Ⓑ轴所在墙厚度)$+0.6$m(从轴Ⓑ到轴Ⓒ除以 2)$+0.2$m(从洗脸盆到地漏)]$\times5=(0.5+0.24+0.6+0.2)\times5m=1.54\times5m=7.7$m

自闭式冲洗阀蹲式大便器：4×5 套$=20$ 套

定额编号 8-413，计量单位：10 套，基价：1812.01 元；其中人工费 167.42 元，材料费 1644.59 元。

洗脸盆：1×5 组$=5$ 组

定额编号 8-382，计量单位：10组，基价：576.23元；其中人工费109.60元，材料费466.63元。

$DN75$ 地漏：5 个

定额编号8-448,计量单位:10个,基价:117.41元;其中人工费86.61元,材料费30.80元。

DN50 地漏：5 个

定额编号 8-447,计量单位：10 个,基价：35.88 元；其中人工费 37.15 元,材料费 18.73 元。

污水盆：1×5 组＝5 组

镀锌铁皮套管 DN125：1×5 个＝5 个(立管穿板)　定额编号 8-176,计量单位：个,基价5.30元,其中人工费 2.255 元,材料费 2.75 元。

DN100：1×5 个＝5 个(穿轴 B 所在墙)

定额编号 8-175,计量单位：个,基价：4.34 元；其中人工费 2.09 元,材料费 2.25 元

伸顶通气帽：DN100：1 个

②立管 PL_2 工程量计算：

DN100 塑料管道：定额编号 8-157,计量单位：10m,基价：92.93 元；其中人工费 53.87 元,材料费 38.81 元,机械费 0.25 元。

[4.5m(从轴Ⓐ到轴Ⓑ处)－0.24m(两个半墙厚度)－0.12m(立管与墙距离)－0.5m(半个大便间宽度)]×5+[3.3m(从轴②到轴③处)－0.24m(两个半墙厚度)－0.12m(立管与墙距离)]×5＝[(4.5－0.24－0.12－0.5)×5+(3.3－0.24－0.12)×5]m＝(3.64×5+2.94×5)m＝(18.20+14.70)m＝32.9m

32.9m+16.2m(立管地上部分)+1.4m(立管地下部分)＝50.5m

DN75 塑料 PVC 管：　定额编号 8-156,计量单位：10m,基价：71.70 元；其中人工费 48.30 元,材料费 23.15 元,机械费 0.25 元。

[1.5m(半个小便槽长度)－0.24m(半个墙壁厚度+管道与墙间距)]×5+[2.67m(从轴③到清通口处)+0.12m(半个墙厚度)]×5＝[(1.5－0.24)×5+(2.67+0.12)×5]m＝(6.3+13.95)m＝20.25m

DN50 塑料 PVC 管：定额编号 8-155,计量单位：10m,基价：52.04 元；其中人工费 35.53 元,材料费 16.26 元,机械费 0.25 元。

[0.5m(半个大便间宽度)+0.24m(轴 B 所在墙厚度)+0.6m(轴 B 到轴 C 处除以 2)+0.2m(从洗脸盆到地漏处)]×5＝7.7m

[2.3m(从小便槽出水口处到地漏处)+0.7m(垃圾房内地漏到管道距离)]×5＝(2.3+0.7)×5＝15m

小计：22.7m

自闭式冲洗阀蹲式大便器：4×5 套＝20 套

定额编号 8-413,计量单位：10 套,基价：1812.01 元；其中人工费 167.42 元,材料费 1644.59 元

洗脸盆：1×5 组＝5 组

定额编号 8-382,计量单位：10 组,基价：576.23 元；其中人工费 109.60 元,材料费 466.63 元。

地漏 DN50：4×5 个＝20 个

定额编号 8-447,计量单位：10 个,基价：35.88 元；其中人工费 37.15 元,材料费 18.73 元。

第一章　给水排水工程(C.8)

污水盆：1×5组＝5组

镀锌铁皮套管 $DN125$：5个（立管穿板）

定额编号 8-176，计量单位：个，基价：5.30元；其中人工费2.255元，材料费2.75元。

$DN100$：1×5个＝5个（横管穿墙）

定额编号 8-175，计量单位：个，基价：4.34元；其中人工费2.09元，材料费2.25元。

$DN80$：1×5个＝5个（横管穿墙）

定额编号 8-174，计量单位：个，基价：4.34元；其中人工费2.09元，材料费2.25元。

清通口 $DN75$：1×5个＝5个

伸顶通气帽 $DN100$：1个

(2) 管道刷油

由于排水管道采用塑料PVC管，不必进行刷油只需对给水镀锌钢管进行刷油。

$DN150$ 埋地铺设管计算：

$(4+0.24+0.12)\times 2m = 4.36\times 2m = 8.72m$

(3) 管沟土方

埋地干管土方开挖量：

$V_1 = h(b+0.3h)\times l$
　　＝1.4(管沟的深度)×(0.7+0.3×1.4)(管沟的上底加下底的长度的平均值)
　　　×8.72(管沟的开挖的长度)m^3
　　＝1.4×1.12×8.72m^3
　　＝13.67m^3　套用定额(土建)1-8

回填量：13.67m^3　套用定额(土建)1-46

一层支管土方开挖量：

V_2＝0.9(一层支管土方开挖的深度)×(0.6+0.3×0.9)(支管土方开挖上底加下底的
　　长度的平均值，0.3为坡度系数)×(3.76+3.54+1.54+3.64+1.54+2.94+1.26
　　+2.79+3.0)(一层支管土方开挖的长度)m^3
　　＝0.9×0.87×24.01m^3＝18.8m^3　套用定额(土建)1-8

回填量：18.8m^3　套用定额(土建)1-46

清单工程量计算见下表：

清单工程量计算表

序号	项目编码	项目名称	项目特征描述	计量单位	工程量
1	030801001001	镀锌钢管	$DN50$	m	22.64
2	030801001002	镀锌钢管	$DN40$	m	12
3	030801001003	镀锌钢管	$DN32$	m	72.6
4	030801001004	镀锌钢管	$DN25$	m	35
5	030801001005	镀锌钢管	$DN20$	m	13.8
6	030801001006	镀锌钢管	$DN15$	m	35.25

续表

序号	项目编码	项目名称	项目特征描述	计量单位	工程量
7	030801005001	塑料管	PVC，DN100	m	36.4+50.5
8	030801005002	塑料管	PVC，DN75	m	17.7+20.5
9	030801005002	塑料管	PVC，DN50	m	7.7+22.7
10	030804016001	水龙头	DN15	个	30
11	030804016002	水龙头	DN20	个	5
12	030803001003	螺纹阀门	截止阀	个	40
13	030804019001	水便槽冲洗管制作安装		m	15.75
14	030802001001	管道支架制作安装		kg	34.24
15	030804012001	大便器	自闭式冲洗阀、蹲式	套	20+20
16	030804003001	洗脸盆		组	5+5
17	030804017001	地漏	DN75	个	5
18	030804017002	地漏	DN50	个	5+20

【例1-66】 如图1-118所示为某综合商场的卫生间平面布置图，男卫生间内设6套自闭式冲洗阀蹲式大便器，5组立式小便器，女卫生间内设6套自闭式冲洗阀蹲式大便器，在外间设5组台式洗脸盆和一组污水盆。本工程给水管道用镀锌钢管，埋地部分用加强级沥青防腐，排水管道用塑料PVC管。

【解】

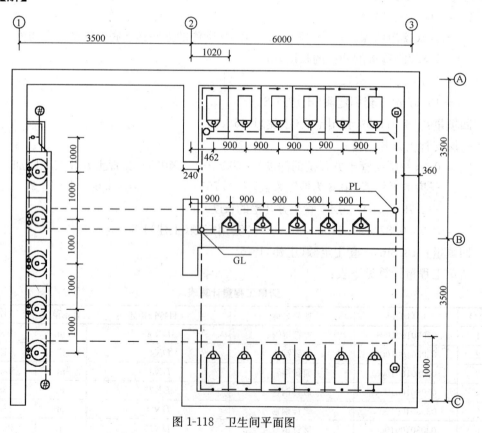

图1-118 卫生间平面图

一、管道安装

在工程预算中，人们通常把给水管道分为铺设管(埋于地±0.00以下的管道)和立支管两部分，把排水管道分为铺设管和立托管两部分。

1. 镀锌钢管(铺设管)

$DN65$：3.5m(从轴Ⓑ到轴Ⓐ处)－0.12m(轴Ⓑ墙1/2厚度)＋0.18m(轴Ⓐ墙1/2厚度)＋1.5m(外墙皮至1.5m处)＋0.9m(立管埋地部分)＝(3.5－0.12＋0.18＋1.5＋0.9)m＝5.96m

2. 镀锌钢管(立管)

本工程只有一根给水立管，其工程量计算如下：

(1) $DN65$：1.0m(从一层地面到本层小便器支管处立管长度)

(2) $DN50$：6.0m(从一层小便器支管处到三层小便器支管处立管长度)

(3) $DN40$：5.8m(从三层小便器支管处到四层干管顶端)

3. 镀锌钢管(支管)

由于本工程支管项目较复杂故将支管编号如图1-119所示，分别计算：

(1) ①支管工程量：

$DN25$：[1.8m(从轴②到第二个小便器接口处)－0.12m(轴②墙1/2厚度)]×4＝(1.8－0.12)×4m＝6.72m

$DN20$：1.80m(从第二个到第四个小便器接口处)×4＝7.2m

$DN15$：0.9m(从第四个小便器到第五个小便器)×4＝3.6m

(2) ②③支管工程量：(由于②③支管布置相同)

①$DN32$：{7.0m(从轴Ⓐ到轴Ⓒ处)－0.36m(两个半墙厚度)＋1.8m(从标高8.80到标高7.0)×2＋[1.362m(从轴②到第二个大便器)－0.12m(半个墙厚度)]×2}×4＝[7.0－0.36＋1.8×2＋(1.36－0.12)×2]×4m＝(6.64＋3.6＋

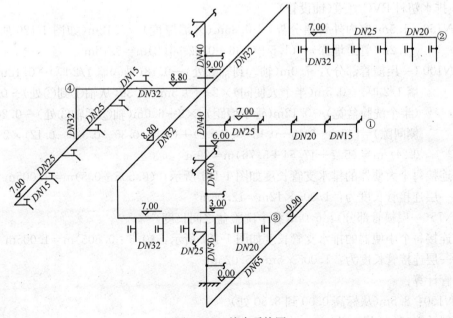

图1-119 给水系统图

2.48)×4m=50.88m

②DN25：2.7m(从第二个到第五个大便器处)×2×4=2.7×8m=21.6

③DN20：0.9m(从第五个到第六个大便器处)×2×4=0.9×8m=7.2m

(3) ④支管工程量：

①DN32：[3.5m(从轴①到轴②处)－0.18+1.8m(从标高8.8到标高7.00处)]×4
=(3.5+1.8－0.18)×4m=(5.3－0.18)×4m=20.48m

②DN25：3.0m(第二个洗脸盆到第五个洗脸盆处)×4=12m

③DN15：2.0m(最端处两个水嘴到相邻水嘴处)×4=8.0m

4. 镀锌钢管工程量汇总，见下表。

镀锌钢管工程量汇总表

定额编号	安装部分	规　格	计量单位	数　量	基价/元	人工费/元	材料费/元	机械费/元
8-93	铺设管	DN65	10m	0.596	124.29	63.62	56.56	4.11
8-93	立支管	DN65	10m	0.1	124.29	63.62	56.56	4.11
8-92	立支管	DN50	10m	0.6	111.93	62.23	46.84	2.86
8-91	立支管	DN40	10m	0.58	93.85	60.84	31.98	1.03
8-90	立支管	DN32	10m	7.136	86.16	51.08	34.05	1.03
8-89	立支管	DN25	10m	4.032	83.51	51.08	31.40	1.03
8-88	立支管	DN20	10m	1.44	66.72	42.49	24.23	—
8-87	立支管	DN15	10m	1.16	65.45	42.49	22.96	—

补充说明：蹲式大便器普通阀门冲洗定额包括的材料，有DN20自闭阀一个，DN20镀锌钢管等，即给水管应算至阀门中心，本工程阀门装于将近1m(离地处)，故阀门以上部门没有计算。

5. 排水塑料PVC管道(铺设管)

DN150：1.5m(室内外管道分界)+0.36m(外墙厚度)+0.12m(如图1-120所示)+1.2m(管道埋深)=(1.5+0.36+0.12+1.2)m=3.18m

DN100(一层横管部分)：7.0m(轴Ⓐ到轴Ⓒ处)－0.18(轴Ⓐ墙1/2厚)－0.12m(轴Ⓒ墙1/2厚)－0.5m(半个大便间)×2+[9.5m－0.36(从轴①到③处)－0.5/2(半个洗脸盆宽)－0.12m(管子墙距)]×2+6.0m(轴②到轴③处)－0.24m(两侧间隙)=[(7.0－0.18－0.12－0.5×2)+(9.5－0.36－0.5/2－0.12)×2+(6－0.24)]m=(5.7+17.54+5.76)m=29m

※连接每个大便器的排水支管长度如图1-121所示：(0.505+0.5)m=1.005m

则一层连接管长度为：1.005×12m=12.06m

DN75(一层横管部分)：6.0m(各个洗脸盆之间长度)

※连接每个小便器的排水支管长度如图1-121所示：(0.5+0.505)m=1.005m

则一层连接管长度为：1.005×5m=5.025m

立管计算：

DN150：8.5m(从标高0.00到8.50处)

托管计算(2~4层一并)

第一章 给水排水工程(C.8)

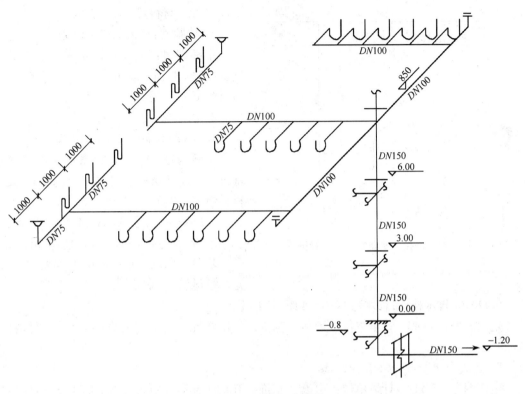

图 1-120 排水系统图

因为 1~4 层的排水系统布置都一样，故可用一层计算数量：

$DN100$：$(12.06+29) \times 3m = 123.18m$

$DN75$：$(6+5.025) \times 3m = 33.075m$

排水塑料 PVC 管工程量汇总见下表。

排水塑料 PVC 管工程量汇总表

定额编号	安装部分	规 格	计量单位	数 量	基价/元	人工费/元	材料费/元	机械费/元
8-158	铺设管	DN150	10m	0.318	112.08	75.93	35.90	0.25
8-157	铺设管	DN100	10m	2.9	92.93	53.87	38.81	0.25
8-156	铺设管	DN75	10m	0.6	71.70	48.30	23.15	0.25
8-158	托吊管	DN150	10m	0.85	112.08	75.93	35.90	0.25
8-157	托吊管	DN100	10m	12.318	92.93	53.87	38.81	0.25
8-156	托吊管	DN75	10m	3.3075	71.70	48.30	23.15	0.25

二、卫生器具安装

1. 蹲式大便器(自闭式冲洗阀)：$6 \times 2 \times 4$ 套 $= 48$ 套

定额编号：8-413，计量单位：10 套，工程量 $\dfrac{48}{10} = 4.8$，基价：1812.01 元；其中人工费

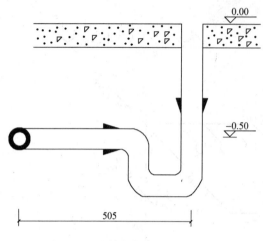

图 1-121 连接大便器的排水支管图

167.42元,材料费1644.59元。

2. 洗脸盆:5×4组=20组

定额编号:8-382,计量单位:10组,基价:576.23元;其中人工费109.60元,材料费466.63元。

3. 污水盆:1×4组=4组

4. DN75地漏:2×4个=8个

定额编号:8-448,计量单位:10个,基价:117.41元;其中人工费86.61元,材料费30.80元。

5. DN100扫除口:3×4个=12个

定额编号:8-453,计量单位:10个,基价:24.22元;其中人工费22.52元,材料费1.70元。

6. DN75排水栓(带存水弯):6×4组=24组

定额编号:8-443,计量单位:10组,基价:121.41元;其中人工费44.12元,材料费77.29元。

7. 立式小便器:5×4套=20套

定额编号:8-442,计量单位:10套,基价:813.94元;其中人工费93.34元,材料费720.60元。

三、套管安装

DN200套管:4个(立管穿板)

定额编号:8-177,计量单位:个,基价:5.30元;其中人工费2.55元,材料费2.75元。

DN125套管:3个(横管穿墙)×4=12个

定额编号:8-176,计量单位:个,基价:5.30元;其中人工费2.55元,材料费2.75元。

DN65套管:2个(给水立管穿板)

定额编号:8-173,计量单位:个,基价:4.34元;其中人工费2.09元,材料费2.25元。

DN50套管:1个(给水立管穿板)

定额编号:8-172,计量单位:个,基价:2.89元;其中人工费1.39元,材料费1.50元。

DN40套管:2(给水横管穿墙)×4个=8个

定额编号:8-171,计量单位:个,基价:2.89元;其中人工费1.39元,材料费1.50元。

四、阀门水嘴安装工程量

阀门水嘴安装工程量,见下表。

阀门水嘴安装工程量表

定额编号	数量/个 规格 安装部位	截止阀（铁壳铜杆铜芯）		DN20 铁长脖水嘴	DN20 铁壳碳钢水嘴	基价/元	人工费/元	材料费/元	机械费/元
		DN65	DN32						
8-247	立管	1	—	—	—	26.79	8.59	18.20	—
8-244	各层支管	—	3×4	—	—	8.57	3.48	5.09	—
8-382	各层洗脸盆	—	—	5×4	—	576.23	109.60	466.63	—
	各层污水盆	—	—	—	1×4	—	—	—	—
	合 计	1	12	20	4				

五、管道刷油

给水管道采用镀锌钢管，铺设管需刷沥青两遍，立支管刷银粉两道；排水管采用塑料PVC管，不需进行防腐处理。

（1）铺设管道刷油

$DN65$ 镀锌钢管刷两道沥青，每遍工程量为：

5.96m（$DN65$ 镀锌钢管的长度）$\times 0.236$m²/m$=1.40$m²

（2）立支管道刷油

$DN65$ 镀锌钢管刷两道银粉，每遍工程量为：

1m（$DN65$ 镀锌钢管铺设的长度）$\times 0.236$m²/m$=0.236$m²

$DN50$ 每遍银粉工程量为：

6（$DN50$ 每遍银粉的长度）m$\times 0.19$m²/m$=1.14$m²

$DN40$ 每遍银粉工程量为：

5.8m$\times 0.15$m²/m$=0.87$m²

$DN32$ 每遍银粉工程量为：

71.36m$\times 0.13$m²/m$=9.28$m²

$DN25$ 每遍银粉工程量为：

40.32m$\times 0.11$m²/m$=4.44$m²

$DN20$ 每遍银粉工程量为：

14.4m$\times 0.084$m²/m$=1.21$m²

$DN15$ 每遍银粉工程量为：

11.6m$\times 0.08$m²/m$=0.928$m²

合计：每遍沥青：1.40m² 每遍银粉：18.104m²

（3）套用定额

刷沥青第一遍 定额编号：11-66 计量单位：10m² 工程量 $\frac{1.40}{10}=0.14$，基价：8.04元；其中人工费6.50元，材料费1.54元。

第二遍 定额编号：11-67 计量单位：10m² 工程量 $\frac{1.40}{10}=0.14$，基价：7.64元；其中人工费6.27元，材料费1.37元。

刷银粉第一遍 定额编号：11-56 计量单位：10m² 工程量 $\frac{18.104}{10}=1.8104$，基价：11.31元；其中人工费6.50元，材料费4.81元。

第二遍 定额编号：11-57 计量单位：10m² 工程量 $\frac{18.104}{10}=1.8104$，基价：10.64元；其中人工费6.27元，材料费4.37元。

六、管道支吊架
(1) 给水镀锌钢管支吊架工程量

$DN50$ 管：$6/5×0.87kg=1×0.87kg=0.87kg$

$DN40$ 管：$5.8/4.5×0.82kg=1×0.82kg=0.82kg$

$DN32$ 管：$71.36/4×0.77kg=17.84×0.77kg=13.74kg$

$DN25$ 管：$40.32/3.5×0.6kg=12×0.6kg=7.2kg$

$DN20$ 管：$14.4/3×0.49kg=5×0.49kg=2.45kg$

$DN15$ 管：$11.6/2.5×0.49kg=5×0.49kg=2.45kg$

小计：28.13kg

(2) 套用定额

定额编号8-178，计量单位：100kg，工程量 $\frac{28.13}{100}=0.2813$，基价：654.69元；其中人工费235.45元，材料费194.98元，机械费224.26元。

七、管道挖填土方工程量
(1) 给水管道挖土方量

$V=h(b+0.3h)l$

$=0.9$m(给水管道开挖的深度)$×(0.6$m$+0.3×0.9$m$)$(给水管道的上底加下底的长度的平均值，0.3为坡度系数)$×5.06$m(给水管道的长度)

$=3.96$m³

(2) 给水管道回填土工程量

$V=3.96$m³

(3) 排水铺设管干管挖土工程量

$V_2=1.2$(排水铺设管干管开挖的深度)$×(0.7+0.3×1.2)$(排水铺设管干管上底加下底的长度的平均值，0.3为坡度系数)$×(3.18-1.2)$(排水铺设管干管开挖的长度)m³$=2.52$m³

(4) 排水铺设管干管填土工程量

$V'_2=2.52$m³

(5) 排水铺设管支管挖土工程量

$V_3=0.8$(排水铺设管支管开挖的深度)$×(0.7+0.3×0.8)×29$(部分开挖排水铺设管支管的长度)m³

$=21.81$m³

$V_4=0.8×(0.6+0.3×0.8)×6$m³$=4.03$m³

(6) 排水铺设管支管填土工程量

$V=V_3+V_4=(21.81+4.03)$m³$=25.84$m³

小计：挖土工程量：32.32m³　套用定额(土建)1-8
　　　填土工程量：32.32m³　套用定额(土建)1-46
清单工程量计算见下表：

清单工程量计算表

序号	项目编码	项目名称	项目特征描述	计量单位	工程量
1	030801001001	镀锌钢管	DN65	m	6.96
2	030801001002	镀锌钢管	DN50	m	6
3	030801001003	镀锌钢管	DN40	m	5.8
4	030801001004	镀锌钢管	DN32	m	71.36
5	030801001005	镀锌钢管	DN25	m	40.32
6	030801001006	镀锌钢管	DN20	m	14.4
7	030801001007	镀锌钢管	DN15	m	11.6
8	030801005001	塑料管	DN150	m	3.18+8.5
9	030801005002	塑料管	DN100	m	29+123.18
10	030801005003	塑料管	DN75	m	6+33.075
11	030804012001	大便器	自闭式冲洗阀、蹲式	套	48
12	030804003001	洗脸盆		组	20
13	030804017001	地漏	DN75	个	8
14	030804018001	地面扫除口	DN100	个	12
15	030804015001	排水栓	带存水弯 DN75	组	24
16	030804013001	小便器	立式	套	20
17	030804016001	水龙头	铁长脖水嘴 DN20	个	20
18	030804016002	水龙头	铁壳碳钢水嘴 DN20	个	4
19	030803001001	螺纹阀门	截止阀	个	13
20	030802001001	管道支架制作安装		kg	28.13

【例1-67】　本项目为某高速公路生活区公共卫生间给水排水工程量计算，卫生间分男女各一间，每间分里间和外间，男卫生间内有大便器、小便器和拖布盆及洗脸盆；女卫生间内有大便器，拖布盆和洗脸盆；另外，在卫生间入口处各设洗脸盆四个，具体平面布置如图1-122所示。施工说明中规定给水采用镀锌钢管，排水管采用铸铁管，埋地部分须进行除锈防腐处理。试计算该项目工程量，并汇总。

【解】　如图1-122、图1-123、图1-124所示尽管本卫生间仅有一层，但其平面布置较为复杂，系统工程量计算时，需要有正确的方法，才能最准确地计算工程量。在本题中，试采用分区计算法。

如图1-123所示将给水系统用圆弧分为五个区，分别为东南西北中区，然后分别计算工程量再汇总即可，排水系统亦即如此。

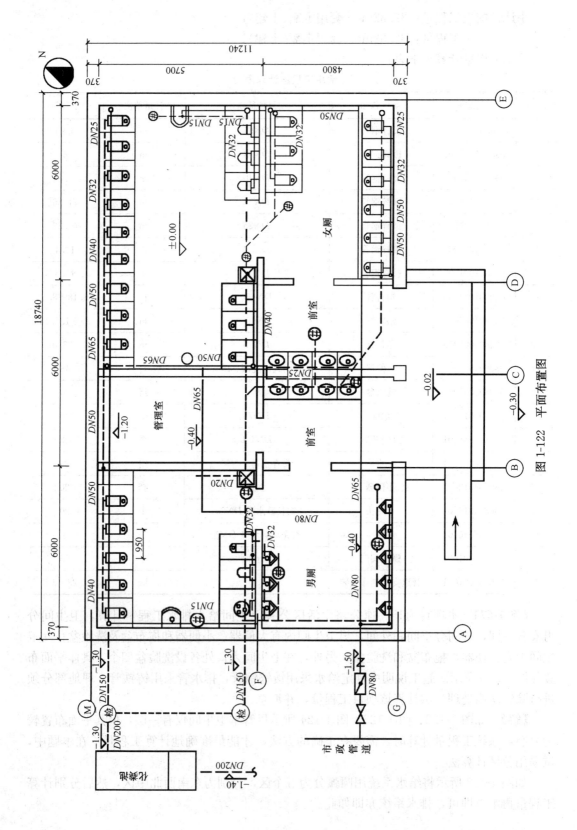

图 1-122 平面布置图

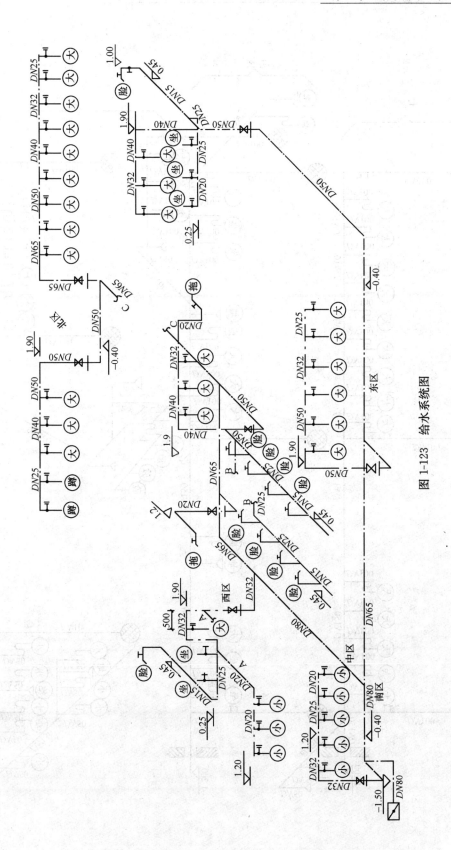

图1-123 给水系统图

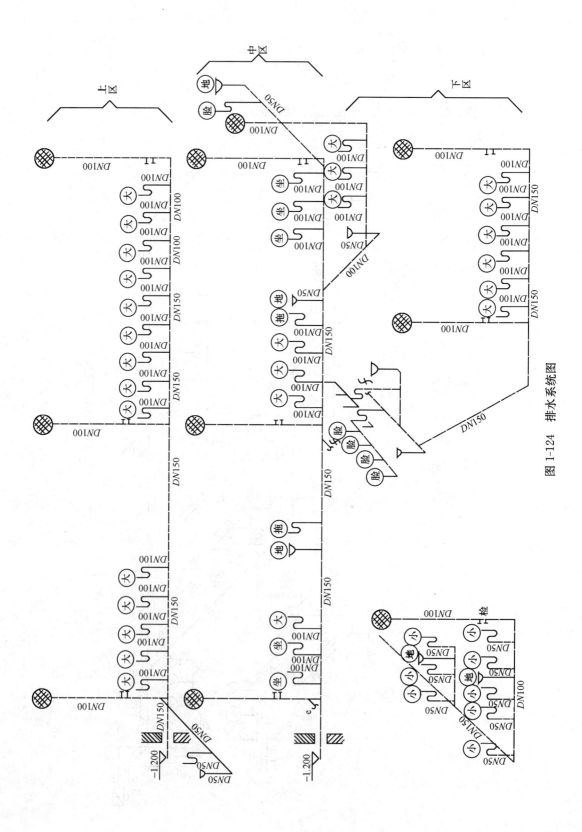

图1-124 排水系统图

一、给水系统工程量
（一）管道工程量
1. 南区给水系统工程量计算（仅算管道部分）

①DN80 镀锌钢管（铺设管）：

4.0（从市政管接口到外墙皮）+0.37m（外墙厚度）+1.1m（从标高-1.50到标高-0.4）+4.3m（从轴Ⓐ墙内皮到南区中区分界处）=(4.0+0.37+1.1+4.3)m=9.77m

②DN65 镀锌钢管（铺设管）：7.82m（从中南区分界点到南东区分界点）=7.82m

③DN50 镀锌钢管（铺设管）：

1.0m（从南东区分界点到墙Ⓖ内皮处）+0.4m（从标高-0.40到标高0.00）=(1.0+0.4)m=1.4m

④DN50 镀锌钢管（明装）：

1.9m（从标高0.00到标高1.90处）+2.38m（从墙Ⓓ到女厕外间第三个大便器处）=(1.90+2.38)m=4.28m

⑤DN32 镀锌钢管（铺设管）：

1.0m（从Ⓖ墙内皮到管道入户管处）+0.40m（从标高-0.40到标高0.00处）=(1.0+0.4)m=1.4m

⑥DN32 镀锌钢管（明装）：

1.20m（从标高0.00到标高1.20处）+1.5m（从墙Ⓐ内皮到第二个小便器处）+1.9m（从第三个大便器到第五个大便器处）=(1.20+1.50+1.90)m=4.60m

⑦DN25 镀锌钢管（明装）：2.0m（从第二个小便器到第四个小便器处）+0.95m（第五个大便器到第六个大便器处）=(2.0+0.95)m=2.95m

⑧DN20 镀锌钢管（明装）：1.0m（从第四个小便器到第五个小便器处）=1.0m

2. 东区给水系统管道安装工程量

①DN50 镀锌钢管（铺设管）：

6.0m（从轴Ⓓ到轴Ⓔ处）-0.12m（轴Ⓓ墙一半）-0.18m（轴Ⓔ墙一半）+7.650m（从轴Ⓖ到轴Ⓕ处）-(0.12m+0.18m)（同前步说明）+0.40m（从标高-0.40到标高0.00处）=(6.0-0.12-0.18+4.96-0.12-0.18+0.4)m=10.76m

②DN50 镀锌钢管（明装）：0.45m（从标高0.00到标高0.45）=0.45m

③DN40 镀锌钢管（明装）：

1.45m（从标高0.45到标高1.90m处）+0.45m（从墙Ⓔ内皮到第一个大便器处）=(1.45+0.45)m=1.90m

④DN32 镀锌钢管（明装）：1.80m（从第一个大便器到第三个大便器处）=1.80m

⑤DN25 镀锌钢管（明装）：

0.20m（从标高0.45到标高0.25m处）+0.24m（管子穿过墙Ⓕ）+1.7m（从墙Ⓔ内皮到第二个坐便器处）=(0.20+0.24+1.70)m=2.14m

⑥DN20 镀锌钢管（明装）：1.0m（从第二个坐便器到第三个坐便器处）=1.0m

⑦DN15 镀锌钢管（明装）：

2.85m（从轴Ⓕ到女卫生间洗脸盆处）-0.12m（墙Ⓕ的一半）+0.55m（从标高0.45到标高1.00处）=(2.85-0.12+0.55)m=3.28m

3. 西区给水系统管道安装工程量

①DN32 镀锌钢管（铺设管）：

1.3m+0.40m（从西中区分界处到Ⓕ墙处大便间地面标高0.00）=1.70m

②DN32 镀锌钢管（明装）：

1.90m（从标高0.00到标高1.90处）+0.50m（半个大便间宽度）=（1.90+0.50）m=2.40m

③DN25 镀锌钢管（明装）：

0.5m（半个大便间宽度）+1.65m（从标高1.90到标高0.25处）+2.2m（坐便间+残疾人便间）+0.20m（从标高0.25到标高0.45）=（0.5+1.65+2.2+0.2）m=4.55m

④DN20 镀锌钢管（明装）：

0.24m（穿过墙Ⓕ管）+2.5m（从穿墙处到第三个小便槽处）=（0.24+2.5）m=2.74m

⑤DN15 镀锌钢管（明装）：

2.85m（从轴Ⓕ到男卫生间洗脸盆处）+0.12m（半个Ⓕ墙厚度）+0.55（盆上升）=（2.85+0.12+0.55）m=（2.97+0.55）m=3.52m

4. 中区给水系统管道安装工程量

①DN80 镀锌钢管（铺设管）：

3.80m（从中南区分界处到中西区分界处）=3.8m

②DN65 镀锌钢管（铺设管）：

5.7m（从轴Ⓕ到轴（M）处）−0.12m（半个Ⓕ墙厚度）−0.18m（半个墙（M）厚度）+4.7m（从中南区分界处到轴Ⓒ处）+0.12m（半个轴Ⓒ厚度）=（5.7−0.12−0.18+4.7+0.12）m=10.22m

③DN50 镀锌管（铺设管）：

1.70m（从图1-122中点①处到轴Ⓕ处）+0.4m（从标高0.00到标高0.4处）=（1.70+0.40）m=2.10m

④DN50 镀锌钢管（明装）：

0.45m（从地面0.00到0.45处）+0.24m（穿墙Ⓕ管）=（0.45+0.24）m=0.69m

⑤DN40 镀锌钢管（明装）：

1.45m（从标高0.45到标高1.90处）+1.45m（从墙Ⓒ右皮处到第二个大便器处）=（1.45+1.45）m=2.90m

⑥DN32 镀锌钢管（明装）：

0.90m（从第二个大便器到第三个大便器处）=0.90m

⑦DN25 镀锌钢管（明装）：

0.24m（两排洗脸盆夹墙厚）+0.4m（从轴Ⓕ到第一个洗脸盆接口处）×2+1.6m（从第一个洗脸盆到第三个洗脸盆接口处）×2=（0.24+0.8+3.2）m=4.24m

⑧DN20 镀锌钢管（明装）：

（1.0+0.7+0.2）m（女卫生间拖布盆连接管）+1.70m（从中区给水铺设管②点处到轴Ｆ处）+1.6m（从标高−0.40到标高1.2处）=（1.9+1.7+1.6）m=5.2m（其中2.1m为铺设管）

⑨DN15 镀锌钢管（明装）0.8m（从第三个洗脸盆到第四个洗脸盆处）×2=1.6m

5. 北区给水系统管道安装工程量

①DN65 镀锌钢管(铺设管):

0.40m(从标高-0.40到标高0.00处)=0.40m

②DN65 镀锌钢管(明装):

1.90m(从标高0.00到1.90处)+1.90m(从轴Ⓒ到第二个大便器接口处)-0.12(墙Ⓒ半宽)=(1.9+1.9-0.12)m=3.68m

③DN50 镀锌钢管(铺设管):

3.0m(从轴Ⓑ到轴Ⓒ处)+0.40m(从标高-0.40到标高0.00处)=3.4m

④DN50 镀锌钢管(明装):

[1.90m(从标高0.00到1.90处)+1.70m(从轴Ⓑ处到最近大便器处)-0.12m(半个Ⓑ墙厚度)]+1.90m(两个大便间宽度)=(3.48+1.90)m=5.38m

⑤DN40 镀锌钢管(明装):1.90m(两个大便间宽度)×2=3.80m

⑥DN32 镀锌钢管(明装):1.90m(两个大便间宽度)=1.90m

⑦DN25 镀锌钢管(明装):0.90m(一个大便间宽度)×3=2.70m

(二)给水系统中各卫生器具连接管

①DN25 镀锌钢管(明装)接大便器:

0.90m(从给水横管标高1.90处到大便器冲洗阀门处标高1.00处)×27=24.3m

②DN15 镀锌钢管(明装)接洗脸盆:

0.75m(从水嘴标高1.20处到洗脸盆给水横管标高0.45处)×8+0.55m×2=4.5m

(三)给水设备及管件

DN15 水龙头:10个+2个=12个

DN65 截止阀:1个

定额编号8-247,计量单位:个,工程量:1,基价:26.79元;其中人工费8.59元,材料费18.20元。

DN50 截止阀:4个

定额编号8-246,计量单位:个,工程量:4,基价:15.06元;其中人工费5.80元,材料费9.26元。

DN32 截止阀:2个

定额编号8-244,计量单位:个,工程量:2,基价:8.57元;其中人工费3.48元,材料费5.09元。

DN20 截止阀:1个

定额编号8-242,计量单位:个,工程量:1,基价:5.00元;其中人工费2.32元,材料费2.68元。

DN80 截止阀:1个

定额编号8-248,计量单位:个,工程量:1,基价:37.71元;其中人工费11.61元,材料费26.10元。

DN80 水 表:1组

定额编号8-368,计量单位:组,工程量:1,基价:1809.02元;其中人工费99.38元,材料费1627.12元,机械费82.52元。

DN125 镀锌铁皮套管:1个

定额编号 8-176，计量单位：个，工程量：1，基价：5.30 元；其中人工费 2.55 元，材料费 2.75 元。

DN100 镀锌铁皮套管：5 个

定额编号 8-175，计量单位：个，工程量：5，基价 4.34 元，其中人工费 2.09 元，材料费 2.25 元。

DN80 镀锌铁皮套管：3 个

定额编号 8-174，计量单位：个，工程量：3，基价 4.34 元，其中人工费 2.09 元，材料费 2.25 元。

DN40 镀锌铁皮套管：1 个

定额编号 8-171，计量单位：个，工程量：1，基价 2.89 元，其中人工费 1.39 元，材料费 1.50 元。

DN32 镀锌铁皮套管：2 个

定额编号 8-170，计量单位：个，工程量：2，基价 2.89 元，其中人工费 1.39 元，材料费 1.50 元。

(四)给水管道工程量汇总

①铺设管：

DN80：$(9.77+3.8)m=13.57m$

DN65：$(0.4+7.82+10.22)m=(18.04+0.4)m=18.44m$

DN50：$(1.4+10.76+2.10+3.40)m=17.66m$

DN32：$(1.40+1.70)m=3.10m$

DN20：2.10m

②明装管：

DN65：3.68m

DN50：$(4.28+0.45+0.69+5.38)m=10.8m$

DN40：$(1.90+2.90+3.80)m=8.6m$

DN32：$(4.60+1.80+2.40+0.90+1.90)m=11.60m$

DN25：$(2.95+2.14+4.55+4.24+2.70+24.3)m=40.88m$

DN20：$(1.0+1.0+2.74+3.1)m=7.84m$

DN15：$(3.28+2.97+1.6+4.5)m=12.35m$

③套用定额：

DN80 定额编号：8-94，计量单位：10m，工程量 $\frac{13.57}{10}=1.357$，基价：135.50 元；其中人工费 67.34 元，材料费 63.83 元，机械费 4.33 元。

DN65 定额编号：8-93，计量单位：10m，工程量 $\frac{18.44+3.68}{10}=2.212$，基价：124.29 元；其中人工费 63.62 元，材料费 56.56 元，机械费 4.11 元。

DN50 定额编号：8-92，计量单位：10m，工程量 $\frac{17.66+10.8}{10}=2.846$，基价：111.93 元；其中人工费 62.23 元，材料费 46.84 元，机械费 2.86 元。

DN40　定额编号：8-91，计量单位：10m，工程量$\frac{8.6}{10}=0.86$，基价：93.85元；其中人工费60.84元，材料费31.98元，机械费1.03元。

DN32　定额编号：8-90，计量单位：10m，工程量$\frac{3.1+11.6}{10}=1.47$，基价：86.16元；其中人工费51.08元，材料费34.05元，机械费1.03元。

DN25　定额编号：8-89，计量单位：10m，工程量$\frac{40.88}{10}=4.088$，基价：83.51元；其中人工费51.08元，材料费34.05元，机械费1.03元。

DN20　定额编号：8-88，计量单位：10m，工程量$\frac{2.1+7.84}{10}=0.994$，基价：66.72元；其中人工费42.49元，材料费24.23元。

DN15　定额编号：8-87，计量单位：10m，工程量$\frac{12.35}{10}=1.235$，基价：65.45元；其中人工费42.49元，材料费22.96元。

（五）管道刷油

埋地管道刷沥青两遍，明装管道刷银粉两遍。

① 埋地管道刷油：

每遍沥青工程量　DN80：$S_1=13.57$（DN80铺设管的长度）$\times 0.276m^2=3.75m^2$

　　　　　　　　DN65：$S_2=18.44\times 0.228m^2=4.20m^2$

　　　　　　　　DN50：$S_3=17.66\times 0.179m^2=3.16m^2$

　　　　　　　　DN32：$S_4=3.10\times 0.121m^2=0.375m^2$

　　　　　　　　DN20：$S_5=2.10\times 0.080m^2=0.168m^2$

　　　　　　　　小计：11.653m^2

② 明装管道刷油：

每遍银粉工程量　DN65：$3.68\times 0.228m^2=0.839m^2$

　　　　　　　　DN50：$10.8\times 0.179m^2=1.93m^2$

　　　　　　　　DN40：$8.6\times 0.148m^2=1.27m^2$

　　　　　　　　DN32：$11.6\times 0.121m^2=1.40m^2$

　　　　　　　　DN25：$40.88\times 0.099m^2=4.04m^2$

　　　　　　　　DN15：$12.35\times 0.064m^2=0.795m^2$

　　　　　　　　DN20：$7.84\times 0.080m^2=0.627m^2$

　　　　　　　　小计：10.90m^2

③ 套用定额：

刷沥青第一遍　定额编号：11-66　计量单位：10m^2　工程量$\frac{11.653}{10}=1.1653$，基价：8.04元；其中人工费6.50元，材料费1.54元。

第二遍　定额编号：11-67　计量单位：10m^2　工程量1.1653，基价：7.64元；其中人工费6.27元，材料费1.37元。

刷银粉第一遍　定额编号：11-56　计量单位：10m^2　工程量$\frac{10.9}{10}=1.09$，基价

11.31元；其中人工费6.50元，材料费4.81元。

第二遍 定额编号：11-57 计量单位：$10m^2$ 工程量1.09，基价：10.64元；其中人工费6.27元，材料费4.37元。

(六) 铺设管道管沟工程量

① 室内管沟开挖工程量：

$V_1 = 0.40$(管沟开挖的深度)$×(0.6+0.3×0.40)$(管沟开挖的上底加下底长度的平均值，0.3为坡度系数)$×(9.57+18.44+17.66+3.10+2.10)$(管沟开挖的总长度)$m^3$

$= (0.40×0.72×50.87)m^3 = 14.65m^3$

② 室内管沟回填土方量：$V'_1 = 14.65m^2$

③ 室外管沟及水表井挖土工程量：

水表井开挖量 $V_2 = 1.5×1.68×2.18m^3 = 5.49m^3$

④ 室外管道开挖土方量：

$V_3 = 1.5$(室外管道开挖的深度)$×(0.6+0.3×1.5)$(室外管道开挖管道的上底加下底的长度平均值，0.3为坡度系数)$×4$(室外管道开挖的长度)m^3

$= 3.15m^3$

⑤ 室外管道回填方量：

$V'_2 = (1.5×0.18×2.18+1.5×0.18×1.68)×4m^3$

$= (0.589+0.184)×4m^3$

$= 3.09m^3$

⑥ $V'_3 = 3.15m^3$

小计 开挖工程量：$20.14m^3+3.15m^3=23.19m^3$ 定额编号：1-8

回填工程量：$20.89m^3$ 定额编号：1-46

二、排水系统工程量

如图1-124所示将排水系统分为上中下三区，然后分别计算其工程量，再汇总。

(一) 管道工程量：

1. 上区排水管道工程量

① $DN150$铸铁管(铺设)：

3.6m(从室外检查井到外墙皮处)+0.18m(半个墙Ⓐ厚度)+6.0m+3.0m(从轴Ⓐ到轴Ⓒ处)+5.25m(从轴Ⓒ处到女厕卫生间第五个大便器出水处)$=(3.6+0.18+9+5.25)m$

$=18.03m$

② $DN100$铸铁管(铺设)：

$1.2×17m=20.4m$(各卫生器具接管地下部分和通气管埋地部分)

③$DN100$铸铁管(明装)：$4.2m$(通气管地上部分高度)$×3=12.6m$

④$DN50$铸铁管(铺设)：

2.85m(从轴M到洗脸盆处)$-0.20m$(从轴M到排水立管处)$+0.20m$(从洗脸盆到地漏)$+1.0m×2=2.85m+2m=4.85m$

2. 中区排水管道工程量

① $DN150$铸铁管：

3.60m(从室外检查井到处墙皮处)+18.47m(整个公共卫生间长度)=22.07m

② DN100 铸铁管(铺设):

1.2m(每个卫生器具和设备埋地部分)×12=14.4m

③ DN100 铸铁管(明装):4.2m×3=12.6m

④ DN50 铸铁管(铺设):(2.85+1.0×6)m=8.85m

3. 下区排水管道工程量

① DN150 铸铁管(铺设):

4.800(从轴Ⓕ到轴Ⓖ处)+3.5m+2.5m+2m+6m=(4.8+6+8)m=18.8m

② DN100 铸铁管(铺设):

6.0m(从轴Ⓐ到轴Ⓑ处)+3.5m+4.0m×2+2.0m+4.0m+1.2m×14=(6.0+11.5+6+16.8)m=40.3m

③ DN50 铸铁管(铺设管):(1.2×13)m=15.6m

④ DN100 铸铁管(明装管):(4.2×4)m=16.8m

⑤ 排水系统卫生器具数量:

蹲式大便器:27 套

定额编号:8-407,计量单位:10 套,工程量$\frac{27}{10}$=2.7,基价:1033.39 元;其中人工费 224.31 元,材料费 809.08 元。

立式小便器:8 套

定额编号:8-422,计量单位:10 套,工程量$\frac{8}{10}$=0.8,基价:813.94 元;其中人工费 93.34 元,材料费 720.60 元。

洗脸盆:10 组

定额编号:8-382,计量单位:10 套,工程量$\frac{10}{10}$=1,基价:576.23 元;其中人工费 109.60 元,材料费 466.63 元。

拖地盆:2 组

地漏 DN50:9 个

定额编号:8-447,计量单位:10 个,工程量$\frac{9}{10}$=0.9,基价:55.88 元;其中人工费 37.15 元,材料费 18.73 元。

排水栓 DN50:12 组

定额编号:8-443,计量单位:10 组,工程量$\frac{12}{10}$=1.2,基价:121.41 元;其中人工费 44.12 元,材料费 77.29 元。

检查口(DN100):10 个

4. 排水管道工程量汇总

DN150 铸铁管(铺设):(18.03+22.07+18.8)m=40.87m

DN100 铸铁管(铺设):(20.4+14.4+40.3)m=75.1m

DN100 铸铁管(明装):(12.6+12.6+16.8)m=42m

DN50 铸铁管(铺设)：4.85m+8.85m+15.6m=29.3m
套用定额：

DN150　定额编号：8-147，计量单位：10m，工程量$\frac{40.87}{10}=4.087$，基价：329.18元；其中人工费85.22元，材料费243.96元。

DN100　定额编号：8-146，计量单位：10m，工程量$\frac{75.1+42}{10}=11.71$，基价：57.39元；其中人工费80.34元，材料费277.05元。

DN150　定额编号：8-144，计量单位：10m，工程量$\frac{29.3}{10}=2.93$，基价：133.41元；其中人工费52.01元，材料费81.40元。

(二)管道刷油

排水铸铁管刷油时，明装管道刷一遍红丹防锈漆，再刷两遍银粉，埋地铺设管刷两遍沥青即可：

① 明装管道刷油：

DN100 铸铁管刷银粉两遍，每遍工程量为：

$S_1=42(DN100$ 铸铁管部分明装的长度$)\times 0.346m^2=14.5m^2$

② 埋地铺设管刷两遍沥青，每遍工程量为：

DN150：$S_2=40.87\times 0.509m^2=20.80m^2$

DN100：$S_3=75.1\times 0.346m^2=25.95m^2$

DN50：$S_3=29.3\times 0.188m^2=5.52m^2$

小计　银粉两遍：14.5m²

　　　沥青每遍：52.27m²

③ 套用定额：

红丹防锈漆　定额编号：11-198，计量单位：10m²，工程量$\frac{14.5}{10}=1.45$，基价：8.85元；其中人工费7.66元，材料费1.19元。

刷银粉第一遍　定额编号：11-200　计量单位：10m²　工程量$\frac{14.5}{10}=1.45$，基价：13.23元；其中人工费7.89元，材料费5.34元。

第二遍　定额编号：11-201　计量单位：10m²　工程量$\frac{14.5}{10}=1.45$，基价：12.37元；其中人工费7.66元，材料费4.71元。

刷沥青第一遍　定额编号：11-202　计量单位：10m²　工程量$\frac{52.27}{10}=5.227$，基价：9.90元；其中人工费8.36元，材料费1.54元。

第二遍　定额编号：11-203　计量单位：10m²　工程量$\frac{52.27}{10}=5.227$，基价：9.50元；其中人工费8.13元，材料费1.37元。

(三)管沟工程量

1. 室外管沟工程量

① 开挖量：

$V_1 = 1.3$(室外管沟的深度)$\times(0.7+0.3\times1.3)$(室外管沟的上底加下底长度的平均值，0.3为坡度系数)$\times 3.6\times 2$(室外管沟开挖的长度)m^3

$= 10.20m^3$(室外连接检查井和室内管道部)

② 回填量：

$V'_1 = 10.20m^3$(由于管道直径小于500，故回填量同于开挖量)套用定额1-46

2. 室内管沟工程

① 开挖量：

$V_2 = 1.2$(室内管沟开挖的深度)$\times(0.7+0.3\times1.2)$(室内管沟的上底加下底的长度的平均值，0.3为坡度系数)$\times 18.03$(室内管沟的长度)m^3

$= 22.93m^3$(室内铺设管径为$DN150$的管道开挖量)

$V_3 = 1.2$(开挖的深度)$\times(0.7+0.3\times1.2)\times 23.5$($DN150$的管道开挖长度)$m^3$

$= 29.89m^3$(室内水平铺设$DN100$管径管道开挖量)

$V_4 = 1.2\times(0.6+0.3\times1.2)$(上底加下底的长度的平均值，0.3为坡度系数)$\times 5.7$($DN100$管径管道开挖的长度)$m^3$

$= 6.57m^3$

小计：59.39m^3 套用定额1-8

② 回填量：

$V'_2 = 22.93m^3$ $V'_3 = 29.89m^3$ $V'_4 = 6.57m^3$

小计：59.39m^3 套用定额1-46

清单工程量计算见下表：

清单工程量计算表

序号	项目编码	项目名称	项目特征描述	计量单位	工程量
1	030801001001	镀锌钢管	DN80	m	13.57
2	030801001002	镀锌钢管	DN65	m	18.44+3.68
3	030801001003	镀锌钢管	DN50	m	10.8+17.66
4	030801001004	镀锌钢管	DN40	m	8.6
5	030801001005	镀锌钢管	DN32	m	3.10+11.60
6	030801001006	镀锌钢管	DN25	m	40.88
7	030801001007	镀锌钢管	DN20	m	2.10+7.84
8	030801001008	镀锌钢管	DN15	m	12.35
9	030801003001	承插铸铁管	DN150	m	18.03+22.07+18.8
10	030801003002	承插铸铁管	DN100	m	33+27+57.1
11	030801003003	承插铸铁管	DN50	m	4.85+8.85+15.6
12	030804016001	水龙头	DN15	个	12
13	030803001001	螺纹阀门	截止阀	个	9
14	030803001002	螺纹阀门	止回阀	个	1
15	030803010001	水表	DN80	组	1

续表

序号	项目编码	项目名称	项目特征描述	计量单位	工程量
16	030804012001	大便器	蹲式	套	27
17	030804013001	小便器	立式	套	8
18	030804003001	洗脸盆		组	10
19	030804017001	地漏	DN50	个	9
20	030804015001	排水栓	DN50	组	12

【例1-68】 本工程为某住宅项目的卫生间及厨房给水排水系统布置，如图1-125所示为系统平面图，如图1-126所示为给水系统轴侧图，如图7-127所示为排水系统轴侧图，给水采用镀锌钢管丝接，排水采用排水铸铁管承插，用水泥砂浆抹口，给水管道沿墙布置，排水管道距墙0.10m。试计算其中的工程量，并汇总。

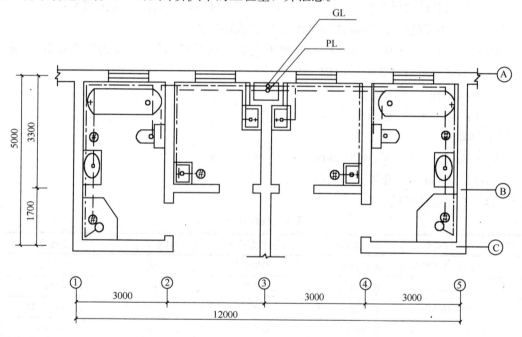

图1-125 平面图

【解】 如图1-125所示平面图中共有1根给水立管及1根排水立管，分别接两户人家中，而且轴③两侧卫生间和厨房布置完全对称，故可计算其中一户的厨卫即可。另外，本楼共有五层，各层给排水布置也相同，即计算第五层乘以5即可。

(1) 给水系统计算工程量

1) 给水管道工程量计算

① DN50镀锌钢管工程量：（清单）

4.0m（给水干管铺设管从室外接口到住宅外墙皮处）+0.36m（墙Ⓐ厚度）+0.80m（立管埋地部分）=5.04m

3.20m（从地面标高0.00到标高3.20处）=3.20m

小计：8.24m

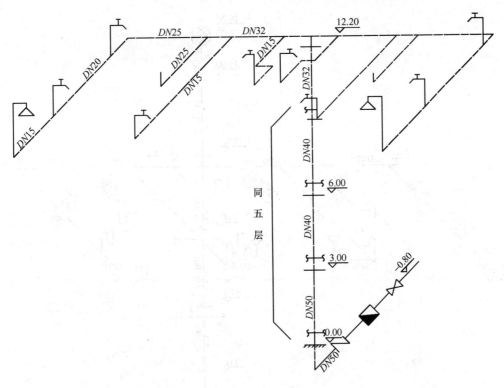

图 1-126 给水系统图

② $DN40$ 镀锌钢管工程量：（清单）

6.0m（从标高 3.2 处到标高 9.20 处）＝6.0m

③ $DN32$ 镀锌钢管工程量：（清单）

3.0m（从标高 9.20 处到标高 12.20 处）＋[3.0m（从轴③到轴②处）＋0.12m（半个墙② 厚度）]×2×5＝3.0m＋（3.0m＋0.12m）×2×5＝3.0m＋3.12m×10＝34.2m

④ $DN25$ 镀锌钢管工程量：（清单）

[3.0m（从轴②到轴①处）－0.24m（墙①和墙②各一半）＋0.35m（半个浴盆宽度）＋ 1.50m（从墙 A 内皮到坐便器处）]×2×5＝（3.0－0.24＋0.35＋1.50）m×2×5 ＝46.1m

⑤ $DN20$ 镀锌钢管工程量：（清单）

2.5m（从浴盆接口处到洗脸盆接口处支管）＝2.50m

2.5m×2×5＝25m

⑥ $DN15$ 镀锌钢管工程量：（清单）

[0.40m（半个洗脸盆宽度）＋1.70m（从轴⑧到轴ⓒ处）－0.12m＋3.30m（从轴Ⓐ到轴⑧ 处）－0.18m（墙Ⓐ一半厚度）－0.12m（墙⑧一半厚度）－0.30m（半个污水盆宽度）＋ 0.60m（管道井宽度）＋0.10m（管道井壁厚）＋0.30m（半个洗涤盆宽度）]×2×5＋[2.0m （淋浴器连接管处）＋0.8m（洗脸盆或洗涤盆连接管）×2＋0.5m（洗污盆连接管）＋0.4m （洗浴盆连接管）＋0.20m（大便器连接管处）]×2×5＝（0.40m＋1.70m＋3.30m＋0.60m －0.18m－0.12m－0.30m＋0.10m＋0.30m）×10＋（2.0m＋0.80m×2＋0.5m＋0.4m＋ 0.20m）×10＝58m＋65m＝123m

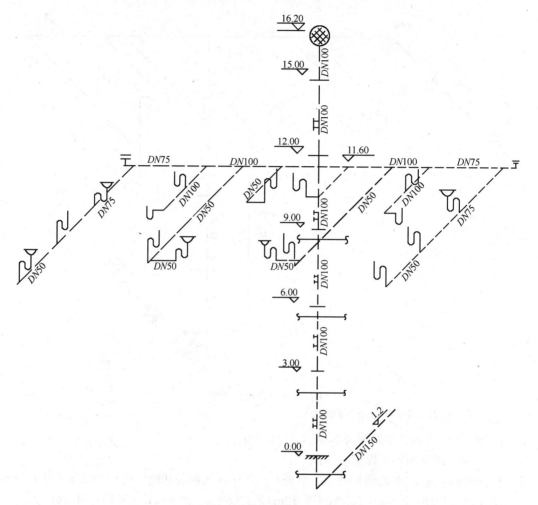

图 1-127 排水系统图

定额工程量汇总，见下表。

工程量汇总表

定额编号	名 称	规 格	单 位	数 量	基价/元	人工费/元	材料费/元	机械费/元
8-92	镀锌钢管	DN50	10m	0.824	111.93	62.23	46.84	2.06
8-91	镀锌钢管	DN40	10m	0.60	93.85	60.84	31.98	1.03
8-90	镀锌钢管	DN32	10m	3.42	86.16	51.08	34.05	1.03
8-89	镀锌钢管	DN25	10m	4.61	83.51	51.08	31.40	1.03
8-88	镀锌钢管	DN20	10m	2.5	66.72	42.49	24.23	
8-87	镀锌钢管	DN15	10m	12.3	65.45	42.49	22.96	

2) 给水设备及管件工程量（清单同定额）

① $DN15$ 水龙头 4个×2×5＝40个

定额编号：8-438，计量单位：10个，工程量$\frac{40}{10}=4$，基价：7.48元；其中人工费 6.50元，材料费 0.98元。

② DN15 淋浴器 1 组×2×5＝10 组

定额编号：8-406，计量单位：10 组，工程量 $\frac{10}{10}=1$，基价：179.85 元；其中人工费 44.12 元，材料费 135.73 元。

3) 卫生设备及器具（清单和定额）

① 浴盆：1 组×2×5＝10 组 定额：10 组

定额编号：8-374，工程量 $\frac{10}{10}=1$，基价：1076.16 元；其中人工费 189.94 元，材料费 886.22 元。

② 洗脸盆：1 组×2×5＝10 组 定额：10 组

定额编号：8-382，工程量 $\frac{10}{10}=1$，基价：576.23 元；其中人工费 109.60 元，材料费 466.63 元。

③ 洗涤盆：1 组×2×5＝10 组 定额：10 组

定额编号：8-391，工程量 $\frac{10}{10}=1$，基价：596.56 元；其中人工费 100.54 元，材料费 496.02 元。

④ 污水盆：1 组×2×5＝10 组 定额：10 组

⑤ 坐式大便器：1 套×2×5＝10 套 定额：10 套

定额编号：8-414，工程量 $\frac{10}{10}=1$，基价：484.02 元；其中人工费 186.46 元，材料费 297.56 元。

⑥ 淋浴器：1 组×2×5＝10 组 定额：10 组

定额编号：8-404，工程量 $\frac{10}{10}=1$，基价：600.19 元；其中人工费 130.03 元，材料费 470.16 元。

4) 镀锌铁皮套管：（无清单有定额）

DN65 镀锌铁皮套管：1 个（DN50 立管穿板处）

定额编号：8-173，计量单位：个，工程量：1，基价：4.34 元；其中人工费 2.09 元，材料费 2.25 元。

DN50 镀锌铁皮套管：2 个（DN40 立管穿板处）

定额编号：8-172，计量单位：个，工程量：2，基价：2.89 元；其中人工费 1.39 元，材料费 1.50 元。

DN40 镀锌铁皮套管：1 个（DN32 立管穿板处）

DN40 镀锌铁皮套管：2 个×2×5＝20 个（支管穿管道井和②④墙处）

定额编号：8-171，计量单位：个，工程量：21，基价：2.89 元；其中人工费 1.39 元，材料费 1.50 元。

5) 管道支架工程量（清单）

① 支架数量：

P50 管道支架：3.2m/5m＝0.64＝1 个

P40 管道支架：6.0m/4.5m=1.33=1 个

P32 管道支架：34.2m/4m=8.55=9 个

P25 管道支架：46.1m/3.5m=13.2=13 个

P20 管道支架：25m/3m=8.33=8 个

P15 管道支架：123m/2.5m=49.2=49 个

② 支架重量：

P50 管道支架：0.87kg/个×1 个=0.87kg

P40 管道支架：0.82kg/个×1 个=0.82kg

P32 管道支架：0.77kg/个×9 个=6.93kg

P25 管道支架：0.60kg/个×13 个=7.8kg

P20、P15 管道支架：0.49kg/个×57 个=27.93kg

小计：44.35kg

定额工程量：0.444　单位(100kg)

定额编号：8-178，基价：654.69 元；其中人工费 235.45 元，材料费 194.98 元，机械费 224.26 元。

③ 支架刷油：

支架刷两遍银粉，每遍工程量为：

P50：0.51kg/个×1 个=0.51kg

P40：0.46kg/个×1 个=0.46kg

P32：0.41kg/个×9 个=3.69kg

P25：0.35kg/个×13 个=4.55kg

P20、P15：0.28kg/个×57 个=15.96kg

小计：25.17kg

定额工程量：0.252　单位(100kg)

定额编号：11-122(第一遍)，基价：16.00 元；其中人工费 5.11 元，材料费 3.93 元，机械费 6.96 元。

定额编号：11-123(第二遍)，基价：15.25 元；其中人工费 5.11 元，材料费 3.18 元，机械费 6.96 元。

6) 管道刷油

对镀锌钢管刷油时铺设管刷两遍沥青，明装管刷两遍银粉，其中每遍工程量计算如下：

① 铺设管　$DN50$：5.04m($DN50$ 铺设管的长度)×0.179m²/m=0.902m²

② 明　装　$DN50$：3.2m×0.179m²/m=0.573m²

　　　　　　$DN40$：6.0m×0.148m²/m=0.886m²

　　　　　　$DN32$：34.2m×0.121m²/m=4.14m²

　　　　　　$DN25$：46.1m×0.099m²/m=4.56m²

　　　　　　$DN20$：25.0m×0.080m²/m=2.00m²

　　　　　　$DN15$：123m×0.064m²/m=7.92m²

小计：每遍沥青工程量为 0.902m²

每遍银粉工程量为 20.08m²

定额工程量：每遍沥青工程量为 0.09 （单位：10m²）

定额编号：11-66(第一遍)，基价：8.04元；其中人工费6.50元，材料费1.54元。

定额编号：11-67(第二遍)，基价：7.64元；其中人工费6.27元，材料费1.37元。

每遍银粉工程量为 2.0 （单位：10m²）

定额编号：11-56(第一遍)，基价：11.31元；其中人工费6.50元，材料费4.81元。

定额编号：11-57(第二遍)，基价：10.64元；其中人工费6.27元，材料费4.37元。

7) 管道挖填土方量

① 挖土工程量计算

A. 水表井挖土工程量计算：如图 1-128 所示，砖井突出管沟部分的土方量并入管沟土方量内计算，其计算式如下：

$1.48 \times 2.48 \times 0.8 m^3 = 2.94 m^3$

B. 管道挖土工程量：如图 1-129 所示，管道沟底宽 0.6m，依公式为：

0.8(管道 开挖的深度)×(0.6+0.3×0.8)(管道沟的上底加下底长度平均的长度，0.3为坡度系数)×(4.0+0.36−2.48)(管道开挖的长度)m³ = 1.72m³

小计：4.66m³

定额工程量：0.047(单位：100m³)定额编号 1-8

② 回填土方量：

小计：1.72m³

定额工程量：0.017(单位：100m³)定额编号 1-46

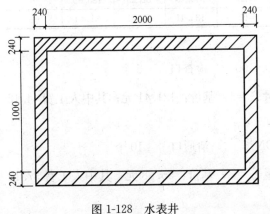

图 1-128 水表井

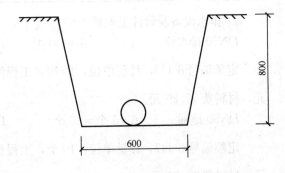

图 1-129 管道挖土示意图

说明：在给水系统中清单与定额的不同仅在管道长度单位，刷油面积单位，土方单位等方面有所不同，其他方面特别是工程量计算过程无差异。

(2) 排水系统工程量

1) 排水管道工程量

① DN150 铸铁管工程量(清单)

4.20m(从立管处到室外第一个检查井处)=4.20m

② DN100 铸铁管工程量(清单)

1.20m(立管埋地部分)+16.20m(立管明装部分)+[3.0m(从轴③到轴②处)+0.12m

(半个墙②厚度)+0.10m(排水管距墙尺寸)]×2×5+[1.50m(从墙Ⓐ内皮到坐便器中心处)−0.10m(排水管道距墙尺寸)]×2×5=1.20m+16.20m+(3+0.12+0.10)m×2×5+(1.50−0.10)m×2×5=17.40m+32.2m+14m=63.6m

③ $DN75$ 铸铁管工程量(清单)

[3.0m(从轴①到轴②处)−0.20m(管道距轴②墙的距离)−0.24m(半个墙厚)]×2×5+[3.30m(从轴Ⓐ到轴Ⓑ处)−0.18m(半个墙Ⓐ厚度)−0.10m(管道与墙距离)−0.12m(半个墙Ⓑ厚度)−0.30m(半个洗脸盆宽度)]×2×5=(3.0−0.20−0.12)m×2×5+(3.30−0.18−0.10−0.12−0.30)m×2×5=26.8m+26m=52.8m

④ $DN50$ 铸铁管工程量:(清单)

[2.12m(从洗脸盆中间到轴Ⓒ处)−0.12m(半个墙Ⓒ厚度)]×2×5+[3.30m(从轴Ⓐ到轴Ⓑ处)−(0.18+0.10+0.25+0.12)m(从墙Ⓐ处开始依次减去$\frac{1}{2}$墙Ⓐ与墙间隔,半个污水盆,半个墙Ⓑ)+0.5m(连接地漏)+0.6m(管道井宽度)+0.10m(管道井壁厚)+0.3m−0.10m(管道与墙距离)]×2×5=(2.12−0.12)m×10+(3.30−0.65+0.5+0.6+0.10+0.3−0.10)m×10=20m+40.5m=60.5m

定额工程量,见下表。

工程量汇总表

定额编号	名 称	规 格	单 位	数 量	基价/元	人工费/元	材料费/元	机械费/元
8-147	排水铸铁管	$DN150$	10m	0.42	329.18	85.22	243.96	—
8-146	排水铸铁管	$DN100$	10m	6.36	357.39	80.34	277.05	—
8-145	排水铸铁管	$DN75$	10m	5.28	249.18	62.23	186.95	—
8-144	排水镀铁管	$DN50$	10m	6.05	133.41	52.01	81.40	—

2) 排水设备及管件工程量

$DN50$ 排水栓   4×2×5组=40组 $DN100$ 检查口   5个

定额编号8-443,计量单位:10组,工程量$\frac{40}{10}=4$,基价:121.41元;其中人工费44.12元,材料费77.29元。

$DN50$ 地漏   6×5个=30个 $DN75$ 清通口   10个

定额编号8-447,计量单位:10个,工程量$\frac{30}{10}=3$,基价:55.88元;其中人工费37.15元,材料费18.73元。

3) 镀锌铁皮套管

$DN125$ 镀锌铁皮套管   (5+2×2×5)个=25个   ($DN100$的管道穿板或穿墙)

定额编号8-176,计量单位:个,工程量25,基价:5.30元;其中人工费2.55元,材料费2.75元。

4) 管道刷油

承插铸铁管刷油时明装管道刷一遍红丹防锈漆,再刷两遍银粉,埋地管刷两遍沥青即可。

① 埋地管刷沥青漆,一遍工程量:

$DN150$ 铺设管长度为:4.20m

$S_1 = 4.20\text{m} \times 0.509\text{m}^2/\text{m} = 2.14\text{m}^2$

DN100 铺设管长度为 10.44m

$S_2 = 12.72\text{m} \times 0.346\text{m}^2/\text{m} = 3.61\text{m}^2$

DN75 铺设管长度为 10.56m

$S_3 = 10.56\text{m} \times 0.267\text{m}^2/\text{m} = 2.82\text{m}^2$

DN50 铺设管长度为 12.1m

$S_4 = 12.1\text{m} \times 0.188\text{m}^2/\text{m} = 2.28\text{m}^2$

小计：10.85m²

定额编号：11-202(第一遍)　计量单位：10m²　工程量 $\frac{10.85}{10} = 1.085$，基价：9.90 元；其中人工费 8.36 元，材料费 1.54 元。

定额编号：11-203(第二遍)　计量单位：10m²　工程量 1.085，基价：9.50 元；其中人工费 8.13 元，材料费 1.37 元。

② 明装管道刷银粉漆每遍工程量为：

DN100 管道明装长度为 53.16m

$S_5 = 53.16\text{m} \times 0.346\text{m}^2/\text{m} = 18.39\text{m}^2$

DN75 管道明装长度为 42.24m

$S_6 = 42.24\text{m} \times 0.267\text{m}^2/\text{m} = 11.28\text{m}^2$

DN50 管道明装长度为 48.4m

$S_7 = 48.4\text{m} \times 0.188\text{m}^2/\text{m} = 9.10\text{m}^2$

小计：38.77m²

定额工程量：刷防锈漆工程量为 1.09(单位：10m²)

定额编号：11-198，基价：8.85 元；其中人工费 7.66 元，材料费 1.19 元。

每遍银粉工程量：3.88(单位是：10m²)

定额编号：11-200(第一遍)　基价：13.23 元；其中人工费 7.89 元，材料费 5.34 元

定额编号：11-201(第二遍)　基价：12.37 元；其中人工费 7.66 元，材料费 4.71 元

5) 管道土方量

① 挖土工程量：

A. DN150 干管管沟土方量：

$V_1 = 1.20\text{m}(DN150$ 干管管沟的开挖深度$) \times (0.70\text{m} + 0.30 \times 1.20\text{m})(DN150$ 干管管沟的上底加下底长度的平均值，0.3 为坡度系数$) \times 4.20\text{m}(DN150$ 干管管沟的长度$)$
$= 5.34\text{m}^3$

B. DN100、DN75、DN50 支管管沟工程量：

$V_2 = 0.9\text{m}(DN100$、DN75、DN50 支管管沟开挖的深度$) \times (0.60\text{m} + 0.30 \times 0.90\text{m})$
$(DN100$、DN75、DN50 支管管沟上底加下底长度的平均值，0.3 为坡度系数$) \times$
$(9.24\text{m} + 10.56\text{m} + 12.1\text{m})(DN100$、DN75、DN50 支管管沟开挖的长度$)$
$= 0.9\text{m} \times 0.87\text{m} \times 31.9\text{m} = 24.98\text{m}^3$

② 填土工程量：

$$V'_1 = 5.34\text{m}^3$$

$$V'_2 = 24.98 \text{m}^3$$
$$V = V'_1 + V'_2 = 30.32 \text{m}^3$$

定额工程量：

挖土工程量：0.30324(单位：100m³)定额编号 1-8

填土工程量：0.3032(单位：100m³)定额编号 1-46

清单工程量计算见下表：

清单工程量计算表

序号	项目编码	项目名称	项目特征描述	计量单位	工程量
1	030801001001	镀锌钢管	DN50	m	8.24
2	030801001002	镀锌钢管	DN40	m	6
3	030801001003	镀锌钢管	DN32	m	34.2
4	030801001004	镀锌钢管	DN25	m	46.1
5	030801001005	镀锌钢管	DN20	m	25
6	030801001006	镀锌钢管	DN15	m	123
7	030801003001	承插铸铁管	DN150	m	4.2
8	030801003002	承插铸铁管	DN100	m	63.6
9	030801003003	承插铸铁管	DN75	m	52.8
10	030801003004	承插铸铁管	DN50	m	60.5
11	030804016001	水龙头	DN15	个	40
12	030804007001	淋浴器	DN15	套	10
13	030804001001	浴盆	搪瓷	组	10
14	030804003001	洗脸盆		组	10
15	030804005001	洗涤盆		组	10
16	030804012001	大便器	蹲式	套	10
17	030802001001	管道支架制作安装		kg	44.35
18	030804017001	地漏	DN50	个	30
19	030804015001	排水栓	DN50	组	40

【例 1-69】 如图 1-130、图 1-131 所示，为某学院公共浴室的给水和排水平面布置图，浴室为男女两个，每个浴室内有更衣室和厕所各一个，另外有拖地盆和洗脸盆各一个，淋浴器采用双门脚踏式淋浴器，给水管道分冷热水管，均采用镀锌钢管，排水采用铸铁承插管，分为三个排水干管，其中 PL_1、PL_2 布置相同，PL_3 另行布置。厕所内大便器采用蹲式大便器自闭式手冲阀，小便为立式小便器，给水管道冷水管标高 1.10m，热水管标高 1.00m，排水铸铁管埋深为 1.0m。试计算工程量并区分清单和定额。

【解】 给水系统工程量计算中由于男女浴室除厕所外具有对称性，即计算时应利用之。

(1) 给水系统工程量计算，其给水系统图如图 1-132 所示。

1) 给水系统管道工程量

① DN65 镀锌钢管工程量(清单)

7.0m(给水管到室外部分)×2(冷热水管道)=14.0m

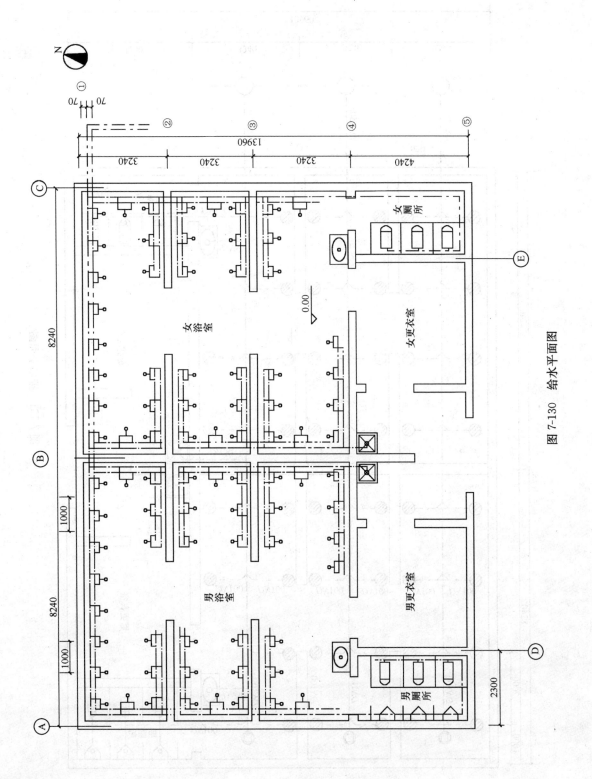

图 7-130　给水平面图

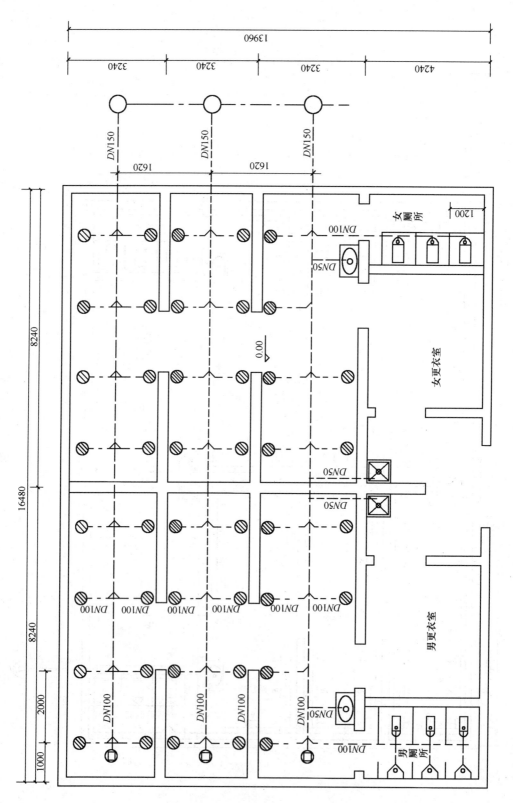

图 7-131 排水平面图

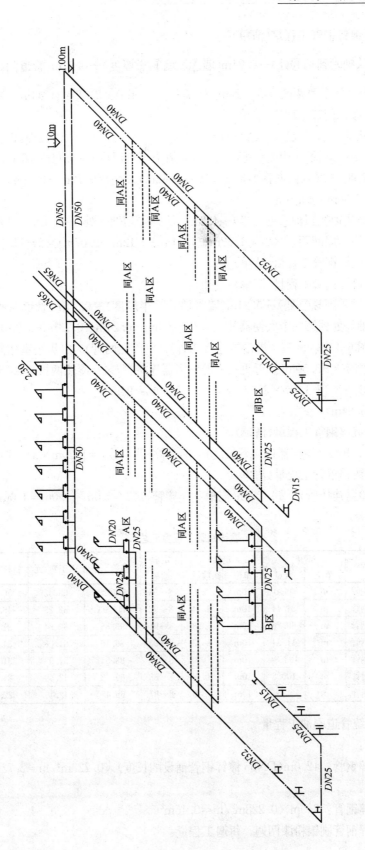

图 7-132 给水系统图

② DN50 镀锌钢管工程量(清单)

[8.24m(从轴Ⓐ到轴Ⓑ处)−0.24m(墙Ⓐ、墙Ⓑ $\frac{1}{2}$ 厚度)−0.07m(管道间距)×2]×2(冷热两根管)×2(东西两区)=(8.24m−0.24m−0.14m)×2×2=31.44m

③ DN40 镀锌钢管工程量(清单)

[6.48m(从轴①到③处)+(3.24/2)m(从轴③到④处一半)]×2(冷热两根管)×2(东西两区)+[9.72m(从轴①到轴④处)−0.24m(两个半墙厚度)−0.14m(两个管道间距)]×2(冷热两根管)×2(东西两区)=(6.48m+1.62m)×4+(9.72m−0.24m−0.14m)×4=32.4m+37.36m=69.76m

[3.24m/2(从轴③到轴④处一半)+4.24m(从轴④到轴⑤处)−0.12m(半个墙⑤厚度)−0.07m(管道与墙间距)]×2=(1.62m+4.24m−0.12m−0.07m)×2=11.34m

④ DN32 镀锌钢管工程量(清单)

⑤ DN25 镀锌钢管工程量(清单)

[2.3m(从轴Ⓐ到轴Ⓓ处)−0.24m(墙Ⓐ墙Ⓑ一半厚度)−0.14m(管道与两侧墙间距)+3.0m(从轴⑤处到第三个大便器处)]×2=(2.3m−0.24m−0.14m+3.0m)×2=9.84m

2.5m(如图6-3中Ⓐ区三个淋浴器连接用管)×2(冷热两管)×8(男浴室相似布置数量)×2(男女两浴室)+3.50m(靠近更衣室的淋浴器连接管)×2(冷热两根)×2(男女两浴室)=2.50m×2×8×2+3.5m×2×2=80.0m+14.0m=94m

小计:103.84m

⑥ DN20 镀锌钢管工程量(清单)

(2.30m−1.10m)(淋浴器连接管长度)×84(淋浴器个数)=1.20m×84=100.8m

⑦ DN15 镀锌钢管工程量(清单)

1.5m(洗脸盆连接管)×2+0.5m(拖地盆连接管)×2=3.0m+1.0m=4.0m

合计见下表。

镀锌钢管工程量汇总表

规格	名称	清单单位	清单数量	定额单位	定额数量	定额编号	基价/元	人工费/元	材料费/元	机械费/元
DN65	镀锌钢管	m	14.0	10m	1.4	8−93	124.29	63.62	56.56	4.11
DN50	镀锌钢管	m	31.44	10m	3.14	8−92	111.93	62.23	46.84	2.86
DN40	镀锌钢管	m	69.76	10m	6.98	8−91	93.85	60.84	31.98	1.03
DN32	镀锌钢管	m	11.34	10m	1.13	8−90	86.16	51.08	34.05	1.03
DN25	镀锌钢管	m	103.84	10m	10.38	8−89	83.51	51.08	31.40	1.03
DN20	镀锌钢管	m	100.8	10m	10.08	8−88	66.72	42.49	24.23	
DN15	镀锌钢管	m	4.0	10m	0.40	8−87	65.45	42.49	22.96	

2) 给水系统管道刷油工程量

① 铺设管:

DN65 镀锌钢管:12.0m(DN65 镀锌钢管铺设的长度)×0.228m²/m=2.73m²

② 明装管:

DN65 镀锌钢管:2.0m×0.228m²/m=0.46m²

DN50 镀锌钢管刷银粉漆两遍,每遍工程量:

$31.44m \times 0.179m^2/m = 5.63m^2$

DN40 镀锌钢管刷银粉漆两遍，每遍工程量：
$69.76m \times 0.148m^2/m = 10.30m^2$

DN32 镀锌钢管刷银粉漆两遍，每遍工程量：
$11.34m \times 0.121m^2/m = 1.37m^2$

DN25 镀锌钢管刷银粉漆两遍，每遍工程量：
$103.84m \times 0.099m^2/m = 10.27m^2$

DN20 镀锌钢管刷银粉漆两遍，每遍工程量：
$100.8m \times 0.080m^2/m = 8.08m^2$

DN15 镀锌钢管刷银粉漆两遍，每遍工程量：
$4.0m \times 0.064m^2/m = 0.26m^2$

合计：$39.1m^2$ 其中沥青漆 $2.73m^2$ 银粉漆 $36.37m^2$

清单 刷沥青漆工程量：$2.73m^2$ 刷银粉漆工程量：$36.37m^2$

定额 刷沥青漆工程量：$0.273(10m^2)$ 刷银粉漆工程量：$3.637(10m^2)$

刷沥青第一遍 定额编号：11-66，计量单位：$10m^2$，工程量 0.273，基价：8.04元；其中人工费 6.50元，材料费 1.54元。

第二遍 定额编号：11-67，计量单位：$10m^2$，工程量 0.273，基价：7.64元；其中人工费 6.27元，材料费 1.37元。

刷银粉第一遍 定额编号：11-56，计量单位：$10m^2$，工程量 3.637，基价：11.31元；其中人工费 6.50元，材料费 4.81元。

第二遍 定额编号：11-57，计量单位：$10m^2$，工程量 3.637，基价：10.64元；其中人工费 6.27元，材料费 4.37元。

3) 给水系统管道支托架工程量

① 支架个数：

$\Phi 50$　31.44m/5m=6.28　　取6个
$\Phi 40$　69.76m/4.5m=15.50　取16个
$\Phi 32$　11.32m/4.0m=2.83　　取3个
$\Phi 25$　103.84m/3.5m=29.7　取30个
$\Phi 20$　100.8m/3m=33.6　　取34个
$\Phi 15$　4m/2.5m=1.6　　　　取2个

② 支架刷油量：

$\Phi 50$：　0.51kg×6=3.06kg
$\Phi 40$：　0.46kg×16=7.36kg
$\Phi 32$：　0.41kg×3=1.23kg
$\Phi 25$：　0.35kg×30=10.5kg
$\Phi 20$、$\Phi 15$：　0.28kg×36=10.08kg

小计 清单：32.23kg 定额：0.32(100kg)

定额编号：11-122(第一遍)，基价：16.00元；其中人工费 5.11元，材料费 3.93元，机械费 6.96元。

定额编号：11-123(第二遍)，基价：15.25元；其中人工费5.11元，材料费3.18元，机械费6.96元。

③ 支架重量：

Φ50：　0.87kg×6＝5.22kg

Φ40：　0.82kg×16＝13.12kg

Φ32：　0.77kg×3＝2.31kg

Φ25：　0.60kg×30＝18kg

Φ20、Φ15：0.49kg×36＝17.64kg

小计　清单：56.29kg　定额：0.563(100kg)

定额编号：8-178，基价：654.69元；其中人工费235.45元，材料费194.98元，机械费224.26元。

4) 管件及设备工程量

① 淋浴器：　　　　　　84组　　　定额：8.4(10组)

定额编号：8-404，基价：600.19元；其中人工费130.03元，材料费470.16元。

② DN50镀锌铁皮套管：　18个　　　定额：1.8(10个)

定额编号：8-172，基价：2.89元；其中人工费1.39元，材料费1.50元。

③ DN20镀锌铁皮套管：　4个　　　定额：0.4(10个)

定额编号：8-169，基价：1.70元；其中人工费0.70元，材料费1.00元。

④ DN15水龙头：　　　　4个　　　定额：0.4(10个)

定额编号：8-438，基价：7.48元；其中人工费6.50元，材料费0.98元。

⑤ DN20截止阀：　　　168个

定额：168(个)　定额编号：8-242　基价：5.00元；其中人工费2.32元，材料费2.68元。

(2) 排水系统工程量，其排水系统图如图1-133所示。

1) 排水系统管道工程量

① DN150承插铸铁管：

[3.6m(室外管道接检查井)+7.120m(从轴Ⓒ到第四排淋浴器处)+0.12m(墙Ⓒ一半)]×3＝(3.60m+7.12m+0.12m)×3＝32.52m

定额编号：8-141，计量单位：10m，工程量$\frac{32.52}{10}$＝3.252，基价：350.11元；其中人工费85.22元，材料费264.89元。

② DN100承插铸铁管：

8.3m(埋地干管后半部分)×3+[5.86m(从轴⑤处到PL_3处)−0.6m(半个大便间宽度)]×2＝8.3m×3+(5.86m−0.60m)×2＝24.9m+10.52m＝35.42m。

定额编号：8-140，计量单位：10m；工程量$\frac{35.42}{10}$＝3.542，基价：378.68元；其中人工费80.34元，材料费298.34元。

③ DN75承插铸铁管：

1.5m(地漏到最近干管处)×44＝66m

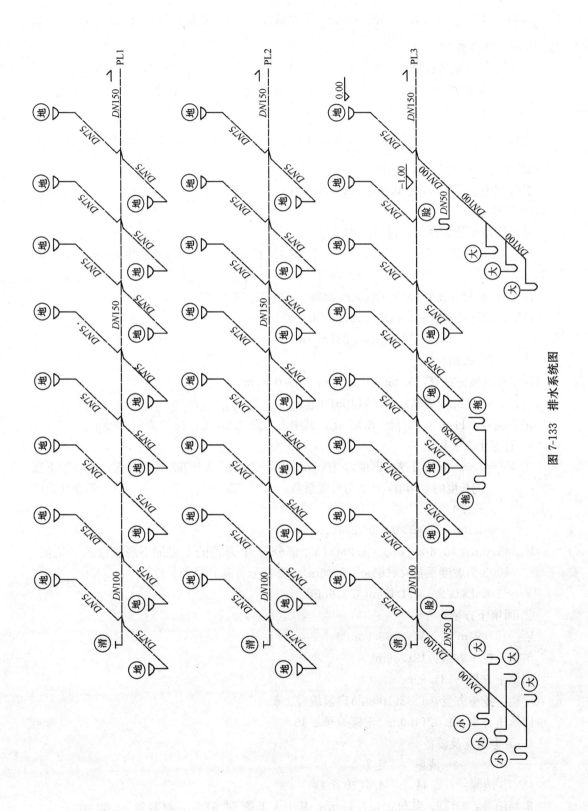

图 7-133 排水系统图

定额编号：8-139，计量单位：10m，工程量 $\frac{66}{10}=6.6$，基价：261.74元；其中人工费62.23元，材料费199.51元。

④ $DN50$ 承插铸铁管：

1.92m(拖地盆出水口到 PL_3 处)+0.74m(两拖地盆间距)+1.2m(洗脸盆到支管处)×2
=5.06m

定额编号：8-138，计量单位：10m，工程量 $\frac{5.06}{10}=0.506$，基价：139.25元；其中人工费52.01元，材料费87.24元。

另外埋地立管 $DN75$：0.8m×44=35.2m

2) 管道刷油

埋地管道刷沥青两遍，每遍工程量为：

$DN150$ 承插铸铁管：32.52m($DN150$ 承插铸铁管埋地管部分的长度)×0.509m²/m
=16.55m²

$DN100$ 承插铸铁管：35.42m×0.346m²/m=12.24m²

$DN75$ 承插铸铁管：66m×0.267m²/m=17.62m²

　　　　　　　　　35.2m×0.267m²/m=9.40m²

小计：27.02m²

$DN50$ 承插铸铁管：5.06m×0.179m²/m=0.91m²

合计：56.72m²(清单)　5.67(10m²)定额

定额编号：11-198，基价：8.85元；其中人工费7.66元，材料费1.19元。

3) 管道土方工程量

① V_1=1.0m(管道开挖的深度)×(0.7m+0.3×1.0m)(V1部分管道开挖的上底加下底的长度的平均值，0.3为坡度系数)×(32.52m+35.42m)(管道V1部分开挖的长度)

　　=1.0m×1.0m×67.94m=67.94m³

V_2=1.0m×(0.6m+0.3×1.0m)(V2部分管道 开挖的上底加下底长度的平均值，0.3为坡度系数)×(66m+5.06m)(V2部分管道开挖的长度)

　　=1.0m×0.9m×71.06m=63.95m³

② 回填土方量：

V'_1=67.94m³　　V'_2=63.95m³

清单　挖土方量：131.89m³

回填土方量：131.89m³

定额　挖土方量：1.32(100m³)定额编号 1-8

回填土方量：1.32(100m³)定额编号 1-46

4) 卫生器具及设备

　　　　　　　清单　　定额

$DN75$ 地漏：　　44个　4.4(10个)

定额编号：8-448，基价：117.41元；其中人工费86.61元，材料费30.80元。

DN50 排水栓： 4 组 0.4(10 组)

定额编号：8-443，基价：121.41 元；其中人工费 44.12 元，材料费 77.29 元。

小便器(立式)： 3 套 0.3(10 套)

定额编号：8-422，基价：813.94 元；其中人工费 93.34 元，材料费 720.60 元。

大便器(蹲式)： 6 套 0.6(10 套)

定额编号：8-413，基价：1812.01 元；其中人工费 167.42 元，材料费 1644.59 元。

DN100 清扫口： 3 个 0.3(10 个)

定额编号：8-453，基价：24.22 元；其中人工费 22.52 元，材料费 1.70 元。

说明：本工程排水管道均为埋地铺设，故支架项目及刷银粉项目可省略。

清单工程量计算见下表：

清单工程量计算表

序号	项目编码	项目名称	项目特征描述	计量单位	工程量
1	030801001001	镀锌钢管	DN65	m	14.00
2	030801001002	镀锌钢管	DN50	m	31.44
3	030801001003	镀锌钢管	DN40	m	69.76
4	030801001004	镀锌钢管	DN32	m	11.34
5	030801001005	镀锌钢管	DN25	m	103.84
6	030801001006	镀锌钢管	DN20	m	100.8
7	030801001007	镀锌钢管	DN15	m	4.0
8	030801003001	承插铸铁管	DN150	m	32.52
9	030801003002	承插铸铁管	DN100	m	35.42
10	030801003003	承插铸铁管	DN75	m	66+35.2
11	030801003004	承插铸铁管	DN50	m	5.06
12	030802001001	管道支架制作安装		kg	56.29
13	030804007001	淋浴器		套	84
14	030804016001	水龙头	DN15	个	4
15	030803001001	螺纹阀门	DN20 截止阀	个	168
16	030804017001	地漏	DN75	个	44
17	030804015001	排水栓	DN50	组	4
18	030804012001	大便器	蹲式	套	6
19	030804013001	小便器	立式	套	3

第二章 采暖与燃气工程(C.8)

第一节 分部分项实例

项目编码:030801002 项目名称:钢管

【例2-1】 某建筑采暖系统某立管安装形式如图2-1所示,计算立管工程量,立管采用的是DN20焊接钢管,单管顺流式安装连接。

【解】(1)立管长度计算工程DN20焊接钢管

[12.5-(-1.000)](标高差)+0.2(立管中心与供水干管引入该立管处垂直距离)+0.2(立管中心与回水干管的垂直距离)-0.5(散热器进出水中心距)×5(层数)m
=11.4m

(2)定额与工程量清单

则其项目如下:

① 清单工程量:钢管DN20,项目编码:030801002,计量单位:m

工程数量:$\dfrac{11.4}{1(计量单位)}=11.4$

② 定额工程量:室内焊接钢管安装(螺纹连接)

定额编号:8-99,定额单位:10m,工程量:

11.4/10=1.14,基价:63.11元;其中人工费42.49元,材料费:20.62元。

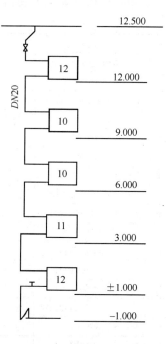

图2-1 立管示意图

项目编码:030801002 项目名称:钢管

【例2-2】 计算上题中支管工程量,其室内平面图如图2-2所示,散热器沿窗边布置。

【解】 支管长度计算DN20焊接钢管

[1.500(墙中心线距窗-近边沿的距离)+0.12(半墙厚)+0.1(立管距墙面的距离)+0.15(散热器进出口中心线距外墙内墙面的距离)-0.1(立管距外墙内墙面的距离)]×2(进出水两根)×5(5层)m=1.77m×10=17.7m

则①清单中:钢管DN20,项目编码:030801002,计量单位:m

工程数量:$\dfrac{17.7}{1(计量单位)}=17.7$

② 定额中室内焊接钢管安装(螺纹连接):定额编号:8-99,定额单位:10m,定额工程量:17.7/10=1.77,基价:63.11元;其中人工费42.49元,材料费:20.62元

第二章 采暖与燃气工程(C.8)

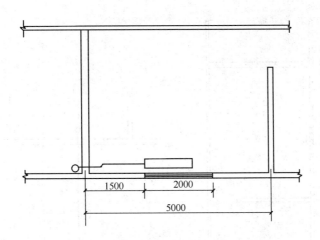

图 2-2 散热器平面布置图

项目编码：030805001　项目名称：铸铁散热器

【例 2-3】 例 1 中采用铸铁散热器 M132 型，试计算该立管上散热器工程量。

【解】 由图可知散热器片数为：(12+10+10+11+12)片=55 片

① 清单工程量：铸铁散热器，项目编码：030805001，计量单位：片

工程数量：$\dfrac{55}{1(计量单位)}=55$

② 定额工程量：铸铁散热器 M132 型：定额编号：8-490，定额单位：10 片，定额工程量：55/10=5.5，基价：41.27 元；其中人工费 14.16 元，材料费 27.11 元。

说明：定额中只考虑了铸铁散热器的组成安装，并未考虑其制作。清单中考虑了其制作安装，同时还包含了其刷油、除锈设计等。

项目编码：030801002　项目名称：钢管

【例 2-4】 散热器若沿窗中布置，其平面图如图 2-3 所示，试计算支管工程量。

【解】 支管长度计算 DN20 焊接钢管

$\left\{\left[\dfrac{5.0}{2}(房间跨度的一半)+0.12(半墙厚)+0.1(立管距墙面的距离)\right]\times 2(供水与回\right.$
$\left.\times 5(5 层)-0.06(单片散热器宽度)\times 55(5 层总散热器片数)\right\}$
水两根，每层均有)m+[0.15(散热器进出水口中心距外墙内墙面的距离)-0.1(立管距外墙内墙面的距离)]×2(进出水两根)×5(5 层)m=(20.6+0.5)m=21.1m

① 清单工程量：

钢管 DN20　项目编码：030801002，计量单位：m

工程数量：$\dfrac{21.1}{1}=21.1$

② 定额工程量：

室内焊接钢管安装（螺纹连接）

定额编号：8-99，定额单位：10m，定额工程量：21.1/10=2.11，基价：63.11 元；其中人工费 42.49 元，材料费 20.62 元。

173

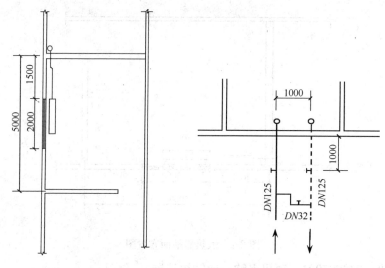

图 2-3 散热器平沿窗布置图　　图 2-4 热力入口示意图

项目编码：030801002　项目名称：钢管

【例 2-5】 某建筑采暖系统热力入口如图 2-4 所示，由室外热力管井至外墙面的距离为 2.00m，供回水管为 $DN125$ 的焊接钢管，试计算该热力入口的供、回水管的工程量。

【解】 （1）室外管道

采暖热源管道以入口阀门或建筑物外墙皮 1.5m 为界，这是以热力入口阀门为界。

$DN125$ 钢管（焊接）管长：

[2.0（接入口与外墙面距离）−1.0（阀门与外墙面距离）]m×2（供、回水管）＝2.0m

① 清单工程量：

钢管　项目编码：030801002，计量单位：m

工程数量：$\dfrac{2.0}{1}=2$

② 定额工程量：

焊接钢管 $DN125$：

定额编号：8-29，定额单位：10m，工程量：2.0/10＝0.2，基价：91.59 元；其中人工费 34.13 元，材料费 46.72 元，机械费 10.74 元。

（2）室内管道

$DN125$ 钢管（焊接）管长：[1.0（阀门与外墙面距离）＋0.37（外墙壁厚）＋0.1（立管距外墙内墙面的距离）]m×2（供回水两根管）＝2.94m

① 清单工程量：

钢管 $DN125$　项目编码：030801002，计量单位：m

工程数量：$\dfrac{2.94}{1}=2.94$

② 定额工程量：

焊接钢管 $DN125$　定额编号：8-115，定额单位：10m，工程量：2.94/10＝0.294，基价：223.60 元；其中人工费 80.81 元，材料费 100.32 元，机械费 42.47 元。

【例 2-6】 上题中供回水管刷防锈漆两道，用岩棉管壳保温，保温层厚度为 40mm，弯道管同样刷两道防锈漆，其保温层厚度为 30mm，试计算其工程量。

【解】 （1）刷防锈漆两道

$DN125$ 焊接钢管外表面积：

$(2.0+2.94)$（$DN125$ 钢管管长）$\times 0.140$（焊接钢管 $DN125$ 的外径）$\times 3.1416\text{m}^2 = 2.173\text{m}^2$

$DN32$ 焊接钢管外表面积计算：

其管长计算如下：1.0（供回水管距离）+0.2（转弯水平距离）=1.2m

则其清单工程量：$DN32$ 钢管

项目编码：030801002，计量单位：m，则其工程数量为 1.2m

定额工程量：$DN32$ 焊接钢管（螺纹连接）

定额编号：8-15，计量单位：10m，工程量为 1.2/10=0.12，基价：21.08 元；其中人工费 15.09 元，材料费 5.15 元，机械费 0.84 元。

则 $DN32$ 焊接钢管外表面积：

1.2（$DN32$ 钢管管长）$\times 0.042$（$DN32$ 外径）$\times 3.1416\text{m}^2 = 0.158\text{m}^2$

（2）定额工程量

管道刷防锈漆第一遍定额编号：11-53，计量单位：10m^2，工程量为：（2.173+0.158）/10=0.233，基价：7.40 元；其中人工费 6.27 元，材料费 1.13 元。

管道刷防锈漆第二遍定额编号：11-54，计量单位 10m^2，工程量为（2.173+0.158）/10=0.233，基价：7.28 元；其中人工费 6.27 元，材料费 1.01 元。

清单中，没有专门计量刷防锈漆的项目编码，其在计算管道工程数量时，就已经包含刷防锈漆等的过程。

（3）岩棉管壳保温

$DN125$ 焊接钢管：

$V = \pi \times (D+1.033\delta) \times 1.033\delta \times L$

$= 3.14 \times (0.125+1.033\times 0.04) \times 1.033 \times 0.04 \times (2.0+2.94)\text{m}^3$

$= 0.107\text{m}^3$

保温层体积 $=(2.0+2.94)$（$DN125$ 钢管的管长）$\times \left[\left(\dfrac{0.140}{2}+0.04\right)^2 - \left(\dfrac{0.140}{2}\right)^2\right] \times$

3.1416（单位管长的保温层体积）m^3

$= 4.94 \times (0.0121-0.0049) \times 3.1416\text{m}^3 = 0.1117\text{m}^3$

$DN32$ 焊接钢管：

$V = \pi \times (D+1.033\delta) \times 1.033\delta \times L$

$= 3.1416 \times (0.032+1.033\times 0.03) \times 1.033 \times 0.03 \times 1.2\text{m}^3$

$= 0.0074\text{m}^3$

保温层体积 $=1.2$（$DN32$ 钢管的管长）$\times \left[\left(\dfrac{0.042}{2}+0.030\right)^2 - \left(\dfrac{0.042}{2}\right)^2\right] \times 3.1416$（单位管长的保温层体积）$\text{m}^3$

$= 1.2 \times (0.002601-0.00441) \times 3.1416\text{m}^3 = 0.0081\text{m}^3$

(4) 定额中心管道

①（DN32）ϕ57 以下保温层厚 30mm

定额编号：11-1824，计量单位：m^3，工程量为 $\frac{0.0081}{1}=0.0081$，基价：176.93 元；其中人工费 142.34 元，材料费 27.84 元，机械费 6.75 元。

②管道（DN125）ϕ325 以下保温层厚 40mm

定额编号：11-1841，计量单位 m^3，工程量为 $0.1117m^3/1m^3=0.1117$，基价：82.13 元；其中人工费 56.19 元，材料费 19.19 元，机械费 6.75 元。

清单中：没有专门关于计算保温材料的项目编码，其在计算管道工程数量时，就已经包含了保温层材料等的工程数量。

管道清单中工程数量计算中所包含的项目特征为：

① 安装部位（室内、外）
② 输送介质（给水、排水、热媒介、燃气、雨水）
③ 材质
④ 型号、规格
⑤ 连接方式
⑥ 套管形式、材质、规格
⑦ 接口材料
⑧ 防锈、刷油、防腐、绝热及保温层设计要求

项目编码：030801001　项目名称：镀锌钢管
项目编码：030805001　项目名称：铸铁散热器
项目编码：030803001　项目名称：螺纹阀门

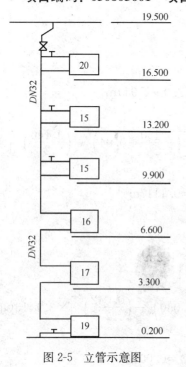

图 2-5 立管示意图

【例 2-7】 某工程采暖系统其中一立管如图 2-5 所示，试用定额和清单两种计算方式来计算其工程量，该工程概况为室内采暖管线采用镀锌钢管螺纹连接，并刷两道红丹防锈漆和两道银粉，散热器采用柱型铸铁散热器，沿窗边布置。

【解】 (1) ①DN32 镀锌钢管立管长为：

(19.5－0.2)（标高差）m+0.3（立管中心线与供水干管的距离）m－0.6×3m（未跨越的散热器的进出水管中心距）=17.8m

DN32 镀锌钢管支管管长：其平面图如图 2-6 所示：

[1.2(窗边侧距其内墙中心线的距离)+0.05(乙字弯水平长度)－0.12(半墙壁厚)－0.1(立管中心线距内墙面的距离)]m(单根支管的长度)×2(每个散热器上有进出水两个支管)×6(层数)=1.03×12m=12.36m

② 清单工程量：

DN32 镀锌钢管　项目编码：030801001，计量单位：m，工程数量：17.8+12.36=30.16m，定额工程

量：室内管道 DN32 镀锌钢管（螺纹连接），定额编号：8-90，计量单位：10m，工程量为 (17.8＋12.36) /10＝3.016，基价：86.16元；其中人工费 51.08 元，材料费 34.05 元，机械费 1.03 元。

（2）①刷红丹防锈漆管外面积：
(17.8＋12.36)(管长)×(0.042×3.1416)
(DN32 钢管外周长)m² ＝30.16×0.042×3.1416m² ＝3.98m²

② 清单工程量：
没有关于刷红丹防锈漆的专门编码，其已包含在了管道的工程量计算中。

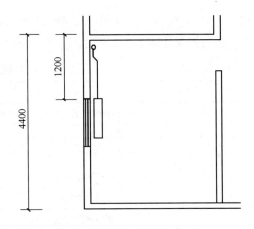

图 2-6　散热器平面布置图

定额工程量：

管道刷红丹防锈漆第一遍定额编号：11-51，计量单位，10m²，工程量为 3.98/10＝0.398，基价：7.34 元；其中人工费 6.27 元，材料费 1.07 元。

第二遍定额编号：11-52，计量单位：10m²，工程量为 3.98/10＝0.398，基价：7.23元；其中人工费为 6.27 元，材料费为 0.96 元。

（3）①管道刷银粉漆两遍，管外面积为 (17.8＋12.36)×(0.042×3.1416)m² ＝3.98m²

② 清单计算：没有关于刷银粉漆的单独编码，其已包含在了管道的工程量计算中。

定额工程量：管道外刷银粉漆：

第一遍定额编号：11-56，计量单位 10m²，工程量为 3.98/10＝0.398，基价：11.31元；其中人工费 6.50 元，材料费 4.81 元。

第二遍定额编号 11-57，计量单位 10m²，工程量为 3.98/10＝0.398，基价：10.64元；其中人工费 6.27 元，材料费 4.37 元。

（4）散热器工程量

① 清单工程量：

铸铁散热器柱型，项目编码为 030805001，计量单位为片，工程数量为：

$$\frac{(20＋15＋15＋16＋17＋19)}{1}＝\frac{102}{1}＝102$$

② 定额工程量：

铸铁散热器柱型　定额编号：8-491，计量单位：10 片，工程量为：(20＋15＋15＋16＋17＋19)/10＝102/10＝10.2，基价：87.73 元；其中人工费 9.61 元，材料费 78.12 元。

（5）阀门工程量 DN32 螺纹阀门

① 清单工程量：

DN32 螺纹阀门　项目编码为：030803001，计量单位为个，则工程数量为 $\frac{5}{1}＝1$

② 定额工程量：

DN32 螺纹阀门　定额编号为 8-244，计量单位为个，工程量为 $\frac{5}{1}＝5$（查立管图示可知），基价：8.57元；其中人工费3.48元，材料费5.09元。

汇总同见下表。

定额预算表

序号	项 目	定额编号	计量单位	工程量
1	室内镀锌钢管安装（DN32 螺纹连接）	8-90	10m	3.016
2	管道刷红丹防锈漆第一遍	11-51	10m²	0.398
3	管道刷红丹防锈漆第二遍	11-52	10m²	0.398
4	管道刷银粉漆第一遍	11-56	10m²	0.398
5	管道刷银粉漆第二遍	11-57	10m²	0.398
6	螺纹阀门安装 DN32	8-244	个	5
7	铸铁散热器柱型组成安装	8-491	10片	10.2

定额预算表与清单项目之间关系分析对照表

序号	项目编码	项目名称	计量单位	工程数量	清单立项在定额预算表中的序号	清单综合的工程内容在定额预算表中的序号
1	030801001×××	镀锌钢管 DN32，室内安装，螺纹连接，刷两遍红丹防锈漆两遍银粉	m	30.16	1	2+3+4+5
2	030803001×××	螺纹阀门，DN32	个	5	6	
3	030805001××	铸铁散热器，柱型	片	102	7	

【例 2-8】 民用建筑采暖与燃气（煤气）管线室内外管道划分的区别？

① 采暖热源管道室内外以入口阀门或建筑物外墙皮 1.5m 为界。

② 燃气室内外管道分界：地下引入室内的管道以室内第一个阀门为界，地上引入室内的管道以墙外三通为界。

项目编码：030801001　项目名称：镀锌钢管

【例 2-9】 某住宅燃气系统如图 2-8 所示，平面图如图 2-7 所示，试计算燃气入户支管的工程量，系统管道均采用镀锌钢管，螺纹连接。

【解】（1）根据平面图和系统图，燃气入一层用户支管管长为：

[3.0(房间宽度)+3.500(房间长度)+0.24(一墙厚)+0.1(立管距内墙面距离)-0.05(转弯后燃气管道距⑤轴线墙面的距离)-0.1(燃气管道距Ⓐ轴线墙面的距离)-1.5(接入灶具处距Ⓑ轴线的距离)+(2.7-1.0)(标高差)+(2.7-2.0)(标高差)+(2.0-1.8)×2(进出燃气表立管

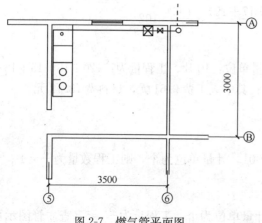

图 2-7　燃气管平面图

长度)－0.15(进出燃气表立管间距)]m＝7.84m，则整个系统用户支线的长度为7.84×5m＝39.2m。

(2) 清单工程量：

镀锌钢管 $DN15$　项目编码：030301001，计量单位为"m"，则清单工程数量为39.2m/1m＝39.2。

定额工程量：

室内镀锌钢管 $DN15$ 螺纹连接，其定额编号为8-589，计量单位：10m，定额工程量为39.2/10＝3.92，基价：67.94元；其中人工费42.89元，材料费20.63元，机械费4.42元。

项目编码：**030801001**　项目名称：镀锌钢管

项目编码：**030803011**　项目名称：燃气表

项目编码：**030806005**　项目名称：气灶具

项目编码：**030803001**　项目名称：**螺纹阀门**

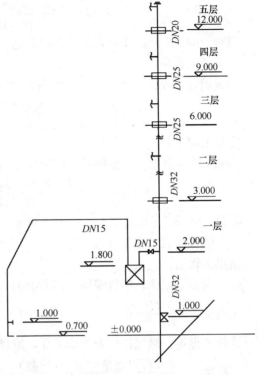

图2-8　燃气系统图

【例2-10】 上题中，用户均采用流量为1.2m³/h的燃气计量表，灶具为双灶眼JZ-2立管由地下立至地上五层穿越楼板用镀锌铁皮套管，用户支管穿墙用钢套管试计算该立管工程量，以及用户内器具选用配件工程量。

【解】　(1) 立管工程量

清单工程量：

镀锌钢管 $DN32$　项目编码：030801001，计量单位：m

$$\text{工程量：} \frac{(3.0-1.0)(\text{标高差})+2.0(\text{二层接出支管距该层地面的距离})}{1.0(\text{计量单位})}=4$$

① 定额工程量：

$DN32$ 镀锌钢管　定额编号：8-592　计量单位：10m

$$\text{工程量：} \frac{(3.0-1.0)(\text{标高差})+2.0(\text{二层接出支管距该层地面的距离})}{10(\text{计量单位})}=0.4$$

基价：97.54元；其中人工费51.08元，材料费43.67元，机械费2.79元。

② 清单工程量：

镀锌钢管 $DN25$　项目编码：030801001，计量单位：m

$$\text{工程量：} \frac{(9.0-6.0)(\text{标高差，层高})\times 2(\text{两层})}{1.0(\text{计量单位})}=6.0$$

定额工程量：

$DN25$ 镀锌钢管　定额编号：8-591，计量单位：10m

工程量：$\dfrac{(9.0-6.0)(标高差)\times 2}{10（计量单位）}=0.6$

基价：84.67 元；其中人工费 50.97 元，材料费 31.31 元，机械费 2.39 元。

③清单工程量：

镀锌钢管 $DN20$　项目编码：030801001，计量单位：m

工程量：$\dfrac{(12.0-9.0)(标高差)\times 1（层数）}{1.0（计量单位）}=3$

定额工程量：

$DN20$ 镀锌钢管　定额编号：8-590，计量单位：10m

工程量：$\dfrac{(12.0-9.0)(标高差)\times 1（层数）}{10（计量单位）}=0.3$

基价：69.82 元；其中人工费 42.96 元，材料费 22.44 元，机械费 4.42 元。

(2) 燃气用表工程量计

清单工程量：

燃气表 $1.2m^3/h$，项目编码：030803011，计量单位：块

工程量：$\dfrac{1.0\times 5}{1.0}=5$

定额工程量：燃气计量表 $1.2m^3/h$，定额编号：8-621，计量单位：块

工程量：$\dfrac{1.0（每户数量）\times 5（户数）}{1.0（计量单位）}=5$

基价：9.30 元；其中人工费 9.06 元，材料费 0.24 元。

(3) 灶具工程量

清单工程量：

气灶具双灶眼 JZ-2，清单编码：030806005，计量单位：台，工程量：$\dfrac{1.0\times 5}{1.0}=5$

定额工程量：

双灶眼 JZ-2　定额编号：8-648，计量单位：台

工程量：$\dfrac{1.0（每户灶具数量）\times 5（户数）}{1.0（计量单位）}=5$

基价：8.86 元；其中人工费 6.50 元，材料费 2.36 元。

(4) 阀门工程量

① $DN15$ 球阀螺纹连接

清单工程量：

螺纹阀门 $DN15$　项目编码：030803001，计量单位：个，工程量：$\dfrac{1.0\times 5}{1.0}=5$

定额工程量：

定额编号：8-241，计量单位：个，工程量：$\dfrac{1.0（每户数量）\times 5}{1.0（计量单位）}=5$，基价：4.43 元；其中人工费：2.32 元，材料费 2.11 元。

②$DN15$ 旋塞阀，螺纹连接

清单工程量：

螺纹阀门 $DN15$　项目编码：030803001，计量单位：个，工程量：$\dfrac{1.0\times 5}{1.0}=5$

定额工程量：

定额编号：8-241，计量单位：个，工程量：$\dfrac{1.0（每户数量）\times 5}{1.0（计量单位）}=5$，基价：4.43元；其中人工费2.32元，材料费2.11元。

（5）镀锌铁皮套管制作工程量（示图2-8中查找数量）

清单没有对套管的项目编码，其工程量已包含在了钢管的工程量计算中。

定额工程量：

$DN65$ 镀锌铁皮套管

定额编号：8-173，计量单位：个，工程量：$\dfrac{1}{1}=1$，基价：4.34元；其中人工费2.09元，材料费2.25元。

$DN50$ 镀锌铁皮套管

定额编号：8-172，计量单位：个，工程量：$\dfrac{2}{1}=2$，基价：2.89元；其中人工费为1.39元，材料费为1.50元。

$DN40$ 镀锌铁皮套管

定额编号：8-171，计量单位个，工程量：$\dfrac{6}{1}=6$，基价：2.89元；其中人工费1.39元，材料费1.50元。

注意：镀锌铁皮套管的安装已包含在了管道安装的定额中，制作另套定额进行计算。

项目编码：030801002　项目名称：钢管

项目编码：030803005　项目名称：自动排气阀

【例2-11】某综合楼采暖系统顶层供水干管布置图如图2-9所示，供水干管采用焊接钢管，螺纹连接；干管过墙采用镀锌铁皮套管；管道末尾安有自动放气阀$DN25$，试计算其工程量。

【解】（1）焊接钢管（螺纹连接）

① $DN70$ 焊接钢管

清单工程量：

项目编码：030801002，计量单位：m，工程量：$\dfrac{4.0-0.1+0.1}{1.0}=4.0$

定额工程量：

定额编号：8-104，计量单位：10m，

工 程 量：$\dfrac{4.0（③-④轴线间距）+0.1（距墙面距离）-0.1（主立管距墙面距离）}{10}$

$=0.4$

基价：115.48元；其中人工费63.62元，材料费46.87元，机械费4.99元。

② $DN50$ 焊接钢管

清单工程量：

项目编码：030801002，计量单位：m

工程量：[(4.0+4.0)+(4.0+4.5+4.0)+0.12+0.1-0.5-0.5+0.4+0.2]/1(计量单位)=20.32

定额工程量：

定额编号：8-103，计量单位：10m

工程量：[(4.0+4.0)(①-③轴线间距)+(4.0+4.5+4.0)(Ⓐ-Ⓓ轴线间距)+0.12(半墙厚)+0.1(①立管距墙面距离③轴线处)-0.5(①轴线距供水干管中心距)-0.5+0.4+0.2(③立管与主干管接口处距转弯距离)]/10(计量单位)
=(8.0+12.5+0.42)/10=20.32/10=2.032

基价：101.55元；其中人工费62.23元，材料费36.06元，机械费3.26元。

③ DN40焊接钢管

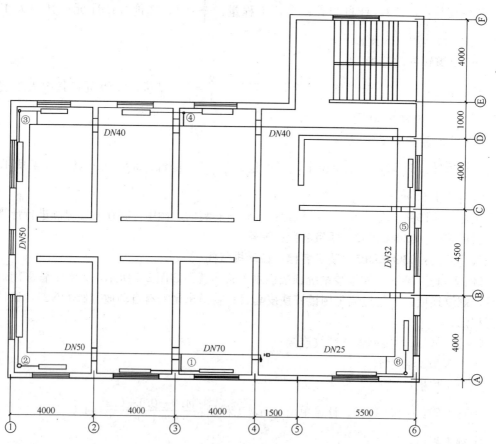

图2-9 顶层采暖平面图

清单工程量：

项目编码：030801002，计量单位：m

[(4.0+4.0+4.0+1.5+5.5)+4.0-0.7-0.5-0.4+0.12×3+0.1]/1=22.66

定额工程量：

定额编号：8-102，计量单位：10m

工程量：[(4.0+4.0+4.0+1.5+5.5)(①-⑥轴线间距)+4.0(Ⓒ Ⓓ轴线间距)-0.7(③立管接入干管处距①轴线的距离)-0.5(供水干管距⑥轴线的距离)+0.4

(供水干管距①轴线的距离)+0.12×3(一个半墙厚)+0.1(⑤立管距墙面的距离)]/10(计量单位)=(19+4-1.2+0.4+0.12×3+0.1)/10=22.66/10=2.266

基价：93.39元；其中人工费60.84元，材料费31.16元，机械费1.39元。

④ DN32 焊接钢管

清单工程量：

项目编码：030801002，计量单位：m，工程量：[(4.0+4.5)-0.1-0.12-0.5+0.2]/1=7.98

定额工程量：

定额编号：8-101，计量单位：10m

工程量：[(4.0+4.5)(Ⓐⓒ轴线间距)-0.1(⑤立管距墙面距离)-0.12-0.5(Ⓐ轴线距供水干管距离)+0.2(⑥立管接出处距转弯距离)]/10(计量单位)=[8.5-0.6-0.12+0.2]/10=0.798

基价：87.41元；其中人工费51.08元，材料费35.30元，机械费1.03元。

⑤ DN25 焊接钢管

清单工程量：

项目编码：030801002，计量单位：m，工程量：(5.5-0.7+0.5)/1.0=5.3

定额工程量：

定额编号：8-100，计量单位：10m

工程量：[5.5(⑤⑥轴线间距)-0.7(⑥立管接出处距⑥轴线的距离)+0.5(引至自动放气阀管长)]/10=5.3/10=0.53

基价：81.37元；其中人工费51.08元，材料费29.26元，机械费1.03元。

(2) 镀锌铁皮制作(示图中得出数量)

清单中没有关于套管的项目编码，其已包含在了钢管的工程量中。

定额工程量：

DN100 镀锌铁皮套管

定额编号：8-175，计量单位：个，工程量：1/1=1，基价：4.34元；其中人工费2.09元，材料费2.25元。

DN80 镀锌铁皮套管

定额编号：8-174，计量单位：个，工程量2/1=2，基价：4.34元；其中人工费2.09元，材料费2.25元。

DN65 镀锌铁皮套管

定额编号：8-173，计量单位：个，工程量：5/1=5，基价：4.34元；其中人工费2.09元，材料费2.25元。

DN50 镀锌铁皮套管

定额编号：8-172，计量单位：个，工程量：1/1=1，基价：2.89元；其中人工费1.39元，材料费1.50元。

(3) 自动放气阀 DN25

清单工程量：

项目编码：030803005，计量单位：个，工程量：1/1=1

定额工程量：

定额编号：8-301，计量单位：个，工程量：1/1=1，基价：14.37元；其中人工费6.27元，材料费8.10元。

项目编码：030803013　项目名称：伸缩器

【例2-12】某方形补偿器如图2-10所示，试计算其工程量。

【解】　清单工程量：

方形补偿器DN50(伸缩器)　项目编码：030803103,计量单位:个,工程量:1/1(计量单位)=1

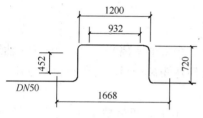

图2-10　方形补偿器

定额工程量：

方形补偿器制作安装：与补偿器连接的是DN50的焊接钢管，其定额编号是8-219，计量单位：个，定额工程量：1/1（计量单位）=1，基价：59.40元；其中人工费22.29元，材料费20.43元，机械费16.68元。

注意：方形补偿器所占长度应包含在管道安装长度内，其所占管道长度为：

[1668+720(臂长)×2]mm=3108mm=3.108m

项目编码：030801002　项目名称：钢管

【例2-13】上题中方形补偿器所在管道为DN50的焊接钢管，管道长度为100m，试计算该管道工程量。管道在室内安装，螺纹连接。

【解】　(1) 清单工程量

焊接钢管DN50　项目编码：030801002，计量单位：m

工程量：[100+0.72(方形补偿器臂长)×2]/1(计量单位)=101.44

(2) 定额工程量

焊接钢管(螺纹连接)DN50　定额编号：8-103，计量单位：10m

工程量：[100+0.72(方形补偿器臂长)×2]/10(计量单位)=101.44/10=10.144

基价：101.55元；其中人工费62.23元，材料费36.06元，机械费3.26元。

项目编码：030805001　项目名称：铸铁散热器

项目编码：030801002　项目名称：钢管

【例2-14】某房间内散热器布置如下图2-11、图2-12所示，该散热器为铸铁散热器M132型，试计算散热器工程量以及所连支管工程量。工程概况为（1）两散热器片数均为25片，外刷油，防锈漆一遍，银粉两遍。（2）所连支管为DN20的焊接钢管（螺纹连接），其外刷防锈漆两遍，银粉两遍。

【解】　(1) 铸铁散热器M132

清单工程量：

铸铁散热器M132型　计量单位：片，项目编码：030805001

工程量：$\dfrac{25 \times 2（总片数）}{1（计量单位）}=50$，其工程内容：包括安装，除锈，刷油

定额工程量：

第二章 采暖与燃气工程(C.8)

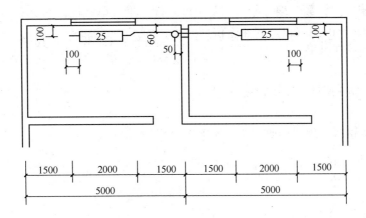

图 2-11 散热器室内布置图

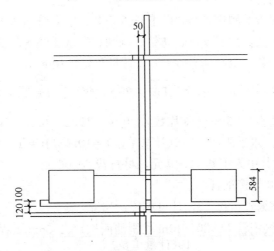

图 2-12 散热器接管示意图

① 组成安装

定额编号：8-490，计量单位：10 片，工程量：$\dfrac{25\times2（总片数）}{10（计量单位）}=5$，基价：41.27 元；其中人工费 14.16 元，材料费 27.11 元。

② 散热器刷油防锈漆

定额编号：11-198，计量单位：10m²，工程量：$\dfrac{25\times2（总片数）\times0.24（单片刷油面积）}{10（计量单位）}=$ 1.2

基价：8.85 元；其中人工费 7.66 元，材料费 1.19 元。

③ 散热器刷油银粉漆

第一遍 定额编号：11-200，计量单位：10m²，工程量：$\dfrac{25\times2（总片数）\times0.24（单片刷油面积）}{10（计量单位）}=1.2$，基价：13.23 元；其中人工费 7.89 元；材料费 5.34 元。

④ 散热器刷油银粉漆

第二遍定额编号 11-201，计量单位：10m²，工程量：$\dfrac{25\times 2（总片数）\times 0.24（单片刷油面积）}{10（计量单位）}=1.2$，基价：12.37 元；其中人工费 7.66 元，材料费 4.71 元。

（2）DN20 焊接钢管（螺纹连接）

清单工程量：

DN20 焊接钢管　项目编码：030801002，计量单位：m

工程量：$\dfrac{\left[\dfrac{5.0}{2}\times 2-0.082\times 25\times 2/2\right]\times 2+0.082\times 25\times 2+0.1\times 2\times 2+0.1\times 2+(0.1-0.06)\times 2}{10(计量单位)}$

$=10.68/10=1.068$

焊接钢管的工程内容：

①管道、管件及弯管的制作安装；②套管件安装；③套管制作安装；④管道除锈、刷油、防腐；⑤管道绝热及保护层安装、防锈、刷油；⑥水压及泄漏试验。

定额工程量：①安装　定额编号：8-99，计量单位：10m

工程量：$\{\left[\dfrac{5.0}{2}\times 2-0.082(单片长度)\times 25\times 2(总片数)/2\right]\times 2(供回水管)+0.082$
（单片长度）$\times 25\times 2$（总片数）$+0.1\times 2\times 2+0.1\times 2$（垂直距离）$+(0.1-$
$0.06)\times 2$（水平距离）$\}/10$（计量单位）$=10.68/10=1.068$

基价：63.11 元；其中人工费 42.49 元，材料费 20.06 元。

② 管道刷油 DN20 焊接钢管

防锈漆第一遍定额编号：11-53，计量单位：10m²

工程量：$\dfrac{0.63（焊接钢管 DN20，10m 长刷油面积）\times 1.068（工程量）}{10（计量单位）}=0.067$

基价：7.40 元；其中人工费 6.27 元，材料费 1.13 元。

③ 管道刷油，DN20 焊接钢管：

防锈漆第二遍定额编号：11-54，计量单位：10m²，工程量：$\dfrac{0.63\times 1.068}{10}=0.067$，基价：7.28 元；其中人工费 6.27 元，材料费 1.01 元。

④ 管道刷油　DN20 焊接钢管，银粉漆第一遍定额编号：11-56，计量单位：10m²，工程量：$\dfrac{0.63\times 1.068}{10}=0.067$；基价：11.31 元；其中人工费 6.50 元，材料费 4.81 元。

⑤ 管道刷油　DN20 焊接钢管，银粉漆第二遍定额编号：11-57，计量单位：10m²，工程量：$\dfrac{0.63\times 1.068}{10}=0.067$，基价：10.64 元；其中人工费 6.27 元，材料费 4.37 元。

项目编码：030805008　项目名称：空气幕

【例 2-15】　某综合办公楼采暖系统，为满足人体的舒适以及系统的平衡，在其主要开启外门安装 RML/W-1×12/4 热空气幕两台，RML/W-1×8/4 热空气幕两台，如图 2-13 所示，试计算工程量。

【解】　清单工程量：

第二章 采暖与燃气工程(C.8)

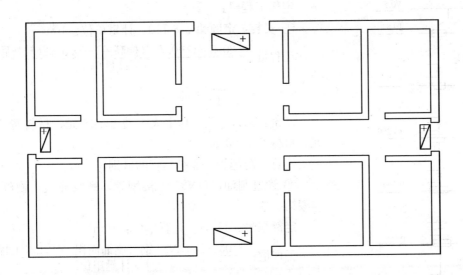

图 2-13 热空气幕平面布置图

(1) RML/W-1×12/4 型热空气幕,项目编码:030805008,计量单位:台,工程量 $\frac{2}{1}=2$

(2) RML/W-1×8/4 型热空气幕,项目编码:030805008,计算单位:台,工程量 $\frac{2}{1}=2$

定额工程量:

(1) RML/W-1×12/4 型热空气幕,定额编号:8-535,计量单位:台,工程量 $\frac{2(台数)}{1(计量单位)}=2$,基价:103.46 元;其中人工费 79.18 元,材料费 24.28 元。

(2) RML/W-1×8/4 型热空气幕,定额编号 8-534,计量单位:台,工程量 $\frac{2(台数)}{1(计量单位)}=2$,基价:101.62 元;其中人工费 79.18 元,材料费 22.44 元。

项目编码:030801002 项目名称:钢管
项目编码:030803001 项目名称:螺纹阀门

【例 2-16】 某住宅楼采暖系统的一立管形式如图 2-14 所示,建筑层高为 3.3m,楼板厚为 300mm,底层地面厚为 350mm,立管穿墙用钢套管,立管为 DN25 的焊接钢管,螺纹连接,管道外刷红丹防锈漆两遍,银粉两遍,试计算立管及钢套管工程量。

【解】 (1) 立管、DN25 焊接钢管(螺纹连接)
清单工程量:

DN25 焊接钢管(螺纹连接),项目编码:030801002,计量单位:m,工程量:
$$\frac{20.5-(-0.7)+0.5\times 2}{1}=22.2$$

管道的除锈刷油已包含在了管道的工程项目中。

安装工程工程量清单分部分项计价与预算定额计价对照实例详解2

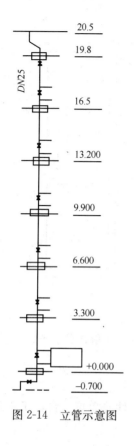

图2-14 立管示意图

定额工程量：

① 安装：定额编号8-100，计量单位：10m

工程量：$\dfrac{[20.5-(-0.7)](标高差)+0.5\times2(转弯距离)}{10(计量单位)}$

$=\dfrac{22.2}{10}=2.22$

基价：81.37元；其中人工费51.08元，材料费29.26元，机械费1.03元。

注意：跨越管与非跨越管的区别。

② 管道刷油，DN25焊接钢管，螺纹连接，刷红丹防锈漆第一遍

定额编号：11-51 计算单位：10m²

工程量：$\dfrac{1.05(10mDN25钢管刷油面积)\times2.22(工程量)}{10(计量单位)}$

$=0.2331$

基价：7.34元；其中人工费6.27元，材料费1.07元。

③ 刷红丹防锈漆第二遍

定额编号：11-52，计量单位：10m²，工程量：$\dfrac{1.05\times2.22}{10}=0.2331$，基价：7.23元；其中人工费6.27元，材料费0.96元。

④ 刷银粉漆第一遍

定额编号：11-56，计量单位：10m³，工程量：$\dfrac{1.05\times2.22}{10}=0.2331$，基价：11.31元；其中人工费6.50元，材料费4.81元。

⑤ 刷银粉漆第二遍

定额编号：11-57，计量单位：10m²，工程量：$\dfrac{1.05\times2.22}{10}=0.2331$，基价：10.64元；其中人工费6.27元，材料费4.37元。

(2) 钢套管：钢套管比管径大两号。

清单工程量：

套管制作、安装已包含在了钢管的项目内容中。

定额工程量：

DN40钢套管 定额编号：8-16，计量单位10m

工程量：$\dfrac{0.35(底层套管长度)+(0.3+0.04)(穿楼板套管长度)\times6(个数)}{10(计量单位)}$

$=\dfrac{2.43}{10}=0.243$

注意：钢套管安装，以"延长米"计量，套用室外焊接钢管安装相应子目，而镀锌薄钢板套管，工程量以"个"计量。

基价：24.91元；其中人工费16.49元，材料费7.58元，机械费0.84元。

(3) 阀门 DN25 螺纹阀门

清单工程量：

DN25 螺纹阀门，项目编码：030803001，计量单位：个

工程量：$\dfrac{6(跨越管处阀门个数)+2(进出阀门个数)}{1(计量单位)}=8$

定额工程量：DN25 螺纹阀门，定额编号：8-243，计量单位：个

工程量：$\dfrac{6(跨越管处阀门个数)+2(进出阀门个数)}{1(计量单位)}=8$

基价：6.24 元；其中人工费 2.79 元，材料费 3.45 元。

项目编码：030801002　项目名称：钢管

【例 2-17】某住宅燃气引入管如图 2-15 所示，引入管采用无缝钢管 $D57\times3.5$ 引入管所处的室外阀门井距外墙的距离为 2m，穿墙、楼板采用钢套管，试计算引入管的工程量。

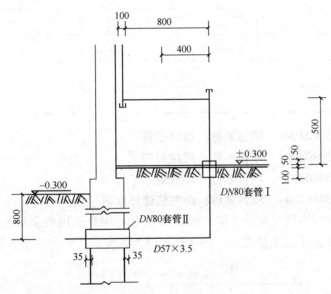

图 2-15　立管示意图

【解】（1）清单工程量

引入管：无缝钢管 $D57\times3.5$，计量单位：m

工程量：[2.0(引入处距外墙距离)+0.37(外墙厚)+(0.1+0.8)(室内地下管)+(0.8+0.5+0.3)(垂直管长度)+0.4(垂直管距旋塞阀距离)]/1(计量单位)=5.27

（2）定额工程量

引入管：①无缝钢管 $D57\times3.5$ 安装：定额编号：8-573，计量单位 10m

工程量：[2.0(引入处距外墙距离)+0.37(外墙厚)+(0.1+0.8)(室内水平地下管长)+(0.8+0.5+0.3)(竖直管长度)+0.4(竖直管距旋塞阀门的距离)]/10(计量单位)

　　　　=5.27/10=0.527

基价：26.48 元；其中人工费 18.58 元，材料费 5.14 元，机械费 2.76 元。

② 钢套管的安装：

$DN80$ 的钢套管　定额编号：8-19，计量单位 10m

工程量：$\dfrac{(0.035 \times 2 + 0.37)(套管Ⅱ长度) + (0.1 + 0.05 + 0.05)(套管Ⅰ长度)}{10(计量单位)} = \dfrac{0.44 + 0.2}{10}$

$= \dfrac{0.64}{10} = 0.064$

基价：45.88 元；其中人工费 22.06 元，材料费 22.09 元，机械费 1.73 元。

注：钢套管管径一般比所处管段的管径大两号，而本工程，套管管径的确定略有差别，见表 2-1。

燃气管套管公称直径（mm）　　　　　　　　　　　表 2-1

煤气管公称直径 DN	套管Ⅰ公称直径 DN	套管Ⅱ公称直径 DN
25	40	50
32	50	50
40	70	80
50	80	80
70	80	100
80	100	100

项目编码：030801001　　项目名称：镀锌钢管

项目编码：030803001　　项目名称：螺纹阀门

项目编码：030803011　　项目名称：燃气表

项目编码：030806004　　项目名称：燃气快速热水器

【例 2-18】 某室内燃气管道连接如图 2-16 所示，用户采用的是双眼灶具 JZ-2，燃气表采用的是 $3m^3/h$ 的单表头燃气表，快速热水器为直排式，室内管道为镀锌钢管 $DN15$，

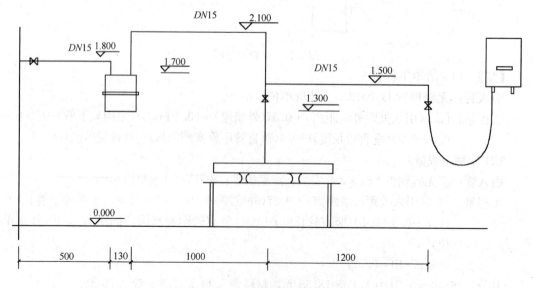

图 2-16　室内燃气管道示意图

试计算其工程量。

【解】 （1）清单工程量

1) 镀锌钢管 $DN15$　计量单位：m，项目编码：030801001

工程量：$\{(0.5+1.0+1.2)(水平管长度)+[(1.8-1.7)+(2.1-1.7)+(2.1-1.3)+(1.5-1.3)](竖直管长度)\}/1(计量单位)=(2.7+1.5)/1=4.2$

2) 螺纹阀门　旋塞阀 $DN15$　2个

　　　　　　球　　阀 $DN15$　1个

旋塞阀　项目编码：030803001，计量单位：个，工程量：$\dfrac{2}{1}=2$

球　阀　项目编码：030803001，计量单位：个，工程量$\dfrac{1}{1}=1$

3) 单表头燃气表 $3m^3/h$，项目编码：030803011，计量单位：块，工程量：$\dfrac{1}{1}=1$

4) 燃气快速热水器直排式，项目编码：030806004，计量单位：台

工程量：$\dfrac{1}{1}=1$

5) 气灶具：双眼灶具 JZ-2，项目编码：030806005，计量单位：台

工程量：$\dfrac{1}{1}=1$

（2）定额工程量

1) 镀锌钢管 $DN15$ 安装

定额编号 8-589，计量单位：10m

工程量：$\{(0.5+1.0+1.2)(水平管长度)+[(1.8-1.7)+(2.1-1.7)+(2.1-1.3)+(1.5-1.3)](竖直管长度)\}/10=0.42$

基价：67.94元；其中人工费42.89元，材料费20.63元，机械费4.42元。

2) 螺纹阀门 $DN15$ 安装

定额编号 8-241，计量单位：个，工程量：$\dfrac{2(旋塞阀)+1(球阀)}{1(计量单位)}=3$

基价：4.43元；其中人工费2.32元，材料费2.11元。

3) 燃气计量表 $3m^3/h$ 单表头

定额编号 8-624，计量单位：块，工程量：$\dfrac{1(块数)}{1(计量单位)}=1$，基价：14.64元；其中人工费14.40元，材料费0.24元。

4) 快速热水器直排式

定额编号 8-645，计量单位：台，工程量：$\dfrac{1(台数)}{1(计量单位)}=1$，基价：70.01元；其中人工费27.40元，材料费42.61元。

5) JZ-2 双眼灶

定额编号 8-648，计量单位：台，工程量：$\dfrac{1(台数)}{1(计量单位)}=1$，基价：8.86元；其中人工费6.50元，材料费2.36元。

项目编码：030803003　　项目名称：焊接法兰阀门
项目编码：030803006　　项目名称：安全阀
项目编码：030803008　　项目名称：疏水器
项目编码：030803009　　项目名称：法兰
项目编码：030801002　　项目名称：钢管

【例 2-19】　某高压蒸汽入口安装图如图 2-17 所示，管道采用无缝钢管，蒸汽管件采用焊接法兰连接，凝水管亦采用法兰焊接连接，试计算蒸汽入口的工程量。

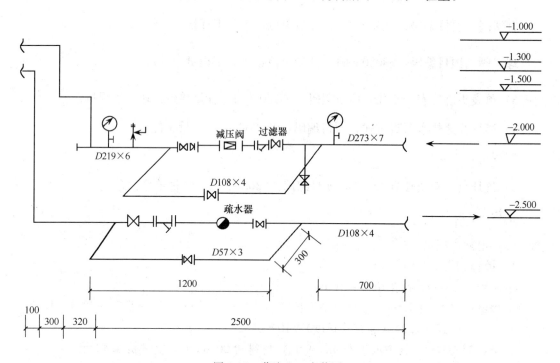

图 2-17　蒸汽入口安装图

【解】　(1) 清单工程量

1) 钢管

项目编码：030801002，计量单位：m

① $D273\times 7$ 无缝钢管（焊接）

项目编码：030801002，计量单位：m，工程量：$\dfrac{0.7(长度)+1.2(长度)}{1(计量单位)}=1.9$

② $D219\times 6$ 无缝钢管（焊接）

项目编码：030801002，计量单位：m

工程量：$\dfrac{[(2.5-1.2-0.7)+(0.32+0.3+0.1)](水平管)+[-1.0-(-2.0)](竖直管)}{1.0(计量单位)}$

$=\dfrac{2.32}{1}=2.32$

③ $D108\times 4$ 无缝钢管（焊接）

项目编码:030801002,计量单位:m

工程量:[(1.2+0.3×2)(旁通管长)+(2.5+0.32+0.3+0.1)(水平管长)+(-1.3-(-2.5))(竖直管长)]/1(计量单位)=(1.8+3.22+1.2)/1=6.22

④ $D57×3$ 无缝钢管(焊接)

项目编码:030801002,计量单位:m,工程量:$\frac{(1.2+0.3+0.3)(长度)}{1(计量单位)}=1.8$

2) 焊接法兰阀

项目编码:030803003,计量单位:个

① $DN250$ 焊接法兰阀

项目编码:030803003,计量单位:个,工程量:$\frac{3(个数)}{1(计量单位)}=3$

② $DN100$ 焊接法兰阀

项目编码:030803003,计量单位:个,工程量:$\frac{3(个数)}{1(计量单位)}=3$

③ $DN50$ 焊接法兰阀

项目编码:030803003,计量单位:个,工程量:$\frac{1(个数)}{1(计量单位)}=1$

3) 安全阀 $DN200$

项目编码:030803006,计量单位:个,工程量:$\frac{1(个数)}{1(计量单位)}=1$

4) 疏水器 $DN100$

项目编码:030803008,计量单位:组,工程量:$\frac{1(组数)}{1(计量单位)}=1$

5) 法兰

项目编码:030803009,计量单位:副

① $DN250$ 法兰

项目编码:030803009,计量单位:副,工程量:$\frac{3(副数)}{1(计量单位)}=3$

② $DN100$ 法兰

项目编码:030803009,计量单位:副,工程量:$\frac{1(副数)}{1(计量单位)}=1$

项目清单中,未包含工程量为:过滤器2个,压力表2个,需另行计算。

(2) 定额工程量

1) 无缝钢管(焊接)

① $D273×7$ 无缝钢管(焊接)

定额编号:8-32,计量单位:10m,工程量:$\frac{0.7+1.2(长度)}{10(计量单位)}=0.19$,基价:304.24元;其中人工费51.32元,材料费142.75元,机械费110.17元。

② $D219×6$,无缝钢管(焊接)

定额编号:8-31,计量单位:10m

工程量：$\dfrac{[(2.5-1.2-0.7)+(0.32+0.3+0.1)](水平管)+[-1.0-(-2.0)](竖直管)}{10(计量单位)}$

$=0.232$

基价：239.33 元；其中人工费 43.42 元，材料费 117.12 元，机械费 78.79 元。

③ $D108\times4$ 无缝钢管

定额编号：8-28，计量单位：10m

工程量：$(1.2+0.3\times2)(旁通管长)+(2.5+0.32+0.3+0.1)(水平管长)+[-1.3-(-2.5)(竖直管长)]/10(计量单位)=0.622$

基价：61.09 元；其中人工费 27.86 元，材料费 20.38 元，机械费 12.85 元。

④ $D57\times3$ 无缝钢管（焊接）

定额编号：8-25，计量单位：10m，工程量：$\dfrac{(1.2+0.3\times2)(长度)}{10(计量单位)}=0.18$，基价：28.78 元；其中人工费 19.97 元，材料费 6.82 元，机械费 1.99 元。

2) 焊接法兰阀

① $DN250$ 法兰阀门

定额编号：8-265，计量单位：个，工程量：$\dfrac{3(个数)}{1(计量单位)}=3$

基价：588.29 元；其中人工费 54.10 元，材料费 469.60 元，机械费 64.59 元。

② $DN100$ 法兰阀门

定额编号：8-261，计量单位：个，工程量：$\dfrac{3(个数)}{1(计量单位)}=3$，基价：189.26 元；其中人工费 21.59 元，材料费 154.79 元，机械费 12.88 元。

③ $DN50$ 法兰阀门

定额编号：8-258，计量单位：个，基价：100.25 元；其中人工费 11.38 元，材料费 82.67 元，机械费 6.20 元。

3) 安全阀 $DN200$

定额编号：6-1441，计量单位：个，工程量：$\dfrac{1(个数)}{1(计量单位)}=1$，基价：103.15 元；其中人工费 65.20 元，材料费 23.83 元，机械费 14.12 元。

4) 疏水器 $DN100$

定额编号：8-356，计量单位：组，工程量：$\dfrac{1(组数)}{1(计量单位)}=1$，基价：1759.40 元；其中人工费 72.45 元，材料费 1668.67 元，机械费 18.28 元。

5) 法兰

① $DN250$ 法兰　定额编号：8-198，计量单位：副，工程量：$\dfrac{3(副数)}{1(计量单位)}=3$，基价：165.90 元；其中人工费 35.99 元，材料费 85.07 元，机械费 44.84 元。

② $DN100$ 法兰

定额编号：8-194，计量单位：副，工程量：$\dfrac{1(副数)}{1(计量单位)}=1$，基价：46.58 元；其中人工费 11.61 元，材料费 22.09 元，机械费 12.88 元。

项目编码：030802001　项目名称：管道支架制作安装

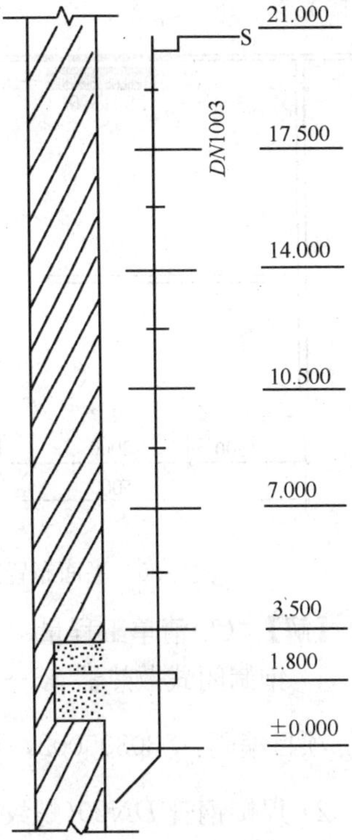

【例2-20】 某采暖系统供水总立管如图2-18所示，每层距地面1.8m处均安装立管卡，试计算立管管卡工程量。

【解】（1）清单工程量

立管支架　项目编码：030802001，量单位：kg

$$工程量：\frac{6(支架个数)\times1.41(单支架重量)}{1.0(计量单位)}=8.46$$

（2）定额工程量

DN100管道支架制作安装

定额编号：8-178，计量单位：kg

$$工程量：\frac{6(支架个数)\times1.41(单个支架重量)}{100(计量单位)}$$

$$=0.0846$$

基价：654.69元；其中人工费235.45元，材料费194.98元，机械费224.26元。

注：立管管卡安装，层高不大于5m时每层安装一个，位置距地面1.8m，层高大于5m时每层安装两个，位置匀称安装。

项目编码：030801005　项目名称：塑料管(PE—X)

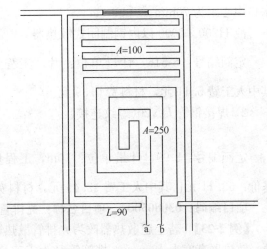

图2-18 采暖供水总立管示意图

【例2-21】 某住宅楼采用低温地板采暖系统，室内敷设管道均为交联聚乙烯管PE-X，管外径为20mm，内径为16mm，即D16×2，其中某一房间的敷设情况如图2-19所示，试计算其工程量。

【解】（1）清单工程量

塑料管(PE—X)D16×2

项目编码：030801005，计量单位：m，工程量：$\frac{90(塑料管长)}{1(计量单位)}=90$

（2）定额工程量

塑料管(PE—X)D16×2

定额编号：6-273，计量单位：10m，

工程量：$\frac{90(塑料管长)}{10(计量单位)}=9$，基价：14.19元；其中人工费11.12元，材料费0.42元，机械费2.65元。

项目编码：030805002　项目名称：钢制闭式散热器

【例2-22】 某采暖系统采用钢串片(闭式)散热器进行采暖，其中一房间的布置图如图2-20、图2-21所示，试计算其工程量，其中所连支管为DN20的焊接钢管(螺纹

图2-19 某房间管道布置图
说明：图中a接至分水器；b接至集水器。

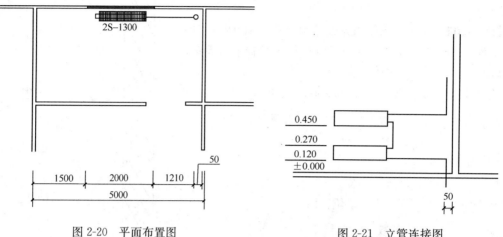

图 2-20 平面布置图　　　　图 2-21 立管连接图

【解】（1）清单工程量

1）钢制闭式散热器 2S—1300

项目编码：030805002，计量单位：片，工程量：$\dfrac{1\times 2(每组片数)}{1(计量单位)}=2$

2）焊接钢管 DN20（螺纹连接）

项目编码：030801002，计量单位：m

工程量：$\{[\dfrac{5.000}{2}(房间长度一半)-0.12(半墙厚)-0.05(立管中心距内墙边距离)]$
$\times 2-1.300(钢制闭式散热器的长度)\}/1(计量单位)=(4.66-1.3)/1=3.36$

（2）定额工程量

1）钢制闭式散热器 2S—1300，该散热器的高度为 150mm，宽度为 80mm，同侧进出水口中心距为 70mm。

故 H200×2000 以内钢制闭式散热器

定额编号：8-516，计量单位：片，工程量：$\dfrac{1\times 2(每组片数)}{1(计量单位)}=2$，基价：5.50 元；其中人工费 5.11 元，材料费 0.39 元。

2）焊接钢管 DN20（螺纹连接）

定额编号：8-99，计量单位：10m，工程量：$\dfrac{(\dfrac{5.0}{2}-0.12-0.05)\times 2-1.3}{10(计量单位)}=0.336$，

基价：63.11 元；其中人工费 42.49 元，材料费 20.62 元。

项目编码：030805004　项目名称：光排管散热器制作安装

【例 2-23】若上题散热器改为光排管散热器 B 型，其散热长度为 2m，排管排数为五排，散热器高度为 485mm，排管管径为 D57×3.5，具体如图 2-22 所示，散热器外刷红丹防锈漆两道，银粉两道，试计算该散热器的工程量。

【解】（1）清单工程量

光排管散热器制作安装

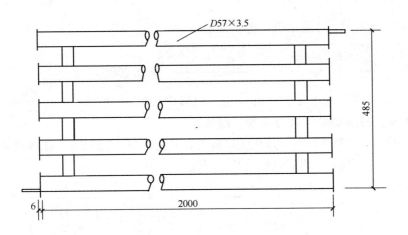

图 2-22 光排管散热器示意图

项目编码：030805003，计量单位：m，工程量：$\dfrac{2.0\times 5}{1(\text{计量单位})}=10$

(2) 定额工程量

光排管散热器 B 型 $D57\times 3.5$

① 制作安装

定额编号：8-504，计量单位：10m，工程量：$\dfrac{2.0\times 5}{10(\text{计量单位})}=1$，基价：110.69 元；其中人工费 42.49 元，材料费 41.49 元，机械费 26.71 元。

② 刷红丹防锈漆第一遍

定额编号：11-51，计量单位：10m^2

工程量：$\Big[\dfrac{1.89}{10}(\text{单位}D57\times 3.5\text{管长外刷油面积})\times 2.0\times 5(\text{管长})+\dfrac{1.51}{10}(\text{单位}DN40$ 联管外刷油面积$)\times\dfrac{1.260(\text{单位工程量联管长度})}{10(\text{计量单位})}(\text{单位}D57\times 3.5\text{管长所需}$ 联管长度$)\times 2.0\times 5(\text{管长})\Big]/10(\text{计量单位})=(1.89+0.19026)/10=0.208026\approx 0.2080$

基价：7.34 元；其中人工费 6.27 元，材料费 1.07 元。

③ 刷红丹防锈漆第二遍 定额编号：11-52，计量单位：10m^2

工程量：$\dfrac{\dfrac{1.89}{10}\times 2.0\times 5+\dfrac{1.51}{10}\times\dfrac{1.260}{10}\times 2.0\times 5}{10}=0.2080$

基价：7.23 元；其中人工费 6.27 元，材料费 0.96 元。

④ 刷银粉漆第一遍

定额编号：11-56，计量单位：10m^2

工程量：$\dfrac{\dfrac{1.89}{10}\times 2.0\times 5+\dfrac{1.51}{10}\times\dfrac{1.260}{10}\times 2.0\times 5}{10}=0.2080$

基价：11.31 元；其中人工费 6.50 元，材料费 4.81 元。

⑤ 刷银粉漆第二遍

定额编号：11-57，计量单位：10m²

工程量：$\dfrac{\dfrac{1.89}{10}\times 2.0\times 5+\dfrac{1.51}{10}\times\dfrac{1.260}{10}\times 2.0\times 5}{10}=0.2080$

基价：10.64 元；其中人工费 6.27 元，材料费 4.37 元。

项目编码：030805007　项目名称：暖风机

【例 2-24】 某大型会议室，采用暖风机进行采暖如图 2-23 所示，暖风机为小型(NC)暖风机，其重量在 50kg 以内，试计算其工程量。

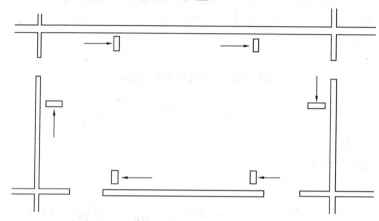

图 2-23　暖风机布置图

【解】（1）清单工程量

小型(NC)暖风机　项目编码：030805007，计量单位：台

工程量：$\dfrac{6(台数)}{1(计量单位)}=6$

（2）定额工程量

小型(NC)暖风机

定额编号：8-526，计量单位：台，工程量：$\dfrac{6(台数)}{1(计量单位)}=6$，基价：51.58 元；其中人工费 40.31 元，材料费 11.27 元。

项目编码：030803002　项目名称：螺纹法兰阀门
项目编码：030803003　项目名称：焊接法兰阀门

【例 2-25】 某采暖系统的供水干管由地下敷设管接入，地下阀门采用焊接法兰阀闸阀控制开阀，地上阀门采用螺纹法兰阀闸阀控制(如图 2-24 所示)，试计算其工程量。

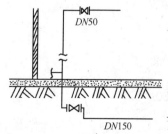

图 2-24　供水接口图

【解】（1）清单工程量

1) DN150 焊接法兰阀

项目编码：030803003，计量单位：个，工程量：$\dfrac{1(个数)}{1(计量单位)}=1$

2) DN50 螺纹法兰阀

项目编码：030803002，计量单位：个，工程量：$\frac{1(个数)}{1(计量单位)}=1$

(2) 定额工程量

1) $DN150$ 焊接法兰阀

定额编号：8-263，计量单位：个，工程量：$\frac{1(个数)}{1(计量单位)}=1$，基价：316.70 元；其中人工费 32.74 元，材料费 269.65 元，机械费 14.31 元。

2) $DN50$ 螺纹法兰阀

定额编号：8-255，计量单位：个，工程量：$\frac{1(个数)}{1(计量单位)}=1$，基价：59.63 元；其中人工费 11.38 元，材料费 48.25 元。

项目编码：030806001　项目名称：燃气开水炉

项目编码：030803011　项目名称：燃气表

【例 2-26】 某宾馆燃气开水炉如图 2-25 所示，类型为 JL-150，燃气连接采用焊接法兰阀连接，所用燃气表流量 6m³/h，试计算其工程量。

【解】 (1) 清单工程量

1) 燃气开水炉 JL-150

项目编码　030806001，计量单位：台，工程量：$\frac{1(台数)}{1(计量单位)}=1$

2) 燃气表 6m³/h

项目编码：030803011，计量单位：块，工程量：$\frac{1(块数)}{1(计量单位)}=1$

(2) 定额工程量

1) 燃气开水炉 JL-150，定额编号 8-636，计量单位：台，工程量：$\frac{1(台数)}{1(计量单位)}=1$，基价：27.46 元；其中人工费 27.40 元，材料费 0.06 元。

2) 燃气表 6m³/h，定额编号 8-626，计量单位：块，工程量：$\frac{1(块数)}{1(计量单位)}=1$，基价：19.99 元；其中人工费 19.50 元，材料费 0.49 元。

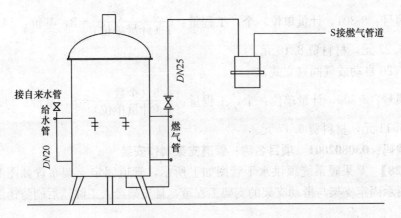

图 2-25　燃气开水炉示意图

项目编码：030803005　项目名称：自动排气阀

【例2-27】 某采暖系统采用下供上回式系统，为避免垂直失调，保证热水流动通畅，采暖立管上均安装自动放气阀，系统简图如图2-26所示，自动放气阀采用立式公称直径为20mm、25mm两种自动放气阀，试计算其工程量。

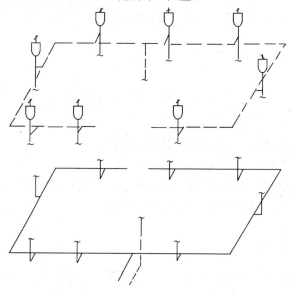

图2-26　采暖系统图

【解】 (1) 清单工程量

1) DN25自动放气阀（立式）

项目编码：030803005，计量单位：个，工程量：$\frac{3（个数）}{1（计量单位）}=3$

2) DN20自动放气阀（立式）

项目编码：030803005，计量单位：个，工程量：$\frac{5（个数）}{1（计量单位）}=5$

(2) 定额工程量

1) DN25自动放气阀（立式）

定额编号：8-301，计量单位：个，工程量：$\frac{3（个数）}{1（计量单位）}=3$，基价：14.37元；其中人工费6.27元，材料费8.10元。

2) DN20自动放气阀（立式）

定额编号：8-300，计量单位：个，工程量：$\frac{5（个数）}{1（计量单位）}=5$，基价：11.58元；其中人工费5.11元，材料费6.47元。

项目编码：030802001　项目名称：管道支架制作安装

【例2-28】 某采暖系统顶供水干管图如上所示，管道固定支架布置如图2-27所示，试计算该图示固定支架与滑动支架的支架工程量，且支架经人工除锈后刷防锈漆两遍，银粉两遍。

【解】 (1) 清单工程量

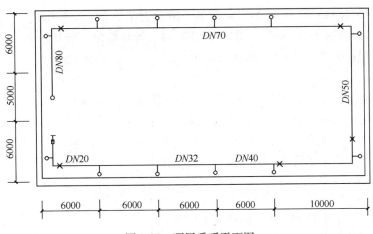

图 2-27 顶层采暖平面图

管道支架制作与安装

项目编码：030802001，计量单位：kg

①固定支架：供水干管 $DN80$　固定支架：1（如图示）

　　　　　　供水干管 $DN70$　固定支架：1（如图示）

　　　　　　供水干管 $DN50$　固定支架：2（如图示）

　　　　　　供水干管 $DN20$　固定支架：1（如图示）

工程量：$\dfrac{1\times2.603+1\times1.905+2\times1.331+1\times0.509（单个支架重量）}{1（计量单位）}=7.679$

②滑动支架：

供水干管 $DN80$ 滑动支架，干管长度为 $[6.0+\dfrac{5.0}{2}+6.0\times2-0.5（横干管距墙面距离）\times2]$ m=19.5m

$DN80$ 干管不保温支架最大间距为5m，故支架个数 $\dfrac{19.5}{5}=4$

供水干管 $DN70$ 滑动支架干管长度 $6.0\times2+10.0-0.5$（横干管距墙面距离）$+0.2=21.7$m

$DN70$ 干管不保温支架最大间距为5m，故支架个数 $\dfrac{21.7}{5}=4$

供水干管 $DN50$ 滑动支架干管长度 $6.0\times2+5.0+10.0-0.5\times3-0.2=25.3$m

供水干管 $DN50$ 不保温支架最大间距为4m，故支架个数 $\dfrac{25.3}{4}=6$

供水干管 $DN40$ 滑动支架干管长度为 6.0m。

$DN40$ 干管不保温支架最大间距为3m，故支架个数 $\dfrac{6}{3}=2$

供水 $DN32$ 滑动支架干管长度为 $6.0\times2=12$

$DN32$ 干管不保温支架最大间距为3m，故支架个数 $\dfrac{12}{3}=4$

供水干管 $DN20$ 滑动支架干管长度为 $6.0+3.0-0.5=8.5$

$DN20$ 干管不保温支架最大间距为2.5m，故支架个数：$\dfrac{8.5}{2.5}=3$

工程量：4×1.128（DN80 不保温管单个滑动支架重量）+4×1.078+6×0.705+2
×0.634+4×0.634+3×0.416）/1（计量单位）=18.106

③支架工程量为 7.679+18.106=25.79

(2) 定额工程量

管道支架制作与安装　定额编号：8-178，计量单位：100kg

①固定支架：供水干管 $DN80$　固定支架：1 个
　　　　　　供水干管 $DN70$　固定支架：1 个
　　　　　　供水干管 $DN50$　固定支架：2 个

工程量：$\dfrac{1×2.603+1×1.905+2×1.331}{100（计量单位）}=\dfrac{7.17}{100}=0.0717$

滑动支架：供水干管 $DN80$　滑动支架：4 个
　　　　　供水干管 $DN70$　滑动支架：4 个
　　　　　供水干管 $DN50$　滑动支架：6 个
　　　　　供水干管 $DN40$　滑动支架：2 个

工程量：$\dfrac{4×1.128+4×1.078+6×0.705+2×0.634}{100（计量单位）}=\dfrac{14.322}{100}=0.14322$

支架工程量为 0.0717+0.14322=0.21492

基价：654.69 元；其中人工费 235.45 元，材料费 194.98 元，机械费 224.26 元。

②管道支架人工除锈计量单位：100kg，定额编号：11-7

工程量：$\dfrac{25.785（支架总重量）}{100（计量单位）}=0.25785$

基价：17.35 元；其中人工费 7.89 元，材料费 2.50 元，机械费 6.96 元。

③管道支架刷防锈漆第一遍计量单位：100kg，定额编号：11-119

工程量：$\dfrac{25.785}{100}=0.25785$

基价：13.11 元；其中人工费 5.34 元，材料费 0.81 元，机械费 6.96 元。

④管道支架刷防锈漆第二遍

定额编号：11-120，计量单位：100kg，工程量：25.785/100=0.25785，基价：12.79 元；其中人工费 5.11 元，材料费 0.72 元，机械费 6.96 元。

⑤管道支架刷银粉漆第一遍定额编号：11-122，计量单位：100kg，工程量：25.785/100=0.25785，基价：16.00 元；其中人工费 5.11 元，材料费 3.93 元，机械费 6.96 元。

⑥管道支架刷银粉漆第二遍

定额编号：11-123，计量单位：100kg，工程量：25.785/100=0.25785，基价：15.25 元；其中人工费 5.11 元，材料费 3.18 元，机械费 6.96 元

项目编码：030803017　项目名称：燃气管道调长器

项目编码：030803018　项目名称：调长器与阀门连接

项目编码：030801002　项目名称：钢管

项目编码：030803003　项目名称：焊接法兰阀

项目编码：030803009　项目名称：法兰

【例 2-29】　某室燃气管道一管段如图 2-28 所示，燃气管道采用无缝钢管 $D219×6$ 为

防腐，外刷沥青底漆三层，夹玻璃布两层，试计算该管道工程量。

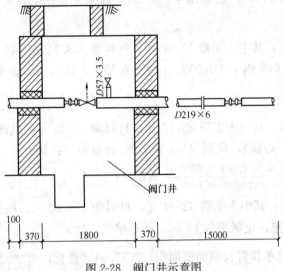

图 2-28 阀门井示意图

【解】 （1）清单工程量

1) 燃气管道调长器 $DN200$

项目编码：030803017，计量单位：个，工程量：$\dfrac{1（个数）}{1（计量单位）}=1$

2) 调长器与阀门连接 $DN200$

项目编码：030803018，计量单位：个，工程量：$\dfrac{1（个数）}{1（计量单位）}=1$

3) 焊接法兰阀 $DN50$

项目编码：030803003，计量单位：个，工程量：$\dfrac{1（个数）}{1（计量单位）}=1$

4) 法兰 $DN200$

项目编码：030803009，计量单位：副，工程量：$\dfrac{1（副数）}{1（计量单位）}=1$

5) 无缝钢管 $D219\times6$

项目编码：030801002，计量单位：m，工程量：$\dfrac{0.1+0.37+1.8+0.37+15.0}{1（计量单位）}$

$=17.64$

（2）定额工程量

1) 调长器安装 $DN200$，定额编号：8-613，计量单位：个，工程量：$\dfrac{1（个数）}{1（计量单位）}$

$=1$

基价：214.31元；其中人工费45.05元，材料费148.86元，机械费20.40元。

2) 调长器与阀门连接，$DN200$，定额编号：8-618，计量单位：个，工程量：

$\dfrac{1（个数）}{1（计量单位）}=1$

基价：303.80元；其中人工费73.61元，材料费207.78元，机械费22.41元。

3) 焊接法兰阀 $DN200$，定额编号：8-264，计量单位：个，工程量：$\dfrac{1（个数）}{1（计量单位）}=1$

基价：437.21元；其中人工费47.60元，材料费358.13元，机械费31.48元。

4) 焊接法兰（碳钢）$DN200$，定额编号：8-197，计量单位：副，工程量：$\dfrac{1（副数）}{1（计量单位）}=1$

基价：111.43元；其中人工费26.70元，材料费53.25元，机械费31.48元。

5) ①无缝钢管（焊接），定额编号：8-579，计量单位：10m

工程量：$\dfrac{0.1+0.37+1.8+0.37+15}{10（计量单位）}=1.764$

基价：245.86元；其中人工费32.74元，材料费150.23元，机械费62.89元。

②刷沥青漆第一遍，定额编号11-66，计量单位：10m²

工程量：$\dfrac{\dfrac{6.880}{10}（单位管长刷油面积）\times 17.64（管长）}{10（计量单位）}=\dfrac{13.13632}{10}=1.214$

基价：8.04元；其中人工费6.50元，材料费1.54元。

③夹玻璃布第一层，定额编号11-2153，计量单位：10m²

工程量：$\dfrac{\dfrac{6.880}{10}\times 17.64}{10}=1.214$

基价：11.11元；其中人工费10.91元，材料费0.20元。

④刷沥青漆第二遍，定额编号11-250，计量单位：10m²

工程量：$\dfrac{\dfrac{6.880}{10}\times 17.64}{10}=1.214$

基价：22.78元；其中人工费19.97元，材料费2.81元。

⑤夹玻璃布第二层，定额编号11-2153，计量单位：10m²

工程量：$\dfrac{\dfrac{6.880}{10}\times 17.64}{10}=1.214$

基价：11.11元；其中人工费10.91元，材料费0.20元。

⑥刷沥青漆第三层：定额编号11-251，计量单位：10m²

工程量：$\dfrac{\dfrac{6.880}{10}\times 17.64}{10}=1.214$

基价：19.12元；其中人工费16.95元，材料费2.17元。

注意钢管管道的清单计算中，管道的工程量中已包含了管道的除锈、刷油、防腐。

项目编码：030808001　项目名称：气调压器安装

项目编码：030801001　项目名称：镀锌钢管

项目编码：030803009　项目名称：法兰

【例2-30】 某南方地区建筑，燃气立管完全敷设在外墙上，引入管采用 $D57\times 3.5$ 无缝钢管,燃气立管采用镀锌钢管,该燃气由中压管道经调压器后供给用户,调压器设在专用箱体内,调压箱挂在外墙壁上,调压箱底部距室外地坪高度为 1.5m,其系统简图如图 2-29 所示,试计算其工程量,图中标高 0.800m 处安有清扫口,采用法兰连接,镀锌钢管外刷防锈漆两道,银粉漆两道。

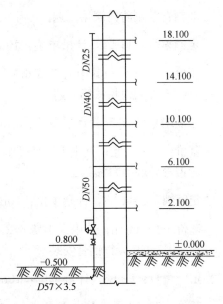

图 2-29 燃气系统图

【解】 (1) 清单工程量

1) DN50 燃气调压器安装

项目编码:030808001,计量单位:个,工程量:$\dfrac{1（个数）}{1（计量单位）}=1$

2) DN50 法兰焊接连接

项目编码:030803009,计量单位:副,工程量:$\dfrac{1（副数）}{1（计量单位）}=1$

3) DN50 镀锌钢管

项目编码:030801001,计量单位:m,工程量:$\dfrac{(10.1-2.1)（标高差）}{1（计量单位）}=8$

4) DN40 镀锌钢管

项目编码:030801001,计量单位:m,工程量:$\dfrac{(14.1-10.1)（标高差）}{1（计量单位）}=4$

5) DN25 镀锌钢管

项目编码:030801001,计量单位:m,工程量:$\dfrac{(18.1-14.1)（标高差）+0.2}{1（计量单位）}$
$=4.2$

(2) 定额工程量

1) DN50 燃气调压器安装

计量单位:个,工程量:$\dfrac{1（个数）}{1（计量单位）}=1$

2) DN50 法兰焊接连接

定额编号:8-191,计量单位:副,工程量:$\dfrac{1（副数）}{1（计量单位）}=1$

基价:20.98 元;其中人工费 6.73 元,材料费 7.57 元,机械费 6.68 元。

3) ①DN50 镀锌钢管安装

定额编号:8-567,计量单位:10m,工程量:$\dfrac{10.1-2.1}{10}=0.8$

基价:73.53 元;其中人工费 19.97 元,材料费 47.17 元,机械费 6.39 元。

②钢管外刷防锈漆第一遍

定额编号:11-53,计量单位:10m²,工程量:$\dfrac{1.89\times0.8}{10}=0.1512$

基价:7.40 元;其中人工费 6.27 元,材料费 1.13 元。

③钢管外刷防锈漆第二遍

定额编号：11-54，计量单位：10m²，工程量：$\frac{1.89\times0.8}{10}=0.1512$

基价：7.28元；其中人工费6.27元，材料费1.01元。

④钢管外刷银粉漆第一遍

定额编号：11-56，计量单位：10m²，工程量：$\frac{1.89\times0.8}{10}=0.1512$

基价：11.31元；其中人工费6.50元，材料费4.81元。

⑤钢管外刷银粉漆第二遍

定额编号：11-57，计量单位：10m²，工程量：$\frac{1.89\times0.8}{10}=0.1512$

基价：10.64元；其中人工费6.27元，材料费4.37元。

4) ①DN40镀锌钢管安装

定额编号：8-566，计量单位：10m，工程量：$\frac{14.1-10.1}{10}=0.4$

基价：56.22元；其中人工费18.58元，材料费32.59元，机械费5.05元。

②钢管外刷防锈漆第一遍

定额编号：11-53，计量单位：10m²，工程量：$\frac{1.51\times0.4}{10}=0.0604$

基价：7.40元；其中人工费6.27摘，材料费1.13元。

③钢管外刷防锈漆第二遍

定额编号：11-54，计量单位：10m²，工程量：1.51×0.4/10=0.0604

基价：7.20元；其中人工费6.27元，材料费1.01元。

④钢管外刷银粉漆第一遍

定额编号：11-56，计量单位：10m²，工程量：1.51×0.4/10=0.0604

基价：11.31元；其中人工费6.50元，材料费4.81元。

⑤钢管外刷银粉漆第二遍

定额编号：11-57，计量单位：10m²，工程量：1.51×0.4/10=0.0604

基价：10.64元；其中人工费6.27元，材料费4.37元。

5) ①DN25镀锌钢管

定额编号：8-564，计量单位：10m，工程量：$\frac{18.1-14.1+0.2}{10}=0.42$

基价：42.56元；其中人工费15.79元，材料费22.48元，机械费4.29元。

②钢管外刷防锈漆第一遍

定额编号：11-53，计量单位：10m²，工程量：$\frac{1.05\times0.42}{10}=0.0441$

基价：7.40元；其中人工费6.27元，材料费1.13元。

③钢管外刷防锈漆第二遍

定额编号：11-54，计量单位：10m²，工程量：1.05×0.42/10=0.0441

基价：7.28元；其中人工费6.27元，材料费1.01元。

④钢管外刷银粉漆第一遍

定额编号：11-56，计量单位：10m²，工程量：1.05×0.42/10＝0.0441

基价：11.31元；其中人工费6.50元，材料费4.81元。

⑤钢管外刷银粉漆第二遍

定额编号：11-57，计量单位：10m²，工程量：1.05×0.42/10＝0.0441

基价：10.64元；其中人工费6.27元，材料费4.37元。

镀锌钢管外刷防锈漆第一遍

定额编号：11-53，计量单位：10m²，工程量：0.1512＋0.0604＋0.0441＝0.2557

镀锌钢管外刷防锈漆第二遍

定额编号：11-54，计量单位：10m²，工程量：0.1512＋0.0604＋0.0441＝0.2557

镀锌钢管外刷银粉漆第一遍

定额编号：11-56，计量单位：10m²，工程量：0.1512＋0.0604＋0.0441＝0.2557

镀锌钢管外刷银粉漆第二遍

定额编号：11-57，计量单位：10m²，工程量：0.1512＋0.0604＋0.0441＝0.2557

项目编码：030806006　项目名称：气嘴

【例2-31】 图2-30为一砖砌蒸锅灶，其燃烧器负荷为42kW，嘴数为18孔，烟道为150mm×200mm，燃气进入管为DN25的（焊接）镀锌钢管，试计算其工程量。

【解】（1）清单工程量

1) XN15型单嘴内螺纹气嘴

项目编码：030806006003，计量单位：个，工程量：$\frac{18（气嘴数）}{1（计量单位）}=18$

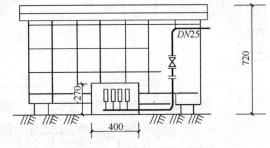

图2-30 砖砌蒸锅灶示意图

2) DN25焊接法兰

项目编码：030803009011，计量单位：副，工程量：$\frac{1（副数）}{1（计量单位）}=1$

3) DN25焊接法兰旋塞阀

项目编码：030803003001，计量单位：个，工程量：$\frac{1（个数）}{1（计量单位）}=1$

(2) 定额工程量

1) XN15型单嘴内螺纹气嘴

定额编号：8-680，计量单位：10个，工程量：$\frac{18（气嘴数）}{10（计量单位）}=1.8$

基价：13.68元；其中人工费13.00元，材料费0.68元。

2) DN25焊接法兰

定额编号：8-189，计量单位：副，工程量：$\frac{1（副数）}{1（计量单位）}=1$

基价：18.44元；其中人工费6.50元，材料费5.74元，机械费6.20元。

3) DN25法兰旋塞阀

定额编号：8-256，计量单位：个，工程量：$\frac{1（个数）}{1（计量单位）}=1$

基价：69.67元；其中人工费8.82元，材料费54.65元，机械费6.20元。

第二节 综合实例

【例2-32】 某住宅采暖设计如图2-31～图2-36所示，计算该工程的工程量，建筑住宅共6层三个单元，层高3m，楼板厚300mm。

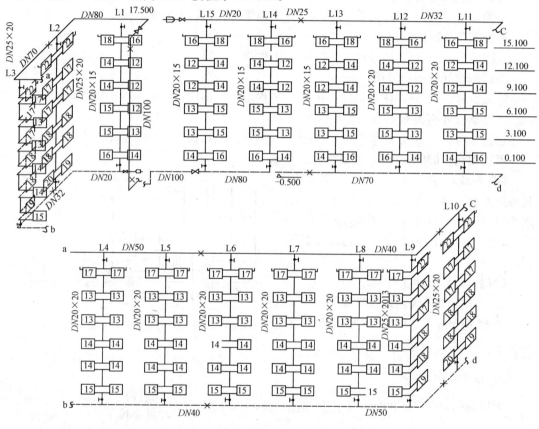

图2-31 采暖系统图

施工说明：

1. 采暖管道均采用焊接钢管，管径在32mm以下者（包括32mm），采用螺纹连接，管径在40mm以上者（包括40mm）采用焊接。

2. 所有管道、管件与吊架表面除锈后，刷防锈漆两道，不保温部分再刷银粉两遍。

3. 保温材料采用岩棉管壳管径DN32以上，厚度为40mm，管径不大于DN32，厚度为30mm，外缠玻璃布保护层。

4. 保温部分为采暖总立管与供回水主干管。

5. 管道穿墙及楼板内应设钢套管，安装在楼板内的套管，其顶部应高出地面20mm，穿过厨房的管道套管顶部高出地面50mm，底部与楼板底部相平。管道之间应填实油麻。

6. 立管管卡安装每层安装一个，位置距地面1.8m。

7. 水平管管道支架安装本工程中支架间距为见表2-2。

第二章 采暖与燃气工程(C.8)

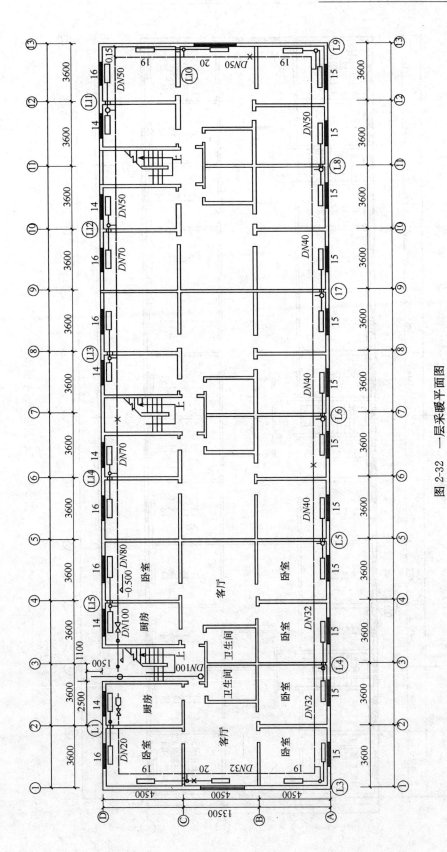

图 2-32 一层采暖平面图

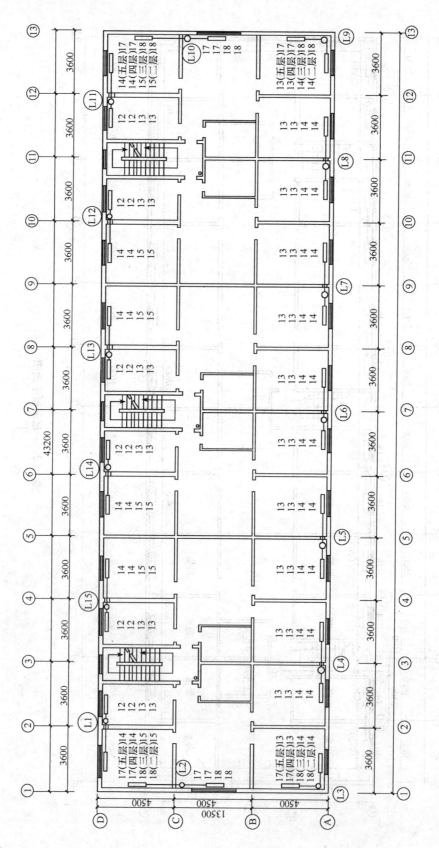

图 2-33 二~五层采暖平面图

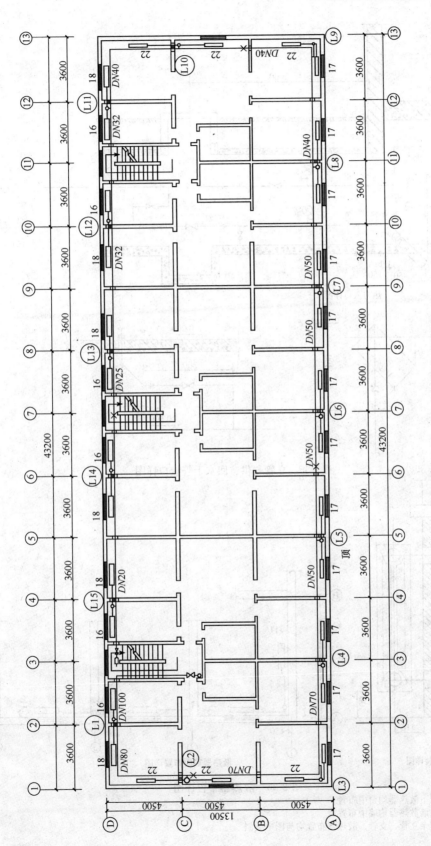

图 2-34 顶层（六层）采暖平面图

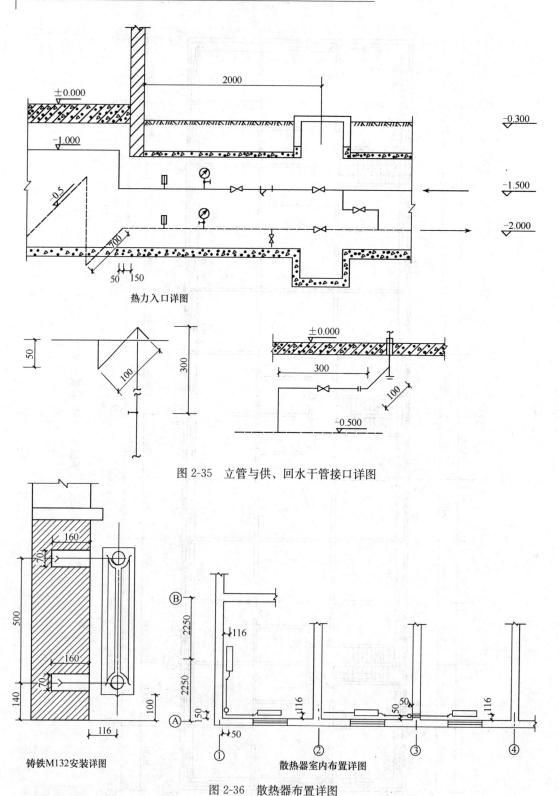

图 2-35 立管与供、回水干管接口详图

图 2-36 散热器布置详图

注：1. 窗下散热器均窗中布置；
2. 沿墙散热器均墙中布置；
3. 其余立管、支管、散热器布置均与图中类似。

第二章 采暖与燃气工程(C.8)

水平管管道支架安装间距 表 2-2

公称直径 DN		15	20	25	32	40	50	70	80	100
间距 (m)	保温管	1.5	2	2	2.5	3	3	4	4	4.5
	不保温管	2	2.5	2.5	3	3	4	5	5	6

采暖系统说明：

1. 本工程采用上供下回单管顺流系统，供水干管敷设在六层楼板下，回水干管敷设在首层地沟内。

2. 采暖热煤由小区换热站供给为 95℃/70℃ 低温热水。

3. 散热设备采用铸铁 M132T24-5-8 型散热器，进出水口间距为 500mm，宽为 143mm，厚 60（单片）mm，散热面积 $0.24m^2$/片。工作压力不大于0.8MPa，靠窗安装，散热器表面动力除锈后刷锈漆一道，银粉两道。

4. 供、回水干管最高点均安装自动排气阀，所采用型号为 ZP-Ⅱ型，工作压力为不大于1.2MPa。

5. 顶层散热器均安装手动放气阀一个。

6. 管道上阀门均采用闸阀、螺纹连接管道采用 Z15T-10K 螺纹阀门，焊接管道采用 Z45T-10K 法兰闸阀。

7. 热力入口设在距外墙面 2.0m 处。

【解】 工程量：

（1）清单工程量

1）焊接钢管

项目编码：030801002，计量单位：m

① 室内钢管（焊接）DN100 项目编码：030801002044（查《安装工程综合单价参考指标》）

供水管长：{2.0(入口处)+0.24(一墙厚)+0.2+[-1.0-(-1.5)](标高差)}+[(4.5+1.5)(水平管)-2×0.12(半墙厚)-0.2-0.1(主立管中心距墙面间距)]+[17.5-(-1.0)](标高差主立管长)+[(4.5+1.5)(水平管长)-2×0.12(半墙厚)-0.1(主立管中心距墙面间距)-0.15(横干管距墙面间距)]+[2.5+0.15(主立管中心距墙面间距)-0.05(立管 L1 距墙面距离)]=(8.4+18.5+8.11)m=35.01m

回水管长：{2.0(入口处)+0.24(一墙厚)+0.15+0.7+[-0.5-(-2.0)](标高差)]+[(3.6+1.1)-0.05(立管 L15 距墙面距离)-0.15(回水干管距墙面距离)]} m=(4.59+4.5)m=9.09m

故工程量为 $\dfrac{35.01(供水\ DN100\ 钢管长)+9.09(回水\ DN100\ 钢管长)}{1(计量单位)}=44.1$

② 室内钢管（焊接）DN80 项目编码：030801002043

工程量：{[3.6(①-②轴线间距)+0.05(立管 L1 距墙面距离)-0.15(供水干管距墙面距离)+4.5(Ⓒ-Ⓓ轴线间距)+0.05(立管 L2 距墙面距离)-0.15(供水干管距墙面距离)](供水管长)+[3.6×2(④-⑥轴线间距)+0.05(立管 L15 距墙面距离)+0.05(立管 L14 距墙面距离)](回水管长)}/1(计量单位)=$\dfrac{7.9+7.3}{1}$=15.2

③ 室内钢管(焊接)DN70　　项目编码：030801002042

工程量：$\{[4.5\times2(Ⓐ-Ⓒ轴线间距)-0.12\times2(一墙厚)-0.05(立管L2距墙面距离)-0.15(供水干管距墙面距离)+3.6\times2(①-③轴线间距)-0.05(立管L4距墙面距离)-0.12\times2-0.15(供水干管距墙面距离)](供水管长)+[3.6\times4(⑥-⑩轴线间距)](回水管长)\}/1(计量单位)=\dfrac{15.32+14.4}{1}=29.72$

④ 室内钢管(焊接)DN50　　项目编码：030801002041

工程量：$\{3.6\times8(③-⑧轴线间距)(供水管长)+[3.6\times3(⑩-⑬轴线间距)-0.12\times2(一墙厚)-0.05(立管L12距墙面距离)-0.15(回水干管距墙面距离)+4.5\times3(Ⓐ-Ⓓ轴线间距)-0.12\times2(一墙厚)-0.15(回水干管距墙面距离)\times2+3.6\times2(⑪-⑬轴线间距)+0.05(立管L8距墙面距离)-0.15(回水干管距墙面距离)](回水管长)\}/1(计量单位)$

$=\dfrac{28.8+30.42}{1}=59.22$

⑤ 室内钢管(焊接)DN40　　项目编码：030801002040

工程量：$\{[3.6\times2(⑪-⑬轴线间距)+0.05(立管L8距墙面距离)-0.15(供水干管墙面距离)+4.5\times3(Ⓐ-Ⓓ轴线间距)-0.15(供水干管距墙面距离)\times2-0.12\times2+3.6+0.05(立管L11距墙面距离)-0.15(供水干管距墙面距离)](供水管长)+3.6\times6(⑤-⑪轴线间距)(回水管长)\}/1(计量单位)=\dfrac{23.56+21.6}{1}=45.16$

⑥ 室内焊接钢管(螺纹连接)DN32　　项目编码：030801002015

工程量：$3.6\times4(⑧-⑫轴线间距)(供水管长)+[3.6\times4(①-⑤轴线间距)-0.12\times2(一墙厚)-0.05(立管L5距墙面距离)-0.15(回水干管距墙面距离)+4.5\times2(Ⓐ-Ⓒ轴线间距)-0.05(立管L2距墙面距离)-0.15(回水干管距墙面距离)-0.12\times2(一墙厚)](回水管长)/1(计量单位)=\dfrac{14.4+22.52}{1}=36.92$

⑦ 室内焊接钢管(螺纹连接)DN25　　项目编码：030801002014

干管长度：$3.6\times2(⑥-⑧轴线间距)-0.12\times2(一墙厚)-0.05(立管L13距墙面距离)-0.05(立管L14距墙面距离)=6.86m$

立管长度：(立管L2，L3，L9，L10)

$[17.5-(-0.5)(标高差)+0.1(上端转弯长度)+(0.1+0.3)(下端转弯长度)-0.5(散热器进出水管中心距)]\times6(层数)\times4(立管数)+0.3\times2\times2(立管L3，L9转弯增加长度)=(15.5\times4+1.2)m=(62+1.2)m=63.2m$

故工程量为：$\dfrac{6.86+63.2}{1(计量单位)}=70.06$

⑧ 室内焊接钢管(螺纹连接)DN20　　项目编码：030801002013

供水干管长度：$3.6\times2(④-⑥轴线间距)+0.12(半墙厚)\times2+0.05(立管L14距墙面距离)+0.05(立管L15距墙面距离)+3.0(引出放气管长度)=10.54m$

回水干管长度：4.5(ⓒ—ⓓ轴线间距)+0.05(立管 L2 距墙面距离)—0.15(回水干管距墙面距离)+3.6(①—②轴线间距)+0.05(立管 L1 距离墙面距离)—0.15(回水干管距墙面距离)+0.2(引出放气管长度)=8.1m

立管长度：(L1，L4，L5，L6，L7，L8，L11，L12，L13，L14，L15)
[(17.5+0.5)(标高差)+0.1(上端转弯长度)+(0.1+0.3)(下端转弯长度)−0.5(散热器进出水管中心距)×6(层数)]×11(立管数)
=15.5×11m=170.5m

支管长度：(L2，L3，L4，L5，L6，L7，L8，L9，L10，L11，L12)以 L4 上支管长度计算为例：(散热器沿窗中布置)

$\frac{3.6+3.6}{2}$(散热器中心距)×2×6(支管数)−0.06(散热器单片长度)×(17+17+13×2+13×2+14×2+14×2+15×2)(总散热器片数)+(0.116−0.05)×2×2×6(乙字弯增加长度)=(32.88+1.584)m=34.464m

立管 L11 支管长度：$\frac{2.5+3.6}{2}$×2×6−0.06×(16+12+12+13+13+14+18+14+14+15×2+16)+(0.116−0.05)×2×6×2=(26.28+1.584)m
=27.864m

立管 L2 支管长度：$\frac{4.5+4.5}{2}$×2×6−0.06×(22×2+17×4+18×4+20+19)+(0.116−0.05)×2×6×2=(40.62+1.584)m=42.204m

立管 L3 支管长度：$\left(\frac{4.5+3.6}{2}-0.05×2-0.12×2\right)$×2×6−0.06×(17×3+18×2+13×2+14×2+15+19+22)+(0.116−0.05)×2×6×2
=(32.7+1.584)m=34.284m

则支管长度为：34.464×5(L4，L5，L6，L7，L8)+27.864×2(L11，L12)+42.204×2(L2，L10)+34.284×2(L3，L9)=(172.32+55.728+84.408+68.568)m=381.024m

故工程量为$\frac{10.54+8.1+170.5+381.024}{1(计量单位)}$=570.164

⑨室内焊接钢管(螺纹连接)DN20　项目编码：030801002012

工程量：(L1，L13，L14，L15支管)
$\left[\frac{2.5+3.6}{2}×2×6-0.06×(16+12×2+13×2+14×3+15×2+16+18)+(0.116-0.05)×2×6×2\right]$(单根立管上支管长度)×4/1(计量单位)=$\frac{27.864×4}{1}$=111.456

2) 管道支架制作安装

项目编码：030802001，计量单位：kg

该工程：

① 固定支架由图示可知；

② 立管管卡：每根立管上每层安装一个，每根立管上 6 个管卡；

③ 滑动支架：供水总立管上每层安装一个，

$$供回水干管上滑动支架个数=\frac{管段长度}{支架间距}-该段固定支架个数$$

则管道支架制作安装重量计算见表2-3。

支 架 重 量   表2-3

	支架名称	管径	管长度/m	支架间距/m	支架个数	单个重量/kg	总重/kg
固定支架	供水总立管固定支架	DN100			2	5.678	11.356
	供回水干管固定支架	DN70			2	2.885	5.770
	供回水干管固定支架	DN50			2	1.715	3.43
	供回水干管固定支架	DN40			2	1.565	3.130
	供水干管固定支架	DN25			1	0.923	0.923
管卡	立管管卡	DN25			24	0.23	5.52
	立管管卡	DN20			66	0.22	14.52
滑动支架	供水总立管滑动支架	DN100			6	3.073	18.438
	供水干管滑动支架	DN100	16.51	4.5	4	3.073	12.292
	供水干管滑动支架	DN80	7.9	4	2	2.624	5.248
	供水干管滑动支架	DN70	15.32	4	3	2.092	6.276
	供水干管滑动支架	DN50	28.8	3	8	1.291	10.328
	供水干管滑动支架	DN40	23.56	3	8	1.194	9.552
	供水干管滑动支架	DN32	14.4	2.5	6	1.086	6.516
	供水干管滑动支架	DN25	6.86	3	3	0.719	2.157
	供水干管滑动支架	DN20	10.54	2	6	0.574	3.444
	回水干管滑动支架	DN100	9.09	4.5	2	3.073	6.146
	回水干管滑动支架	DN80	7.3	4	2	2.624	5.248
	回水干管滑动支架	DN70	14.4	4	3	2.092	6.276
	回水干管滑动支架	DN50	30.42	3	11	1.291	14.201
	回水干管滑动支架	DN40	21.6	3	7	1.194	8.358
	回水干管滑动支架	DN32	22.52	2.5	10	1.086	10.860
	回水干管滑动支架	DN20	8.1	2	5	0.574	2.870
合计	固定支架						24.609
	管卡						20.04
	滑动支架						128.21
							172.859

故工程量为:$\frac{172.859（支架总重量）}{1（计量单位）}=172.859$

3) 螺纹阀门 项目编码:030803001,计量单位:个

① $DN25Z15T-10K$ 项目编码:030803001003

工程量:$\frac{2（单根立管上阀门个数）\times 4（4个DN25的立管）}{1（计量单位）}=8$

② $DN20Z15T-10K$ 螺纹阀门 项目编码:030803001002

工程量:$\frac{2（单立管上阀门个数）\times 11（11个DN20的立管）+2（干管上阀门数）}{1（计量单位）}=24$

③ DN15 螺纹阀门　项目编码：030803001001

工程量：$\dfrac{2（单根立管上手动排气阀数）\times 15}{1（计量单位）}=30$

4）焊接法兰阀门，项目编码：030803003，计量单位：个

DN100Z45T-10K　焊接法兰阀门　项目编码　030803003006

工程量：$\dfrac{3（供水管上阀门个数）+2（回水管上阀门个数）}{1（计量单位）}=5$

5）自动排气阀　项目编码：030803005，计量单位：个

ZP-Ⅱ型 DN20 自动排气阀　项目编码：030803005002

工程量：$\dfrac{2（个数）}{1（计量单位）}=2$

6）法兰　项目编码：030803009，计量单位：副

① DN25 铸铁法兰（螺纹连接）　项目编码：030803009002

工程量：$\dfrac{1（立管与回水管连接处）\times 4（4根 DN25 立管）}{1（计量单位）}=4$

② DN20 铸铁法兰（螺纹连接）　项目编码：030803009001

工程量：$\dfrac{1（立管与回水管连接处）\times 11（11根 DN20 立管）}{1（计量单位）}=11$

7）铸铁散热器　项目编码：030805001，计量单位：片

铸铁散热器 M132 型散热器　项目编码：030805001003

工程量：[172（单根立管上散热器片数）×11（11根立管）+197（单根立管上散热器片数）×2（2根立管）+223（单根立管上散热器片数）×2（2根立管）]

（总散热器片数量）/1（计量单位）$=\dfrac{2732}{1}=2732$

8）采暖工程系统调整　项目编码：030807001，计量单位：系统

工程量$\dfrac{1（系统个数）}{1（计量单位）}=1$

9）低压过滤器　项目编码　030808001：计量单位：个，DN100 除污器

工程量：$\dfrac{1（个数）}{1（计量单位）}=1$

(2) 定额工程量

1）焊接钢管

①室内钢管（焊接）DN100

A. 管道安装定额编号：8-114，计量单位：10m，基价：172.53 元；其中人工费 72.91 元，材料费 53.97 元，机械费 45.65 元。

工程量：$\dfrac{35.01（供水 DN100 钢管长）+9.09（回水 DN100 钢管长）}{10（计量单位）}=4.41$

B. 钢套管 DN125 安装

定额编号：8-29，计量单位：10m，基价：91.59 元；其中人工费 34.13 元，材料费 46.72 元，机械费 10.74 元。

工程量：

$$\frac{[0.3(楼板厚)+0.02(高出地面距离)]\times 6(穿楼板套管个数)+0.24(一墙厚)\times 1(穿墙套管个数)}{10(计量单位)}$$

$$=\frac{2.16}{10\,(计量单位)}=0.216$$

C. 管道除锈

手工除锈（轻锈） 定额编号：11-1，计量单位：10m²，基价：11.27元；其中人工费7.89元，材料费3.38元。

工程量：$\dfrac{0.114（DN100\text{焊接钢管外径}）\times 3.1416\times 44.1（管长）}{10（计量单位）}=1.5794$

D. 管道刷油刷防锈漆第一遍

定额编号：11-53，计量单位：10m²，基价：7.40元；其中人工费6.27元，材料费1.13元。

工程量：$\dfrac{0.114（DN100\text{焊接钢管外径}）\times 3.1416\times 44.1（管长）}{10（计量单位）}=1.5794$

E. 管道刷油刷防锈漆第二遍

定额编号：11-54，计量单位：10m²，基价：7.28元；其中人工费6.27元，材料费1.01元。

工程量：$\dfrac{0.114（DN100\text{焊接钢管外径}）\times 3.1416\times 44.1（管长）}{10（计量单位）}=1.5794$

F. 管道绝热层岩棉管壳40mm

定额编号：11-1833，计量单位：m³，基价：89.36元；其中人工费63.62元，材料费18.99元，机械费6.75元。

工程量：$\dfrac{3.1416\times\left[\left(\dfrac{0.114}{2}+0.04\right)^{2}-\left(\dfrac{0.114}{2}\right)^{2}\right]（单位管长保温层体积）\times 44.1（管长）}{1（计量单位）}$

$=\dfrac{0.85}{1}=0.85$

G. 管道保护层

玻璃布定额编号：11-2153，计量单位：10m²，基价：11.11元；其中人工费10.91元，材料费0.20元。

工程量：$\dfrac{(0.114+0.04\times 2)\times 3.1416（单位管长保护层面积）\times 44.1（管长）}{10（计量单位）}$

$=\dfrac{26.8776}{10}=2.6878$

②室内钢管（焊接）DN80

A. 管道安装

定额编号：8-113 计量单位：10m，基价：129.93元；其中人工费58.98元，材料费37.47元，机械费33.48元。

工程量：$\dfrac{7.9（供水DN80钢管长）+7.3（回水DN80钢管长）}{10（计量单位）}=\dfrac{15.2}{10}=1.52$

B. 钢套管DN100安装

定额编号：8-28 计量单位：10m，基价：61.09元；其中人工费27.86元，材料费

20.38元，机械费12.85元。

工程量：$\dfrac{0.24（一墙厚）\times 2（穿墙套管个数）}{10（计量单位）}=0.048$

C. 管道除锈手工除锈（轻锈）

定额编号：11-1　计量单位：$10m^2$，基价：11.27元；其中人工费7.89元，材料费3.38元。

工程量：$\dfrac{0.0885（DN80 焊接钢管外径）\times 3.1416 \times 15.2（管长）}{10（计量单位）}=0.4226$

D. 管道刷油，刷防锈漆第一遍

定额编号：11-53　计量单位：$10m^2$，基价：7.40元；其中人工费6.27元，材料费1.13元。

工程量：$\dfrac{0.0885 \times 3.1416 \times 15.2}{10（计量单位）}=0.4226$

E. 管道刷油刷防锈漆第二遍

定额编号：11-54　计量单位：$10m^2$，基价：7.28元；其中人工费6.27元，材料费1.01元。

工程量：$\dfrac{0.0885 \times 3.1416 \times 15.2}{10（计量单位）}=0.4226$

F. 管道绝热层岩棉管壳40mm

定额编号：11-1833　计量单位：m^3，基价：89.36元；其中人工费63.62元，材料费18.99元，机械费6.75元。

工程量：

$$\dfrac{3.1416 \times \left[\left(\dfrac{0.0885}{2}+0.04\right)^2 - \left(\dfrac{0.0885}{2}\right)^2\right]（单位管长保温层体积）\times 15.2（管长）}{1（计量单位）}$$

$=\dfrac{0.2454}{1}=0.2454$

G. 管道保护层玻璃布

定额编号：11-2153　计量单位：$10m^2$，基价：11.11元；其中人工费10.91元，材料费0.20元。

工程量：$\dfrac{(0.0885+0.04 \times 2)\times 3.1416（单位管长保护层厚度）\times 15.2（管长）}{10（计量单位）}$

$=\dfrac{8.0463}{10}=0.80463$

③ 室内钢管（焊接）$DN70$

A. 管道安装

定额编号：8-112　计量单位：10m，基价：111.58元；其中人工费52.01元，材料费31.52元，机械费28.05元。

工程量：$\dfrac{15.32（供水 DN70 钢管长）+14.4（回水 DN70 钢管长）}{10（计量单位）}=\dfrac{29.72}{10}=2.972$

B. 钢套管 $DN100$ 安装

定额编号：8-28　计量单位：10m，基价：61.09 元；其中人工费 27.86 元，材料费 20.38 元，机械费 12.85 元。

工程量：$\dfrac{0.24（一墙厚）\times 2（穿墙套管个数）}{10（计量单位）}=0.048$

C. 管道除锈手工除锈（轻锈）

定额编号：11-1　计量单位：$10m^2$，基价：11.27 元；其中人工费 7.89 元，材料费 3.38 元。

工程量：$\dfrac{0.0755（DN70\ 焊接钢管外径）\times 3.1416\times 29.72（管长）}{10（计量单位）}=0.7049$

D. 管道刷油刷防锈漆第一遍

定额编号：11-53，计量单位：$10m^2$，基价：7.40 元；其中人工费 6.27 元，材料费 1.13 元。

工程量：$\dfrac{0.0755（DN70\ 焊接钢管外径）\times 3.1416\times 29.72（管长）}{10（计量单位）}=0.7049$

E. 管道刷油刷防锈漆第二遍

定额编号：11-54，计量单位：$10m^2$，基价：7.28 元；其中人工费 6.27 元，材料费 1.01 元。

工程量：$\dfrac{0.0755（DN70\ 焊接钢管外径）\times 3.1416\times 29.72（管长）}{10（计量单位）}=0.7049$

F. 管道绝热层

岩棉管壳 40mm　定额编号：11-1833，计量单位：m^3，基价：89.36 元；其中人工费 63.62 元，材料费 18.99 元，机械费 6.75 元。

工程量：$\dfrac{3.1416\times\left[\left(\dfrac{0.0755}{2}+0.04\right)^2-\left(\dfrac{0.0755}{2}\right)^2\right]（单位管长保温层体积）\times 29.72（管长）}{1（计量单位）}$

$=\dfrac{0.4314}{1}=0.4314$

G. 管道保护层玻璃布

定额编号：11-2153　计量单位：$10m^2$，基价：11.11 元；其中人工费 10.91 元，材料费 0.20 元。

工程量：$\dfrac{(0.0755+0.04\times 2)\times 3.1416（单位管长保护层面积）\times 29.72（管长）}{10（计量单位）}$

$=\dfrac{14.5188}{10}=1.45188$

④ 室内钢管（焊接）$DN50$

A. 管道安装

定额编号：8-111，计量单位：10m，基价：63.68 元；其中人工费 46.21 元，材料费 11.10 元，机械费 6.37 元。

工程量：$\dfrac{28.8（供水\ DN50\ 钢管长）+30.42（回水\ DN50\ 钢管长）}{10（计量单位）}=\dfrac{59.22}{10}=5.922$

B. 钢套管 $DN80$ 安装

定额编号：8-27，计量单位：10m，基价：52.98 元；其中人工费 26.01 元，材料费 15.45 元，机械费 11.52 元。

工程量：$\dfrac{0.24（一墙厚）\times 8（穿墙套管个数）}{10（计量单位）}=0.192$

C. 管道除锈

手工除锈（轻锈） 定额编号：11-1，计量单位：10m²，基价：11.27 元；其中人工费 7.89 元，材料费 3.38 元。

工程量：$\dfrac{0.060（DN50\ 焊接钢管外径）\times 3.1416 \times 59.22（管长）}{10（计量单位）}=1.1163$

D. 管道刷油刷防锈漆第一遍

定额编号：11-53，计量单位：10m²，基价：7.40 元；其中人工费 6.27 元，材料费 1.13 元。

工程量：$\dfrac{0.060（DN50\ 焊接钢管外径）\times 3.1416 \times 59.22（管长）}{10（计量单位）}=1.1163$

E. 管道刷油刷防锈漆第二遍

定额编号：11-54，计量单位：10m²，基价：7.28 元；其中人工费 6.27 元，材料费 1.01 元。

工程量：$\dfrac{0.060（DN50\ 焊接钢管外径）\times 3.1416 \times 59.22（管长）}{10（计量单位）}=1.1163$

F. 管道绝热层

岩棉管壳 40 定额编号：11-1833，计量单位：m³，基价：89.36 元；其中人工费 63.62 元，材料费 18.99 元，机械费 6.75 元。

工程量：

$$\dfrac{3.1416\times\left[\left(\dfrac{0.060}{2}+0.04\right)^2-\left(\dfrac{0.060}{2}\right)^2\right]（单位管长保温层体积）\times 59.22（管长）}{1（计量单位）}$$

$=\dfrac{0.7442}{1}=0.7442$

G. 管道保护层

玻璃布 定额编号：11-2153，计量单位：10m²，基价：11.11 元；其中人工费 10.91 元，材料费 0.20 元。

工程量：$\dfrac{(0.060+0.04\times 2)\times 3.1416（单位管长保护层厚度）\times 59.22（管长）}{10（计量单位）}$

$=\dfrac{26.0464}{10}=2.60464$

⑤室内钢管（焊接）DN40

A. 管道安装

定额编号：8-110，计量单位：10m，基价：54.11 元；其中人工费 42.03 元，材料费 6.19 元，机械费 5.89 元。

工程量：$\dfrac{23.56（供水\ DN40\ 钢管长）+21.6（回水\ DN40\ 钢管长）}{10（计量单位）}=\dfrac{45.16}{10}=4.516$

B. 钢套管 DN70 安装

定额编号：8-26，计量单位：10m，基价：51.04 元；其中人工费 22.29 元，材料费 17.23 元，机械费 11.52 元。

工程量：$\dfrac{0.24（一墙厚）\times 5（穿墙套管个数）}{10（计量单位）}=0.12$

C. 管道除锈、手工除锈（轻锈）

定额编号：11-1，计量单位：$10m^2$，基价：11.27 元；其中人工费 7.89 元，材料费 3.38 元。

工程量：$\dfrac{0.048（DN40\ 焊接钢管外径）\times 3.1416\times 45.16}{10（计量单位）}=0.6810$

D. 管道刷油刷防锈漆第一遍

定额编号：11-53，计量单位：$10m^2$，基价：7.40 元；其中人工费 6.27 元，材料费 1.13 元。

工程量：$\dfrac{0.048（DN40\ 焊接钢管外径）\times 3.1416\times 45.16}{10（计量单位）}=0.6810$

E. 管道刷油刷防锈漆第二遍

定额编号：11-54，计量单位：$10m^2$，基价：7.28 元；其中人工费 6.27 元，材料费 1.13 元。

工程量：$\dfrac{0.048\times 3.1416\times 45.16}{10（计量单位）}=0.6810$

F. 管道绝热层：

岩棉管壳 40mm　定额编号：11-1825，计量单位：m^3，基价：165.32 元；其中人工费 130.73 元，材料费 27.84 元，机械费 6.75 元。

工程量：

$$\dfrac{3.1416\times\left[\left(\dfrac{0.048}{2}+0.04\right)^2-\left(\dfrac{0.048}{2}\right)^2\right]（单位管长保温层体积）\times 45.16（管长）}{1（计量单位）}$$

$=\dfrac{0.4994}{1}=0.4994$

G. 管道保护层

玻璃布　定额编号：11-2153，计量单位：$10m^2$，基价：11.11 元；其中人工费 10.91 元，材料费 0.20 元。

工程量：$\dfrac{(0.048+0.04\times 2)\times 3.1416（单位管长保护层面积）\times 45.16（管长）}{10（计量单位）}$

$=\dfrac{18.160}{10}=1.8160$

⑥ 室内焊接钢管（螺纹连接）DN32

A. 管道安装

定额编号：8-101，计量单位：10m，基价：87.41 元；其中人工费 51.08 元，材料费 35.30 元，机械费 1.03 元。

工程量：$\dfrac{14.4（供水\ DN32\ 钢管长）+22.52（回水\ DN32\ 钢管长）}{10（计量单位）}=\dfrac{36.92}{10}=3.692$

B. 钢套管 DN50 安装

定额编号：8-25，计量单位：10m，基价：28.78 元；其中人工费 19.97 元，材料费 6.82 元，机械费 1.99 元。

工程量：$\dfrac{0.24（一墙厚）\times 5（穿墙套管个数）}{10（计量单位）}=0.12$

C. 管道除锈、手工除锈（轻锈）

定额编号：11-1，计量单位：10m²，基价：11.27 元；其中人工费 7.89 元，材料费 3.38 元。

工程量：$\dfrac{0.0425（DN32 焊接钢管外径）\times 3.1416 \times 36.92（管长）}{10（计量单位）}=0.4929$

D. 管道刷油刷防锈漆第一遍

定额编号：11-53，计量单位：10m²，基价：7.40 元；其中人工费 6.27 元，材料费 1.13 元。

工程量：$\dfrac{0.0425 \times 3.1416 \times 36.92}{10（计量单位）}=0.4929$

E. 管道刷油刷防锈漆第二遍

定额编号：11-54，计量单位：10m²，基价：7.28 元；其中人工费 6.27 元，材料费 1.13 元。

工程量：$\dfrac{0.0425 \times 3.1416 \times 36.92}{10（计量单位）}=0.4929$

F. 管道绝热层

岩棉管壳 30mm　定额编号：11-1824，计量单位：m³，基价：176.93 元；其中人工费 142.34 元，材料费 27.84 元，机械费 6.75 元。

工程量：

$$\dfrac{3.1416 \times \left[\left(\dfrac{0.0425}{2}+0.03\right)^2 - \left(\dfrac{0.0425}{2}\right)^2\right]（单位管长保温层体积）\times 36.92（管长）}{1（计量单位）}$$

$$=\dfrac{0.2523}{1}=0.2523$$

G. 管道保护层

玻璃布　定额编号：11-2153，计量单位：10m²，基价：11.11 元；其中人工费 10.91 元，材料费 0.20 元。

工程量：$\dfrac{(0.0425+0.03\times 2)\times 3.1416（单位管长保护层面积）\times 36.92（管长）}{10（计量单位）}$

$$=\dfrac{11.8888}{10}=1.18888$$

⑦ 室内焊接钢管（螺纹连接）DN25

A. 管道安装

定额编号：8-100，计量单位：10m，基价：81.37 元；其中人工费 51.08 元，材料费 29.26 元，机械费 1.03 元。

工程量：$\dfrac{6.86（供水DN25钢管长）+63.2（立管上DN25钢管长）}{10（计量单位）}=\dfrac{70.06}{10}=7.006$

B. 钢套管 DN40 安装

定额编号：8-24，计量单位：10m，基价：22.70 元；其中人工费 17.18 元，材料费 3.53 元，机械费 1.99 元。

工程量：$\{0.24$（一墙厚）$\times 2$（穿墙套管个数）$+[0.3$（楼板厚）$+0.02$（高出地面距离）$]\times 6$（单根立管楼板套管数）$\times 4$（立管数）$\}/10$（计量单位）$=\dfrac{0.48+7.68}{10}=0.816$

C. 管道除锈

手工除锈（轻锈） 定额编号：11-1，计量单位：10m²，基价：11.27 元；其中人工费 7.89 元，材料费 3.38 元。

工程量：$\dfrac{0.0335（DN25焊接钢管外径）\times 3.1416\times 70.06（管长）}{10（计量单位）}=0.7373$

D. 管道刷油刷防锈漆第一遍

定额编号：11-53，计量单位：10m²，基价：7.40 元；其中人工费 6.27 元，材料费 1.13 元。

工程量：$\dfrac{0.0335\times 3.1416\times 70.06}{10}=0.7373$

E. 管道刷油刷防锈漆第二遍

定额编号：11-54，计量单位：10m²，基价：7.28 元；其中人工费 6.27 元，材料费 1.01 元。

工程量：$\dfrac{0.0335\times 3.1416\times 70.06}{10}=0.7373$

F. 管道绝热层岩棉管壳 30mm

定额编号：11-1824，计量单位：m³，基价：176.93 元；其中人工费 142.34 元，材料费 27.84 元，机械费 6.75 元。

工程量：$\dfrac{3.1416\times\left[\left(\dfrac{0.0335}{2}+0.03\right)^2-\left(\dfrac{0.0335}{2}\right)^2\right]（单位管长保温层体积）\times 6.86（保温管长）}{1（计量单位）}$

$=\dfrac{0.0411}{1}=0.0411$

G. 管道保护层

玻璃布 定额编号：11-2153，计量单位：10m²，基价：11.11 元；其中人工费 10.91 元，材料费 0.20 元。

工程量：$\dfrac{(0.0335+0.03\times 2)\times 3.1416（单位管长保护层面积）\times 6.86（保温管长）}{10（计量单位）}$

$=\dfrac{2.0151}{10}=0.20151$

第二章 采暖与燃气工程(C.8)

H. 管道刷银粉漆第一遍

定额编号：11-56，计量单位：10m²，基价：11.31元；其中人工费6.50元，材料费4.81元。

工程量：$\dfrac{0.0335(DN25\text{ 焊接钢管外径})\times 3.1416\times 63.2(\text{不保温管长})}{10(\text{计量单位})}=0.6651$

I. 管道刷银粉漆第二遍

定额编号：11-57，计量单位：10m²，基价：10.64元；其中人工费6.27元，材料费4.37元。

工程量：$\dfrac{0.0335(DN25\text{ 焊接钢管外径})\times 3.1416\times 63.2(\text{不保温管长})}{10(\text{计量单位})}=0.6651$

⑧ 室内焊接钢管(螺纹连接)$DN20$

A. 管道安装

定额编号：8-99，计量单位：10m，基价：63.11元；其中人工费42.49元，材料费20.62元。

工程量：$\{[10.54(\text{供水干管}DN20\text{ 钢管长})+8.1(\text{回水}DN20\text{ 钢管长})](\text{保温})+$
$[170.5(\text{立管上}DN20\text{ 钢管长})+381.024(\text{支管上}DN20\text{ 钢管长})](\text{不保温})\}/10(\text{计量单位})$

$=\dfrac{18.64+551.524}{10}=\dfrac{570.164}{10}=57.0164$

B. 钢套管$DN32$安装

定额编号：8-23，计量单位：10m，基价：21.80元；其中人工费16.49元，材料费3.32元，机械费1.99元。

工程量：$\{0.24(\text{一墙厚})\times[4(\text{干管穿墙套管数})+2\times 6\times 9(\text{散热器支管穿墙套管数})]$
$+[0.3(\text{楼板厚})+0.02(\text{高出地面距离})]\times 6(\text{单根立管上穿房楼板套管数})\times$
$5(\text{立管数})+[0.3(\text{楼板厚})+0.05(\text{高出地面距离})]\times 6(\text{单根立管上离厨房楼}$
$\text{板套管数})\times 6(\text{立管数})\}/10(\text{计量单位})$

$=\dfrac{0.24\times 112+0.32\times 30+0.35\times 36}{10}=4.908$

C. 管道除锈

手工除锈(轻锈) 定额编号：11-1 计量单位：10m²，基价：11.27元；其中人工费7.89元，材料费3.38元。

工程量：$\dfrac{0.0268(DN20\text{ 焊接管外径})\times 3.1416\times 570.164(\text{管长})}{10(\text{计量单位})}=4.8004$

D. 管道刷油刷防锈漆第一遍

定额编号：11-53，计量单位：10m²，基价：7.40元；其中人工费6.27元，材料费1.13元。

工程量：$\dfrac{0.0268\times 3.1416\times 570.164}{10}=4.8004$

E. 管道刷油刷防锈漆第二遍

定额编号：11-54，计量单位：10m²，基价：7.28元；其中人工费6.27元，材料费1.01元。

工程量：$\dfrac{0.0268\times 3.1416\times 570.164}{10}=4.8004$

F. 管道绝热层

岩棉管壳30mm 定额编号：11-1824，计量单位：m³，基价：176.93元；其中人工费142.34元，材料费27.84元，机械费6.75元。

工程量：$\dfrac{3.1416\times\left[\left(\dfrac{0.0268}{2}+0.03\right)^2-\left(\dfrac{0.0268}{2}\right)^2\right]\text{（单位管长保温层体积）}\times 18.64\text{（保湿管长）}}{1\text{（计量单位）}}$

$=\dfrac{0.0998}{1}=0.0998$

G. 管道保护层

玻璃布 定额编号：11-2153，计量单位：10m²，基价：11.11元；其中人工费10.91元，材料费0.20元。

工程量：$\dfrac{(0.0268+0.03\times 2)\times 3.1416\text{（单位管长保温层体积）}\times 18.64\text{（保温管长）}}{10\text{（计量单位）}}$

$=\dfrac{5.0830}{10}=0.5083$

H. 管道刷银粉漆第一遍

定额编号：11-56，计量单位：10m²，基价：11.31元；其中人工费6.50元，材料费4.81元。

工程量：$\dfrac{0.0268\times 3.1416\times 551.524\text{（未保温管长）}}{10\text{（计量单位）}}=4.6436$

I. 管道刷银粉漆第二遍

定额编号：11-57，计量单位：10m²，基价：10.64元；其中人工费6.27元，材料费4.37元。

工程量：$\dfrac{0.0268\times 3.1416\times 551.524\text{（未保温管长）}}{10\text{（计量单位）}}=4.6436$

⑨ 室内焊接钢管（螺纹连接）DN15

A. 管道安装

定额编号：8-98，计量单位：10m，基价：54.90元；其中人工费42.49元，材料费12.41元。

工程量：$\dfrac{111.456\text{（支管上 }DN15\text{ 钢管）}}{10\text{（计量单位）}}=11.1456$

B. 钢套管安装 DN32

定额编号：8-23，计量单位：10m，基价：21.80元；其中人工费16.49元，材料费3.32元，机械费1.99元。

工程量：$\dfrac{0.24\text{（一墙厚）}\times(2\times 6\times 4)\text{（支管穿墙套管数）}}{10\text{（计量单位）}}=1.152$

C. 管道除锈

手工除锈（轻锈） 定额编号：11-1，计量单位：10m²，基价：11.27元；其中人工费

7.89元，材料费3.38元。

工程量：$\dfrac{0.0213(DN15\text{焊接钢管外径})\times 3.1416\times 111.456(\text{管长})}{10(\text{计量单位})}=0.7246$

D. 管道刷油防锈漆第一遍

定额编号：11-53，计量单位：10m²，基价：7.40元；其中人工费6.27元，材料费1.13元。

工程量：$\dfrac{0.0213\times 3.1416\times 111.456}{10(\text{计量单位})}=0.7458$

E. 管道刷油防锈漆第二遍

定额编号：11-54，计量单位：10m²，基价：7.28元；其中人工费6.27元，材料费1.01元。

工程量：$\dfrac{0.0213\times 3.1416\times 111.456}{10(\text{计量单位})}=0.7458$

F. 管道刷银粉漆第一遍

定额编号：11-56，计量单位：10m²，基价：11.31元，其中人工费6.50元，材料费4.81元。

工程量：$\dfrac{0.0213\times 3.1416\times 111.456}{10(\text{计量单位})}=0.7458$

G. 管道刷银粉漆第二遍

定额编号：11-57，计量单位：10m²，基价：10.64元；其中人工费6.27元，材料费4.37元。

工程量：$\dfrac{0.0213\times 3.1416\times 111.456}{10(\text{计量单位})}=0.7458$

2) 管道支架制作安装

① 制作与安装

定额编号：8-178，计量单位：100kg，基价：654.69元；其中人工费235.45元，材料费194.98元，机械费224.26元。

工程量计算：DN32以上的钢管支架个数重量见表2-4。

则工程量为：$\dfrac{126.049(\text{支架重量})}{100(\text{计量单位})}=1.26049$

② 支架除锈、手工除锈（轻锈）

定额编号：11-7 计量单位：100kg，基价：17.35元；其中人工费7.89元，材料费2.50元，机械费6.96元。

工程量：$\dfrac{172.859(\text{支架总重量见表一})}{100(\text{计量单位})}=1.72859$

③ 支架刷防锈漆第一遍

定额编号：11-119，计量单位：100kg，基价：13.11元；其中人工费5.34元，材料费0.81元，机械费6.96元。

DN32 以上钢管支架个数重量　　　　　　　　　表 2-4

支架名称		管径	支架个数	单重/kg	总重/kg
固定支架	供水总立管固定支架	DN100	2	5.678	11.356
	供、回水干管固定支架	DN70	2	2.885	5.770
		DN50	2	3.43	3.43
		DN40	2	1.565	3.130
滑动支架	供水总立管滑动支架	DN100	6	3.073	18.438
	供水干管滑动支架	DN100	4	3.073	12.292
		DN80	2	2.624	5.248
		DN70	3	2.092	6.276
		DN50	8	1.291	10.328
		DN40	8	1.194	9.552
	回水干管滑动支架	DN100	2	3.073	6.146
		DN80	2	2.624	5.248
		DN70	3	2.092	6.276
		DN50	11	1.291	14.201
		DN40	7	1.194	8.358
总　　计					126.049

工程量：$\dfrac{172.859(支架总重量)}{100(计量单位)} = 1.72859$

④ 支架刷防锈漆第二遍

定额编号：11-120，计量单位：100kg，基价：12.79 元；其中人工费 5.11 元，材料费 0.72 元，机械费 6.96 元。

工程量：$\dfrac{172.859(支架总重量)}{100(计量单位)} = 1.72859$

⑤ 支架刷银粉漆第一遍

定额编号：11-122，计量单位：100kg，基价：16.00 元；其中人工费 5.11 元，材料费 3.93 元，机械费 6.96 元。

工程量：$\dfrac{172.859(支架总重量)}{100(计量单位)} = 1.72859$

⑥ 支架刷银粉漆第二遍

定额编号：11-123，计量单位：100kg，基价：15.25 元；其中人工费 5.11 元，材料费 3.18 元，机械费 6.96 元。

工程量：$\dfrac{172.859(支架总重量)}{100(计量单位)} = 1.72859$

3）螺纹阀门

① DN25Z15T-10K 螺纹阀门安装

定额编号：8-243，计量单位：个，基价：6.24 元；其中人工费 2.79 元，材料费 3.45 元。

工程量：$\dfrac{2 \times 4(阀门个数)}{1(计量单位)} = 8$

② DN20Z15T-10K 螺纹阀门安装

定额编号：8-242，计量单位：个，基价：5.00 元；其中人工费 2.32 元，材料费 2.68 元。

工程量：$\dfrac{2\times11(立管上阀门个数)+2(干管上阀门个数)}{1(计量单位)}=24$

③ DN15 螺纹阀门安装

定额编号：8-241，计量单位：个，基价：4.43 元；其中人工费 2.32 元，材料费 2.11 元。

工程量：$\dfrac{2\times15(散热器上手动放气阀个数)}{1(计量单位)}=30$

4）焊接法兰阀门

DN100Z45T-10K 焊接法兰阀门

定额编号：8-261，计量单位：个，基价：189.26 元；其中人工费 21.59 元，材料费 154.79 元，机械费 12.88 元。

工程量：$\dfrac{(3+2)(阀门个数)}{1(计量单位)}=5$

5）自动排气阀

ZP-Ⅱ型 DN20 自动排气阀　定额编号：8-300，计量单位：个，基价：11.58 元；其中人工费 5.11 元，材料费 6.47 元。

工程量：$\dfrac{2(个数)}{1(计量单位)}=2$

6）法兰

① DN25 铸铁法兰（螺纹连接）

定额编号：8-180，计量单位：副，基价：4.02 元；其中人工费 3.02 元，材料费 1.00 元。

工程量：$\dfrac{1\times4(副数)}{1(计量单位)}=4$

② DN20 铸铁法兰（螺纹连接）

定额编号：8-179 计量单位：副，基价：3.65 元；其中人工费 2.79 元，材料费 0.86 元。

工程量：$\dfrac{1\times11(副数)}{1(计量单位)}=11$

7）铸铁散热器

① 组成安装

铸铁 M132 型 T24-5-8 散热器

定额编号：8-490，计量单位：10 片，基价：41.27 元；其中人工费 14.16 元，材料费 27.11 元。

工程量：$\dfrac{2732(散热器总片数)}{10(计量单位)}=273.2$

② 散热器表面动力除锈（轻锈）

定额编号：11-16，计量单位：10m²，基价：12.52 元；其中人工费 10.22 元，材料费 2.30 元。

工程量：$\dfrac{0.24(单片散热器表面积)\times2732(总片数)}{10(计量单位)}=65.568$

③ 散热器刷防锈漆一遍

定额编号：11-86，计量单位：10m²，基价：6.99 元；其中人工费 5.80 元，材料费 1.19 元。

工程量：$\dfrac{0.24 \times 2732}{10(计量单位)} = 65.568$

④ 散热器刷银粉漆第一遍

定额编号：11-89，计量单位：10m²，基价：10.64 元；其中人工费 6.27 元，材料费 4.37 元。

工程量：$\dfrac{0.24 \times 2732}{10(计量单位)} = 65.568$

⑤ 散热器表面刷银粉漆第二遍

定额编号：11-90，计量单位：10m²，基价：9.86 元；其中人工费 5.80 元，材料费 4.06 元。

工程量：$\dfrac{0.24 \times 2732}{10(计量单位)} = 65.568$

8) 采暖系统调试

按采暖工程人工费 21.84% 计取（《全国统一安装工程定额》）。

9) 低压过滤器

① DN100 除污器制作

定额编号：6-2896，计量单位：个，基价：33.84 元；其中人工费 15.56 元，材料费 14.15 元，机械费 4.13 元。

工程量：$\dfrac{1(个数)}{1(计量单位)} = 1$

② DN100 除污器安装

定额编号：6-1278，计量单位：个，基价：23.92 元；其中人工费 14.74 元，材料费 5.85 元，机械费 3.33 元。

工程量：$\dfrac{1(个数)}{1(计量单位)} = 1$

工程量统计见下表。

工程数量统计表

序号	项目编码	项目名称	项目特征	计量单位	工程数量	序号	项目编码	项目名称	项目特征	计量单位	工程数量
1	030801002	钢管	(焊接)DN100	m	43.4	11	030803001	螺纹阀门		个	8
2	030801002	钢管	(焊接)DN80	m	15.2	12	030803001	螺纹阀门	DN25	个	24
3	030801002	钢管	(焊接)DN70	m	29.72	13	030803001	螺纹阀门	DN20	个	30
4	030801002	钢管	(焊接)DN50	m	59.22	14	030803003	焊接法兰阀门	D15	个	5
5	030801002	钢管	(焊接)DN40	m	45.4	15	030803005	自动排气阀	DN100	个	2
6	030801002	钢管焊接	(螺纹)DN32	m	36.92	16	030803009	法兰		副	4
7	030801002	焊接钢管	(螺纹)DN25	m	70.06	17	030803009	法兰	DN25	副	11
8	030801002	焊接钢管	(螺纹)DN20	m	539.452	18	030805001	铸铁散热器	DN20	片	2732
9	030801002	焊接钢管	(螺纹)DN15	m	108.288	19	030807001	系统调整	M132	系统	1
10	030802001	管道支架		kg	172.859	20	030808001	过滤器	低压	个	1

第二章 采暖与燃气工程(C.8)

工程量清单与定额对照见下表。

工程量清单与定额对照表

序号	项目编码	项目名称	定额编号	工程内容	计量单位	工程量
1	030801002	室内钢管（焊接）DN100			m	44.1
			8-114	管道安装	10m	4.41
			8-29	钢套管DN100安装	10m	0.216
			11-1	管道手工除锈(轻锈)	10m²	1.5794
			11-54	管道刷防锈漆第一遍	10m²	1.5794
			11-54	管道刷防锈漆第二遍	10m²	1.5794
			11-1833	管道绝热层	m³	0.85
			11-2153	管道保护层	m³	2.6878
2	030801002	室内钢管（焊接）DN80			m	15.2
			8-113	管道安装	10m	1.52
			8-28	钢套管DN100安装	10m	0.048
			11-1	管道手工除锈(轻锈)	10m²	0.4226
			11-53	管道刷防锈漆第一遍	10m²	0.4226
			11-54	管道刷防锈漆第二遍	10m²	0.4226
			11-1833	管道绝热层	m³	0.2454
			11-2153	管道保护层	10m²	0.80463
3	030801002	室内钢管（焊接）DN70			m	29.72
			8-112	管道安装	10m	2.972
			8-28	钢套管DN100安装	10m	0.048
			11-1	管道手工除锈(轻锈)	10m²	0.7049
			11-53	管道刷防锈漆第一遍	10m²	0.7049
			11-54	管道刷防锈漆第二遍	10m²	0.7049
			11-1833	管道绝热层	m³	0.4314
			11-2153	管道保护层	10m²	1.45188
4	030801002	室内钢管（焊接）DN50			m	59.22
			8-111	管道安装	10m	5.922
			8-27	钢套管DN80安装	10m	0.192
			11-1	管道手工除锈(轻锈)	10m²	1.1163
			11-53	管道刷油防锈漆第一遍	10m²	1.1163
			11-54	管道刷防锈漆第二遍	10m²	1.1163
			11-1833	管道绝热层	m³	0.7442
			11-2153	管道保护层	10m²	2.60464
5	030801002	室内钢管（焊接）DN40			m	45.16
			8-110	管道安装	10m	4.516
			8-26	钢套管DN70安装	10m	0.12
			11-1	管道手工除锈(轻锈)	10m²	0.6810
			11-53	管道刷防锈漆第一遍	10m²	0.6810
			11-54	管道刷防锈漆第二遍	10m²	0.6810
			11-1825	管道绝热层	m³	0.4994
			11-2153	管道保护层	10m²	1.8160

续表

序号	项目编码	项目名称	定额编号	工程内容	计量单位	工程量
6	030801002	室内焊接钢管（螺纹连接）DN32			m	36.92
			8-101	管道安装	10m	3.692
			8-25	钢套管 DN100 安装	10m	0.12
			11-1	管道手工除锈（轻锈）	10m²	0.4929
			11-53	管道刷防锈漆第一遍	10m²	0.4929
			11-54	管道刷防锈漆第二遍	10m²	0.4929
			11-1824	管道绝热层	m³	0.2523
			11-2153	管道保护层	10m²	1.18888
7	030801002	室内焊接钢管（螺纹连接）DN25			m	70.06
			8-100	管道安装	10m	7.006
			8-24	钢套管 DN40 安装	10m	0.816
			11-1	管道手工除锈（轻锈）	10m²	0.7373
			11-53	管道刷防锈漆第一遍	10m²	0.7373
			11-54	管道刷防锈漆第二遍	10m²	0.7373
			11-1824	管道绝热层	m³	0.0411
			11-2153	管道保护层	10m²	020151
			11-56	管道刷银粉漆第一遍	10m²	0.6551
			11-57	管道刷银粉漆第二遍	10m²	0.6551
8	030801002	室内焊接钢管（螺纹连接）DN20			m	570.164
			8-99	管道安装	10m	57.0164
			8-23	钢套管 DN32 安装	10m	4.908
			11-1	管道手工除锈（轻锈）	10m²	4.8004
			11-53	管道刷防锈漆第一遍	10m²	4.8004
			11-54	管道刷防锈漆第二遍	10m²	4.8004
			11-1824	管道绝热层	m³	0.0998
			11-2153	管道保护层	10m²	0.5083
			11-56	管道刷银粉漆第一遍	10m²	4.6436
			11-57	管道刷银粉漆第二遍	10m²	4.6436
9	030801002	室内焊接钢管（螺纹连接）DN15			m	111.456
			8-98	管道安装	10m	11.1456
			8-23	钢套管 DN32 安装	10m	1.152
			11-1	管道手工除锈（轻锈）	10m²	0.7458
				管道刷防锈漆第一遍	10m²	0.7458
				管道刷防锈漆第二遍	10m²	0.7458
				管道刷银粉漆第一遍	10m²	0.7458
				管道刷银粉漆第二遍	10m²	0.7458
10	030802001	管道支架制作安装			kg	172.859
			8-178	支架制作安装（钢管管径大于DN32 的支架）	100kg	1.26049
			11-7	支架手工除锈（轻锈）	100kg	1.72859
			11-119	支架刷防锈漆第一遍	100kg	1.72859
			11-120	支架刷防锈漆第二遍	100kg	1.72859
			11-122	支架刷银粉漆第一遍	100kg	1.72859
			11-123	支架刷银粉漆第二遍	100kg	1.72859
11	030803001	螺纹阀门 Z15T-10K DN25 安装			个	8
			8-243	螺纹阀门 Z15T-10KDN25 安装	个	8

续表

序号	项目编码	项目名称	定额编号	工程内容	计量单位	工程量
12	030803001	螺纹阀门 Z15T-10K DN20 安装	8-242	螺纹阀门 Z15T-10KDN20 安装	个 个	24 24
13	030803001	螺纹阀门 Z15T-10K DN15 安装	8-241	螺纹阀门 Z15T-10KDN15 安装	个 个	30 30
14	030803003	焊接法兰阀门 Z45T-10 KDN100 安装	8-261	焊接法兰阀门 Z45T-10KDN100 安装	个 个	5 5
15	030803005	自动排气阀 ZP-Ⅱ型 DN20	8-300	焊接法兰阀门 Z457-10KDN60 安装	个 个	2 2
16	030803009	铸铁法兰（螺纹连接）DN25			副	4
17	030803009	铸铁法兰（螺纹连接）DN20	8-180 8-179	铸铁法兰（螺纹连接）DN25 铸铁法兰（螺纹连接）DN20	副 副	4 11
18	030805001	铸铁散热器 M132型 T24-58	8-490 11-16 11-86 11-89 11-90	铸铁散热器 M132型 T24-58 组成安装 散热器表面动力除锈（轻锈） 散热器刷防锈漆一遍 散热器表面刷银粉第一遍 散热器表面刷银粉第二遍	片 10片 $10m^2$ $10m^2$ $10m^2$ $10m^2$	2732 273.2 65.568 65.568 65.568 65.568
19	030807001	采暖工程系统调试			系统	1
20	030808001	低压过滤器 DN100	6-2896 6-1278	DN100 除污器制作 DN100 除污器安装	个 个 个	1 1 1

【例 2-33】 某住宅层楼燃气管道布置图如图 2-37～图 2-42 所示，该建筑 6 层 3 个单元，层高 3.0m，内外墙均为 240mm 厚，楼板厚为 300mm。

施工说明：

1. 引入管采用 φ57×3.5 的无缝钢管，室内燃气管均采用镀锌钢管。

2. 用户均采用 JST5-C 燃气快速热水器，其额定燃气流量为 1.04m^3/h，额定工作压力 2.0kPa，燃气入口 DN15，外形尺寸（高×宽×厚），为 406mm×293mm×230mm，单重为 6.2kg。

3. 用户均采用 JZT2-D 型燃气双眼灶，其额定压力 2.0kPa，进气连接管尺寸 DN15，外形尺寸（长×宽×高）680mm×365mm×150mm，单重 14.5kg。

4. 用户均采用 JMB-3 型燃气表，其公称流量 2.5m^3/h，最大流量 4m^3/h，工作压力为 0.5～5kPa，进出气管连接尺寸 DN15，进出气管中心距 130mm，外形尺寸（长×宽×高）192mm×152mm×256mm，单重 2.9kg。

5. 引入管处的总切断阀门采用的是 RD DN50 型电动蝶阀，法兰螺纹连接，其余阀门采用的均为 X13W-10 型螺纹旋塞阀，螺纹连接。

6. 穿墙，穿楼板均采用镀锌铁皮套管，安装在楼板内的套管，其顶部应高出地面50mm，底部应与楼板面相平，安装在墙壁内的套管，其两端应与饰面相平。

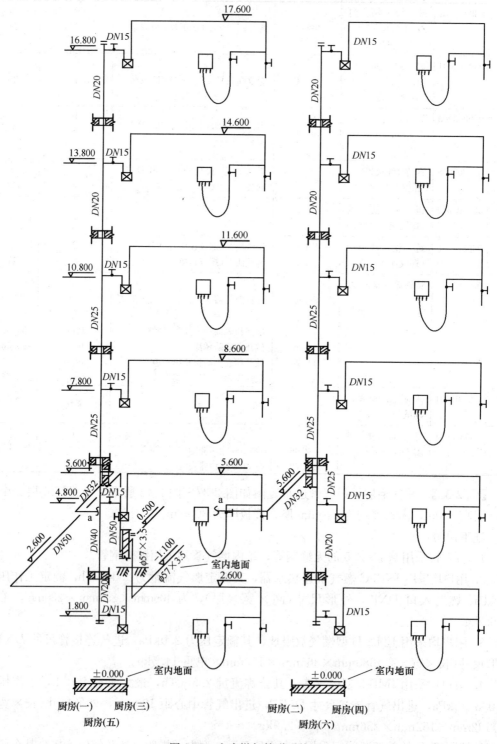

图 2-37 室内燃气管道系统图

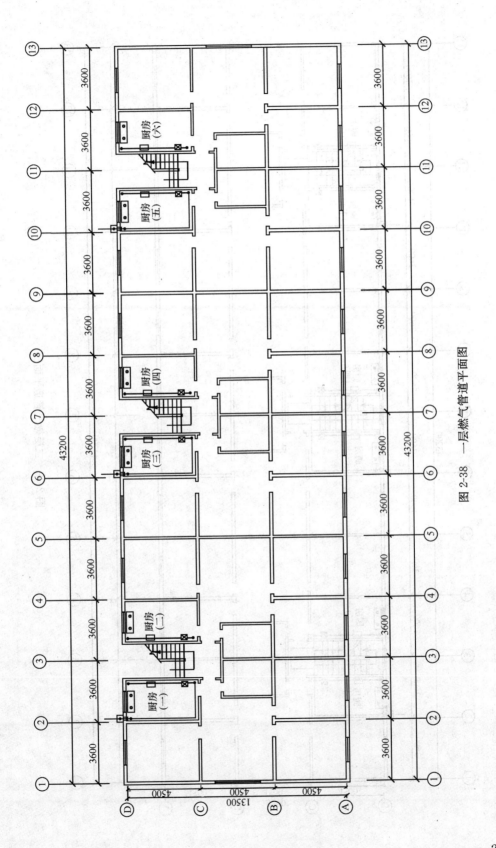

图 2-38 一层燃气管道平面图

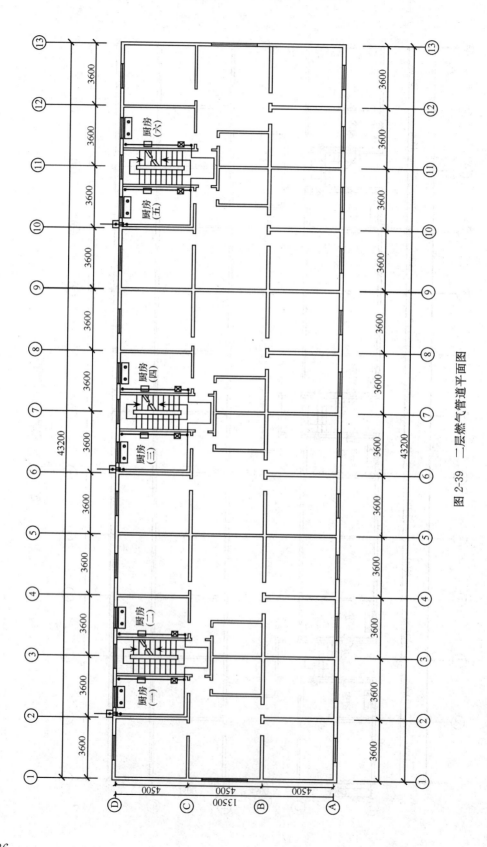

图 2-39 二层燃气管道平面图

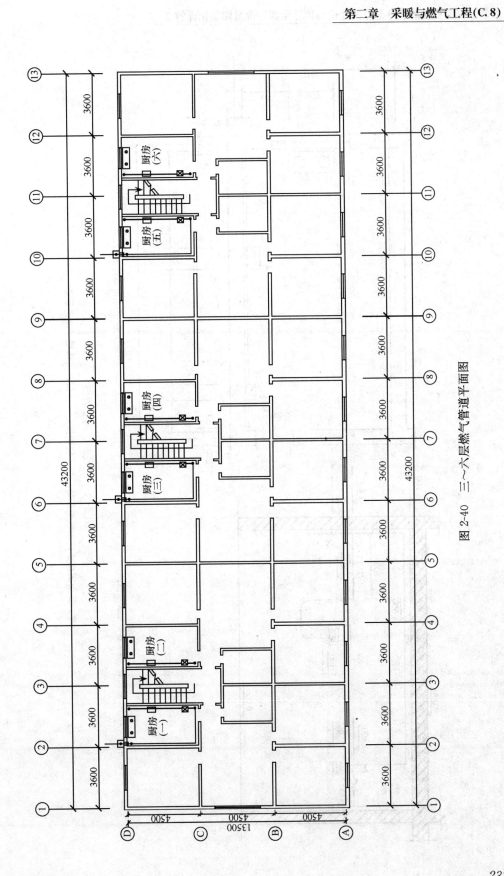

图 2-40 三～六层燃气管道平面图

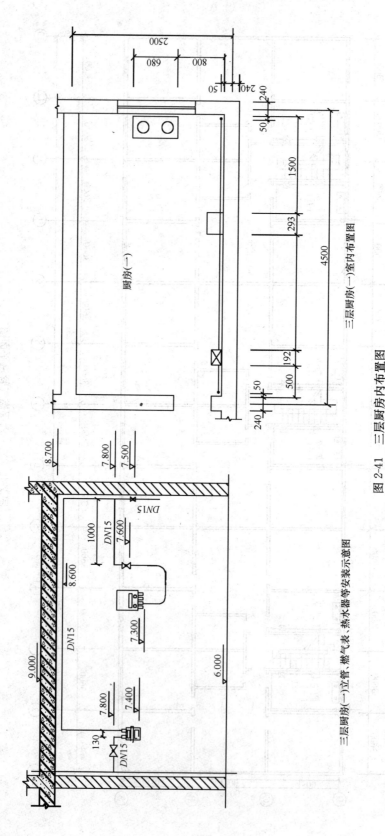

图 2-41 三层厨房内布置图

注：其余厨房室内布置与安装均与三层厨房(一)类似，具体见平面图图示意

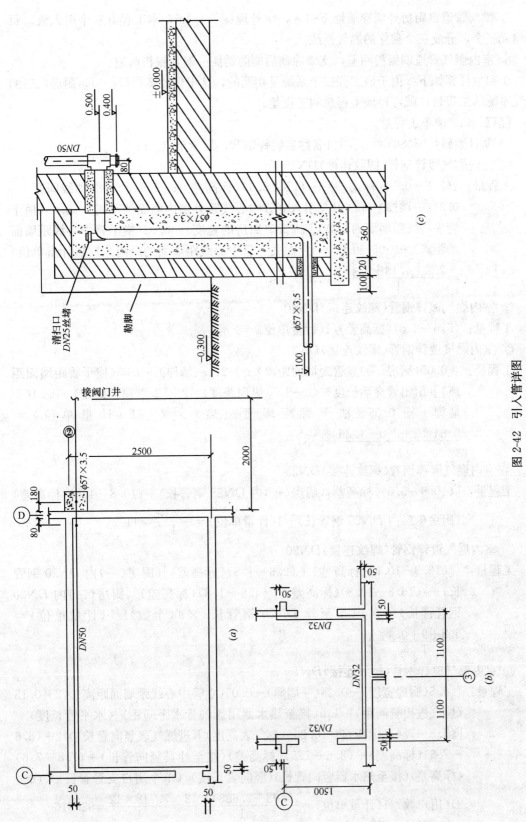

图 2-42 引入管详图
(a)、(b) 引入管接入详图; (c) 燃气引入管安装图

7. 燃气管道自厨房外墙穿墙地下引入，室外埋深－1.1m，本工程有三个引入管，每个单元一个，分成三个独立的燃气系统。

8. 室内燃气管道刷银粉两遍，支架除锈后刷防锈漆一遍，银粉两遍。

工程量计算如下：由于该工程三个系统是相同的，这里仅计算厨房(一)，厨房(二)的燃气系统的工程量，就可得该工程总的工程量。

【解】 (1) 清单工程量

1) 项目编码：030801001，项目名称：镀锌钢管，计量单位：m

① 室内燃气镀锌钢管(螺纹连接)DN50

工程量：{(2.6－0.5)(标高差)+(0.5－0.4)(标高差)+[4.5(ⓒ－ⓓ轴线间距)－0.24(一墙厚)－0.08(总引入立管中心线距外墙内墙面的距离)－0.05(横干管中心线距墙面的距离)]+[2.5(厨房的宽度)－0.05(横干管中心线距墙面的距离)－0.05(厨房(一)内燃气立管中心线距墙面的距离)]}/1(计量单位)
$$=\frac{2.2+4.13+2.4}{1}=8.73$$

② 室内燃气镀锌钢管(螺纹连接)DN40

工程量：(5.6－2.6)(标高差)/1(计量单位)=3

③ 室内燃气镀锌钢管(螺纹连接)DN32

工程量：{[0.05(厨房(一)立管距墙面距离)+0.24(一墙厚)+0.05(横干管距墙面距离)](引出管穿墙长度)×2+1.5(纵向跨度)×2+[2.2(横向跨度)－0.24(一墙厚)－0.05(横干管距墙面距离)×2]}/1(计量单位)=
$$\frac{0.34\times2+3.0+1.86}{1}=5.54$$

④ 室内燃气镀锌钢管(螺纹连接)DN25

工程量：[(10.8－5.6)(标高差)(厨房(一)内DN25钢管长)+(10.8－4.8)(标高差)(厨房(二)内DN25钢管长)]/1(计量单位)=$\frac{5.2+6}{1}=11.2$

⑤ 室内燃气镀锌钢管(螺纹连接)DN20

工程量：{[(16.8－10.8)(标高差)+(2.6－1.8)(标高差)](厨房(一)内DN20钢管长)+[(16.8－10.8)(标高差)+(4.8－1.8)(标高差)](厨房(二)内DN20钢管管长)+0.1(接至丝DN20钢管长)×4(个数)}/1(计量单位)=
$$\frac{6.8+9+0.4}{1}=16.2$$

⑥ 室内燃气镀锌钢管(螺纹连接)DN15

工程量：{[4.5(厨房宽度)－0.24(一墙厚)－0.05(立管中心线距墙面距离)×2－0.13(燃气进出管间距)+1.0(接至热水器用燃气管水平间距)](水平管长度)+[(7.8－7.4)(标高差)－0.256(燃气表高度)](进燃气表竖向管长)×2+(8.6－7.5)(标高差)+(8.6－7.5)(标高差)(接至灶具竖向管长)+(7.8－7.6)(标高差)(接至热水器竖向管长)(竖向管长度)}(单个用户支管管长)×(6×2)(用户数)/1(计量单位)=$\frac{(5.03+2.688)\times12}{1}=\frac{7.718\times12}{1}=92.616$

2) 项目编码：030801002　　　项目名称：钢管

室外燃气钢管(焊接)$\phi57 \times 3.5$

工程数量：{2.0(阀门井接入处距外墙面距离)+[0.5-(-1.1)](标高差)+0.24(一墙厚)+0.08(引入总立管距外墙内墙面距离)}/1(计量单位)=$\dfrac{3.92}{1}$
=3.92

3) 项目编码：030802001　　项目名称：管道支架制作安装　　计量单位：kg

根据燃气钢管固定件的最大间距，即DN15——2.5m，DN20——3m，DN25——3.5m，DN32——4m，DN40——4.5m，DN50——5m

可以确定室内燃气管道的支架安装情况如下：

① 燃气立管每层均安装一个管卡，首层布置安装在距地面2m处，其余管卡均安装在距地面1.5m处，这样厨房(一)立管上有DN20的管卡3个，DN25的管卡2个，DN40的管卡1个；厨房(二)立管上有DN20的管卡4个，DN25的管卡2个。

② 引入管上总立管安装管卡一个，水平干管安装管卡2个，故引入管上有DN50的管卡3个，其中有1个立管支架，2个水平管支架。

③ 户内支管上，水平支管上设管卡4个(接向燃气表水平支管上1个，接向热水器的水平支管上1个，出燃气表与接向灶具和热水器间的水平支管上2个)，竖向支管上设管卡2个(接出燃气表的竖向支管上设管卡1个，接向灶具和燃气表的竖向支管上设管卡1个)，故每户内共有6个DN15的管卡，其中有4个水平管支架，2个立管支架。

④ 由厨房(一)接向厨房(二)的水平天然气管道长度为5.54m，故在其上设置2个DN32的管卡，即2个DN32的水平管支架。

由以上分析可以得知支架的类型与数量，根据各种支架的重量，可以计算出其支架工程量，具体见表2-5所示：

支架制作、安装重量　　　　　　　　　　　　　　　　　　表2-5

	支架名称	管径	支架个数	单重/kg	总重/kg
立管支架	燃气总立管上支架	DN50	1	0.19	0.19
	户内立管上支架	DN40	1	0.17	0.17
	户内立管上支架	DN25	2+2	0.14	0.56
	户内立管上支架	DN20	3+4	0.13	0.91
	户内竖向支管上支架	DN15	2×6×2	0.12	2.88
水平管支架	引入管上水平管支架	DN50	2	0.10	0.20
	连接两用户的水平管架	DN32	2	0.08	0.16
	户内水平管上支架	DN15	4×6×2	0.06	2.88
合计			立管支架总重量		4.71
			水平管支架总重量		3.24
			支架总重量		7.95

故管道支架制作安装工程量为$\dfrac{7.95(支架总重量)}{1(计量单位)}=7.95$

4) 项目编码：030803001　　项目名称：螺纹阀门　　计量单位：个

$DN15$ 螺纹阀门由设施-1"室内燃气管道系统图"可以看出,每户内有 3 个 $DN15$ 的 X13W-10 型为螺纹阀门,故其工程量为:$\dfrac{3\times(6\times2)(户数)}{1(计量单位)}=36$

5) 项目编码:030803002　项目名称:螺纹法兰阀门　计量单位:个

$RDDN50$ 型电动蝶阀　工程量:$\dfrac{1(个数)}{1(计量单位)}=1$

6) 项目编码:030803011　项目名称:燃气表　计量单位:块

JMB-3 型燃气表(民用)

工程量:$\dfrac{1(户内块数)\times(2\times6)(用户数)}{1(计量单位)}=12$

7) 项目编码:030806004　项目名称:燃气快速热水器　计量单位:台

JST5-C 燃气快速热水器

工程量:$\dfrac{1(户内台数)\times(2\times6)(用户数)}{1(计量单位)}=12$

8) 项目编码　030806005　项目名称　气灶具　计量单位:台

JZT2-D 型燃气双眼灶

工程量:$\dfrac{1(户内台数)\times(2\times6)(用户数)}{1(计量单位)}=12$

(2) 定额工程量

1) 镀锌钢管

① 室内燃气镀锌钢管(螺纹连接)$DN50$

A. 管道安装

定额编号:8-594,计量单位:10m,基价:153.71 元;其中人工费 64.09 元,材料费 83.85 元,机械费 5.77 元。

工程量:$\dfrac{8.73(DN50\text{管道长度})}{10(计量单位)}=0.873$

B. 管道刷银粉漆第一遍

定额编号:11-56,计量单位:$10m^2$,基价:11.31 元;其中人工费 6.50 元,材料费 4.81 元。

工程量:$\dfrac{[60.00(DN50\text{镀锌钢管外径})\times3.1416\times10^{-3}](单位管长外表面积)\times8.73(DN50\text{管道长度})}{10(计量单位)}$

$=\dfrac{1.64557}{10}=0.1646$

C. 管道刷银粉漆第二遍

定额编号:11-57,计量单位:$10m^2$,基价:10.64 元;其中人工费 6.27 元,材料费 4.37 元。

工程量:$\dfrac{60.00\times3.1416\times10^{-3}\times8.73}{10}=0.1646$

② 室内燃气镀锌钢管 $DN40$(螺纹连接)

A. 管道安装

定额编号:8-593,计量单位:10m,基价:123.90 元;其中人工费 63.85 元,材料费 55.94 元,机械费 4.11 元。

工程量：$\dfrac{3(DN40\text{ 管道长度})}{10(\text{计量单位})}=0.3$

B. 套管制作

$DN70$ 镀锌铁皮套管　定额编号：8-173，计量单位：个，基价：4.34 元；其中人工费 2.09 元，材料费 2.25 元。

工程量：$\dfrac{1(\text{套数个数})}{1(\text{计量单位})}=1$

C. 管道刷银粉漆第一遍

定额编号：11-56，计量单位：10m²，基价：11.31 元；其中人工费 6.50 元，材料费 4.81 元。

工程量：$\dfrac{[48.00(DN40\text{ 镀锌钢管外径})\times 3.1416\times 10^{-3}](\text{单位管长外表面积})\times 3(DN40\text{ 管道长度})}{10(\text{计量单位})}$

$=\dfrac{0.4523904}{10}=0.04524$

D. 管道刷银粉漆第二遍

定额编号：11-57，计量单位：10m²，基价：10.64 元；其中人工费 6.27 元，材料费 4.37 元。

工程量：$\dfrac{48.00\times 3.1416\times 10^{-3}\times 3}{10}=0.04524$

③ 室内燃气镀锌钢管（螺纹连接）$DN32$

A. 管道安装

定额编号：8-592，计量单位：10m，基价：97.54 元；其中人工费 51.08 元，材料费 43.67 元，机械费 2.79 元。

工程量：$\dfrac{5.54(DN32\text{ 管道长度})}{10(\text{计量单位})}=0.554$

B. 套管制作

$DN50$ 镀锌铁皮套管　定额编号：8-172，计量单位：个，基价：2.89 元；其中人工费 1.39 元，材料费 1.50 元。

工程量：$\dfrac{2(\text{个数})}{1(\text{计量单位})}=2$

C. 管道外刷银粉漆第一遍

定额编号：11-56，计量单位：10m²，基价：11.31 元；其中人工费 6.50 元，材料费 4.81 元。

工程量：$\dfrac{[42.25(DN32\text{ 镀锌钢管外径})\times 3.1416\times 10^{-3}](\text{单位管长外表面积})\times 5.54(DN32\text{ 管道长度})}{10(\text{计量单位})}$

$=\dfrac{0.7353386}{10}=0.07353$

D. 管道外刷银粉漆第二遍

定额编号：11-57，计量单位：10m²，基价：10.64 元；其中人工费 6.27 元，材料费 4.37 元。

工程量：$\dfrac{42.25\times 3.1416\times 10^{-3}}{10}\times 5.54=0.07353$

④ 室内燃气镀锌钢管(螺纹连接)DN25

A. 管道安装

定额编号：8-591，计量单位：10m，基价：84.67元，其中人工费50.97元，材料费31.31元，机械费2.39元。

工程量：$\dfrac{11.2(DN25\text{管道长度})}{10(\text{计量单位})}=1.12$

B. 套管制作

DN40镀锌制作铁皮套管 定额编号：8-171，计量单位：个，基价：2.89元；其中人工费1.39元，材料费1.50元。

工程量：$\dfrac{4(\text{套管个数})}{1(\text{计量单位})}=4$

C. 管道刷银粉漆第一遍

定额编号：11-56，计量单位：$10m^2$，基价：11.31元；其中人工费6.50元，材料费4.81元。

工程量：$\dfrac{[33.50(DN25\text{镀锌钢管外径})\times3.1416\times10^{-3}](\text{单位管长外表面积})\times11.2(DN25\text{管道长度})}{10(\text{计量单位})}$

$=\dfrac{1.1787283}{10}=0.1179$

D. 管道刷银粉漆第二遍

定额编号：11-57；计量单位：$10m^2$，基价：10.64元；其中人工费6.27元，材料费4.37元。

工程量：$\dfrac{33.50\times3.1416\times10^{-3}\times11.2}{10}=0.1179$

⑤ 室内燃气镀锌钢管(螺纹连接)DN20

A. 管道安装

定额编号：8-590，计量单位：10m，基价：69.82元；其中人工费42.96元，材料费22.44元，机械费4.42元。

工程量：$\dfrac{16.2(DN20\text{管道长度})}{10(\text{计量单位})}=1.62$

B. 套管制作

DN32镀锌铁皮套管 定额编号：8-170，计量单位：个，基价：2.89元；其中人工费1.39元，材料费1.50元。

工程量：$\dfrac{5(\text{套管个数})}{1(\text{计量单位})}=5$

C. 管道刷银粉漆第一遍

定额编号：11-56，计量单位：$10m^2$，基价：11.31元；其中人工费6.50元，材料费4.81元。

工程量：$\dfrac{[26.75(DN20\text{镀锌钢管外径})\times3.1416\times10^{-3}](\text{单位管长外表面积})\times16.2(DN20\text{管道长度})}{10(\text{计量单位})}$

$=\dfrac{1.3614123}{10}=0.1361$

D. 管道刷银粉漆第二遍

定额编号：11-57，计量单位：10m²，基价：10.64 元；其中人工费 6.27 元，材料费 4.37 元。

工程量：$\dfrac{26.75 \times 3.1416 \times 10^{-3} \times 16.2}{10} = 0.1361$

⑥ 室内燃气镀锌钢管（螺纹连接）$DN15$

A. 管道安装

定额编号：8-589，计量单位：10m，基价：67.94 元；其中人工费 42.89 元，材料费 20.63 元，机械费 4.42 元。

工程量：$\dfrac{92.616(DN15\,管道长度)}{10(计量单位)} = 9.2616$

B. 管道刷银粉漆第一遍

定额编号：11-56，计量单位：10m²，基价：11.31 元；其中人工费 6.50 元，材料费 4.81 元。

工程量：$\dfrac{[21.25(DN15\,镀锌钢管外径) \times 3.1416 \times 10^{-3}](单位管长外表面积) \times 92.616(DN15\,管道长)}{10(计量单位)}$

$= \dfrac{6.1833}{10} = 0.6183$

C. 管道外刷银粉漆第二遍

定额编号：11-57，计量单位：10m²，基价：10.64 元；其中人工费 6.27 元，材料费 4.37 元。

工程量：$\dfrac{21.25 \times 3.1416 \times 10^{-3} \times 92.616}{10} = 0.6183$

2）钢管

室外燃气钢管（焊接）$\phi 57 \times 3.5$

A. 管道安装

定额编号：8-573，计量单位：10m，基价：26.48 元；其中人工费 18.58 元，材料费 5.14 元，机械费 2.76 元。

工程量：$\dfrac{3.92(\phi 57 \times 3.5\,无缝钢管长度)}{10(计量单位)} = 0.392$

B. 套管制作

$DN80$ 镀锌铁皮套管　定额编号：8-174，计量单位：个，基价：4.34 元；其中人工费 2.09 元，材料费 2.25 元。

工程量：$\dfrac{2(见设施-6"燃气引入管安装图")}{1(计量单位)} = 2$

3）管道支架制作安装

① 管道支架制作安装

定额编号：8-178，计量单位：100kg，基价：654.69 元；其中人工费 235.45 元，材料费 194.98 元，机械费 224.26 元。

管径大于 32mm，管道上的支架个数与重量见表 2-6。

定额中未包含的支架制作安装重量　　　表 2-6

支架名称		管径	支架个数	单重/kg	总重/kg
立管支架	燃气总立管上支架	DN50	1	0.19	0.19
	户内立管上支架	DN40	1	0.17	0.17
水平管支架	引入管上水平支架	DN50	2	0.10	0.20
合计			立管支架总重量		0.36
			水平管支架总重量		0.20
			支架总重量		0.56

故其工程量：$\dfrac{0.56(支架重量)}{100(计量单位)}=0.0056$

② 支架人工除锈（轻锈）

定额编号：11-7，计量单位：100kg，基价：17.35 元；其中人工费 7.89 元，材料费 2.50 元，机械费 6.96 元。

工程量：$\dfrac{7.95(所有支架重量)}{100(计量单位)}=0.0795$

③ 支架刷防锈漆第一遍

定额编号：11-119，计量单位：100kg，基价：13.11 元；其中人工费 5.34 元，材料费 0.81 元，机械费 6.96 元。

工程量：$\dfrac{7.95(所有支架重量)}{100(计量单位)}=0.0795$

④ 支架刷银粉漆第一遍

定额编号：11-122，计量单位：100kg，基价：16.00 元；其中人工费 5.11 元，材料费 3.93 元，机械费 6.96 元。

工程量：$\dfrac{7.95(所有支架重量)}{100(计量单位)}=0.0795$

⑤ 支架刷银粉漆第二遍

定额编号：11-123，计量单位：100kg，基价：15.25 元；其中人工费 5.11 元，材料费 3.18 元，机械费 6.96 元。

工程量：$\dfrac{7.95(所有支架重量)}{100(计量单位)}=0.0795$

4）螺纹阀门

$DN15\times 13W$-10 螺纹旋塞阀

定额编号：8-241，计量单位：个，基价：4.43 元；其中人工费 2.32 元，材料费 2.11 元。

工程量：$\dfrac{3\times 6\times 2}{1(计量单位)}=36$

5）螺纹法兰阀门

$RDDN50$ 型电动蝶阀

定额编号：8-255，计量单位：个，基价：59.63元；其中人工费11.38元，材料费48.25元。

工程量：$\dfrac{1}{1(计量单位)}=1$

6) 燃气表

JMB-3型燃气表(民用燃气表)

定额编号：8-624，计量单位：块，基价：14.64元；其中人工费14.40元，材料费0.24元。

工程量：$\dfrac{1\times 2\times 6}{1(计量单位)}=12$

7) 燃气快速热器

JST5-C燃气快速热水器

定额编号：8-645，计量单位：台，基价：75.12元；其中人工费32.51元，材料费42.61元。

工程量：$\dfrac{1\times 6\times 2}{1(计量单位)}=12$

8) 气灶具

JZT2-D型燃气双眼灶

定额编号：8-657，计量单位：台，基价：8.30元；其中人工费5.80元，材料费2.50元。

工程量：$\dfrac{1\times 6\times 2}{1(计量单位)}=12$

(3) 由以上计算，把其工程量乘以3就可得知本工程的总的工程量，特将其汇总见下表。

本工程燃气系统清单工程数量

序号	项目编码	项目名称	项目特征描述	计量单位	工程数量计算	工程数量
1	030801001	室内燃气镀锌钢管	(螺纹连接)DN50	m	8.73×3	26.19
2	030801001	室内燃气镀锌钢管	(螺纹连接)DN40	m	3×3	9
3	030801001	室内燃气镀锌钢管	(螺纹连接)DN32	m	5.54×3	16.62
4	030801001	室内燃气镀锌钢管	(螺纹连接)DN25	m	11.2×3	33.6
5	030801001	室内燃气镀锌钢管	(螺纹连接)DN20	m	16.2×3	48.6
6	030801001	室内燃气镀锌钢管	(螺纹连接)DN15	m	92.616×3	277.848
7	030801002	室外燃气钢管	(焊接)φ57×35	m	3.92×3	11.76
8	030802001	管道支架制作安装		kg	7.95×3	23.85
9	030803001	螺纹阀门	X13W—10 DN15	个	36×3	108
10	030803002	螺纹法兰阀门	RDDN50型电动蝶阀	个	1×3	3
11	030803011	燃气表	JMB—3型民用燃气表	块	12×3	36
12	030806004	燃气快速热水器	JXT5—C	台	12×3	36
13	030806005	气灶具	JZTZ—D型燃气双眼灶	台	12×3	36

本工程燃气系统清单与定额工程量对照表

序号	项目编码	项目名称	定额编号	工程内容	计量单位	工程量
1	030801001	室内燃气镀锌钢管（螺纹连接）DN50			m	26.19
			8-594	管道安装	10m	0.872×3=2.619
			11-56	管道刷银粉漆第一遍	10m²	0.1646×3=0.4938
			11-57	管道刷银粉漆第二遍	10m²	0.1646×3=0.4938
2	030801001	室内燃气镀锌钢管（螺纹连接）DN40			m	9
			8-593	管道安装	10m	0.3×3=0.9
			8-173	套管制作：DN70镀锌铁皮套管	个	1×3=3
			11-56	管道刷银粉漆第一遍	10m²	0.4524×3=0.13572
			11-57	管道刷银粉漆第二遍	10m²	0.04524×3=0.13572
3	030801001	室内燃气镀锌钢管（螺纹连接）DN32	8-592	管道安装	m	16.62
			8-172	套管制作：DN50镀锌铁皮套管	10m	0.554×3=1.662
					个	2×3=6
			11-56	管道刷银粉漆第一遍	10m²	0.07353×3=0.22059
			11-57	管道刷银粉漆第二遍	10m²	0.07353×3=0.22059
4	030801001	室内燃气镀锌钢管（螺纹连接）DN25	8-591	管道安装	m	33.6
			8-171	套管制作：DN40镀锌铁皮套管	10m	1.12×3=3.36
					个	4×3=12
			11-56	管道刷银粉漆第一遍	10m²	0.1179×3=0.3537
5	030801001	室内燃气镀锌钢管（螺纹连接）DN20			m	48.6
			11-57	管道刷银粉漆第二遍	10m²	01179×3=0.3537
			8-590	管道安装	10m	1.62×3=4.86
			8-170	套管制作：DN32镀锌铁皮套管	个	5×3=15
			11-56	管道刷银粉漆第一遍	10m²	0.1361×3=0.4083
			11-57	管道刷银粉漆第二遍	10m²	0.1361×3=0.4083
6	030801001	室内燃气镀锌钢管（螺纹连接）DN15	8-589	管道安装	10m	27.7848
			11-56	管道刷银粉漆第一遍	10m²	0.6183×3=1.8543
			11-57	管道刷银粉漆第二遍	10m²	0.6183×3=1.8543

续表

序号	项目编码	项目名称	定额编号	工程内容	计量单位	工程量
7	030801002	室外燃气钢管（焊接）φ57×3.5	8-573 8-174	管道安装 套管制作：DN80 镀锌铁皮套管	m 10m 个	11.76 0.392×3=1.176 2×3=6
8	030802001	管道支架制作安装			kg	23.85
			8-178	管道支架制作安装	100kg	0.0056×3=0.0168
			11-7	支架人工除锈（轻锈）	100kg	0.0795×3=0.2385
			11-119	支架刷防锈漆第一遍	100kg	0.0795×3=0.2385
			11-122	支架刷银粉漆第一遍	100kg	0.0795×3=0.2385
			11-123	支架刷银粉漆第二遍	100kg	0.0795×3=0.2385
9	030803001	螺纹阀门 X13W-10 DN15	8-241	DN15 X13W-10 螺纹阀门安装	个 个	108 36×3=108
10	030803002	螺纹法兰阀门 RD DN50 型电动蝶阀	8-255	RD DN50 型电动蝶阀安装	个 个	3 1×3=3
11	030803011	燃气表：JMB-3 型民用燃气表	8-624	JMB-3 型燃气表（民用燃气表）安装	块 块	36 12×3=36
12	030806004	燃气快速热水器 JST5-C	8-645	JST5-C 燃气快速热水器安装	台 台	36 12×3=36
13	030806005	气灶具：JZT2-D 型燃气双眼灶	8-657	JZT2-D 型燃气双眼灶安装	台 台	36 12×3=36

本工程燃气系统定额工程量

序号	定额编号	分项工程名称	计量单位	工程量计算	工程量
1	8-594	室内燃气镀锌钢管（螺纹连接）DN50 安装	10m	0.873×3	2.619
2	8-593	室内燃气镀锌钢管（螺纹连接）DN40 安装	10m	0.3×3	0.9
3	8-592	室内燃气镀锌钢管（螺纹连接）DN32 安装	10m	0.554×3	1.662
4	8-591	室内燃气镀锌钢管（螺纹连接）DN25 安装	10m	1.12×3	3.36
5	8-590	室内燃气镀锌钢管（螺纹连接）DN20 安装	10m	1.62×3	4.86
6	8-589	室内燃气镀锌钢管（螺纹连接）DN15 安装	10m	9.2616×3	27.7848
7	8-573	室外燃气钢管（焊接）φ57×3.5	10m	0.392×3	1.176
8	8-178	管道支架制作安装	100kg	0.0056×3	0.0168
9	8-174	套管制作：DN80 镀锌铁皮套管	个	2×3	6
10	8-173	套管制作：DN70 镀锌铁皮套管	个	1×3	3
11	8-172	套管制作：DN50 镀锌铁皮套管	个	2×3	6

续表

序号	定额编号	分项工程名称	计量单位	工程量计算	工程量
12	8-171	套管制作：DN40 镀锌铁皮套管	个	4×3	12
13	8-170	套管制作：DN32 镀锌铁皮套管	个	5×3	15
14	8-241	DN15×13W-10 螺纹阀门安装	个	36×3	108
15	8-255	RD DN50 型电动蝶阀安装	个	1×3	3
16	8-624	JMB-3 型燃气表(民用燃气表)安装	台	12×3	36
17	8-645	JST5-C 燃气双灶具安装	台	12×3	36
18	8-657	JZTZ-D 型燃气双灶具安装	台	12×3	36
19	11-56	管道刷银粉漆第一遍	10m²	0.1646×3+0.04524×3+0.07353×3+0.1179×3+0.1361×3+0.5943×3	3.39501
20	11-57	管道刷银粉漆第二遍	10m²	0.1646×3+0.04524×3+0.07353×3+0.1179×3+0.1361×3+0.6183×3	3.46701
21	11-7	支架人工除锈(轻锈)	100kg	0.0795×3	0.2385
22	11-119	支架刷防锈漆第一遍	100kg	0.0795×3	0.2385
23	11-122	支架刷银粉漆第一遍	100kg	0.0795×3	0.2385
24	11-123	支架刷银粉漆第二遍	100kg	0.0795×3	0.2385